地面车辆组合导航技术

杨玉良　王志伟　吴大林等◎编著

INTEGRATED NAVIGATION TECHNOLOGY OF GROUND VEHICLES

北京理工大学出版社
BEIJING INSTITUTE OF TECHNOLOGY PRESS

内 容 简 介

本书系统开展了地面车辆组合导航技术及方法研究。全书共分为6章，包括定位定向系统及关键技术概述、定位定向系统误差分析、基于晃动补偿方法的导航方法研究、基于卫星信息辅助的导航方法研究、基于快速正交搜索和卡尔曼滤波的导航方法研究、主子惯导误差标定。

本书可供从事惯性导航系统设计、制造、试验及应用的工程技术人员以及大学、大专院校的师生使用。

图书在版编目（CIP）数据

地面车辆组合导航技术 / 杨玉良等编著. —北京：北京理工大学出版社，2021.4

ISBN 978-7-5682-9685-4

Ⅰ. ①地…　Ⅱ. ①杨…　Ⅲ. ①地面车辆-组合导航　Ⅳ. ①TJ81

中国版本图书馆CIP数据核字（2021）第056078号

出版发行 / 北京理工大学出版社有限责任公司
社　　址 / 北京市海淀区中关村南大街5号
邮　　编 / 100081
电　　话 / （010）68914775（总编室）
（010）82562903（教材售后服务热线）
（010）68948351（其他图书服务热线）
网　　址 / http：//www. bitpress. com. cn
经　　销 / 全国各地新华书店
印　　刷 / 保定市中画美凯印刷有限公司
开　　本 / 710毫米×1000毫米　1/16
印　　张 / 13.5
彩　　插 / 2
字　　数 / 230千字
版　　次 / 2021年4月第1版　2021年4月第1次印刷
定　　价 / 76.00元

责任编辑 / 孙　澍
文案编辑 / 孙　澍
责任校对 / 周瑞红
责任印制 / 李志强

前言

为提高地面车辆导航定位精度，在系统中加入了捷联惯导设备，为车辆定位定向提供了基准。尽管车辆姿态会由于行驶过程中产生的巨大振动而产生变化，捷联惯导系统也可以敏感出姿态变化量，反馈给控制系统自动完成重新归位。地面车辆的另一个优势就是出众的机动性，这使得车辆可以实现“打了就走，边走边打”，大大提高了其战场生存能力。而惯性导航系统大大缩短火炮的射击准备时间，进一步提高了自行火炮的作战效率。

本书以某型自行火炮炮载光纤陀螺定位定向系统和火箭弹载惯导为研究对象，为提高定位精度、改善装备作战性能，分别针对几种不同导航方法进行了研究，并提出了相应的解决方案。全书共分为6章。第1章，定位定向系统及关键技术概述，主要介绍惯性技术、陆用定位定向系统、初始对准、自主导航以及卫星辅助导航等方法技术。第2章，定位定向系统误差分析，主要介绍研究对象及所选坐标系、捷联惯导系统误差模型、误差传播特性分析、航位推算误差模型以及晃动对惯组量测的影响分析。第3章，基于晃动补偿方法的导航方法研究，主要介绍常用初始对准方法、基于晃动补偿的自主导航初始对准、基于晃动补偿的零速修正方法以及里程计误差补偿。第4章，基于卫星信息辅助的导航方法研究，主要介绍卫星辅助条件下的大失准角初始对准方法、基于非线性观测器的参数估计方法以及卫星辅助导航误差补偿方法。第5章，基于快速正交搜索和卡尔曼滤波的导航方法研究，主要介绍快速正交搜索算法、FOS/KF在大失准角初始对准中的应用以及FOS/KF在导航过程中应用。第6章，主子惯导误差标定，主要介绍横滚运动对系统可观测性的影响及主子惯导在线标定机动方式设计。

本书由杨玉良、王志伟、吴大林、秦俊奇、狄长春和崔凯波合作撰写。第1章由吴大林、崔凯波撰写，第2章由杨玉良撰写，第3章由秦俊奇撰写，第4章由狄长春撰写，第5、6章由王志伟撰写。全书由杨玉良统稿。

本书在编写过程中，得到了陆军工程大学石家庄校区石志勇教授、陈永才副教授的大力支持和帮助，在校对、排版及绘图过程中，何健博士、方宇硕士、周默涵硕士做了大量的工作，同时本书还引用了许多专家学者的论文和著作，谨在此表示诚挚的感谢。

限于作者学识水平，书中难免存在不足之处，恳请广大读者批评指正。

作　者

2020 年 6 月

目录

第 1 章

定位定向系统及关键技术概述

1.1 惯性技术

近 20 年以来，惯性导航技术得到了长足的发展，被应用到各个领域中，成为最重要的导航方式之一。其主要经历了以下几个发展阶段。

(1) 20 世纪 30 年代之前。1923 年休拉发表的论文《运载工具的加速度对于摆和陀螺仪的干扰》以牛顿三大定律为基础，详细阐述了休拉摆的原理。该论文为惯性导航技术的发展奠定了理论基础。

(2) 20 世纪 40 年代以后。1940 年以后，惯性导航系统（INS）开始在装备上实际应用，最具代表性的是德国的Ⅴ－Ⅱ火箭。1950 年，麻省理工学院研制出了单自由度的液浮陀螺，并且达到了较高的精度，这为平台惯性导航系统的发展和应用奠定了基础。20 世纪 60 年代，随着液浮陀螺技术的成熟，平台惯性导航系统被大量应用到民航飞机上。与此同时，美国开始了捷联惯导系统（SINS）的探索，首先应用捷联惯导系统的是“阿波罗”宇宙飞船。

(3) 20 世纪 70 年代。1973 年美国霍尼韦尔公司、罗克韦尔公司研制出了静电陀螺，经过不断改进，静电陀螺的精度可以达到 10^{-4}°/h，在失重条件下其精度更是能达到 $10^{-9}\sim10^{-11}$°/h，由于静电陀螺优异的性能，此时美国多种型号的战略导弹、战略轰炸机上都采用静电陀螺。与静电陀螺同时出现的还有气浮陀螺和磁悬浮陀螺，但是由于受到当时制造工艺的限制，精度不如静电陀螺，所以没有得到进一步的推广和应用。

(4) 光纤陀螺和激光陀螺的出现。光学陀螺的出现将惯性导航技术带到了前所未有的新高度，是惯性领域的大变革。光学陀螺的工作原理与机械陀螺有着本质性的区别，可以达到更高的精度和可靠性，并且可以应用到更多的领域中。由于光学陀螺的出现大大提高了捷联惯导系统的精度，再加上体积小、结构简单等优点，捷联惯导系统在逐渐取代平台惯性导航系统。最具代表性的就是美军，1984 年之前美军所有武器装备均采用平台惯性导航系统，而 1994 年平台惯性导航系统的使用率仅为 10%，其余均为捷联惯导系统。十年间捷联惯导系统几乎替代了平台惯性导航系统，捷联惯导系统已然成为惯性导航技术的发展方向。

(5) 21 世纪以来，微机电系统（MEMS）的出现给惯性导航领域注入了新鲜的血液，利用 MEMS 技术生产出来的惯性器件不仅体积小，而且造价低廉，在军用和民用领域都有很多应用。

1.2 陆用定位定向系统

陆用惯性导航系统由陆用陀螺罗盘发展而来。陀螺罗盘首先被应用于航海，由于地面武器系统的需要，美国工程兵测绘研究院于 20 世纪 60 年代研制出首台陆用定位定向系统（PADS），其定位精度可以达到 20 m，零速修正的时间间隔为 10 min。80 年代初期美军对该系统进行了更新换代，将原有的“A－200D”型加速度计更换为更高精度的“A－1000”型加速度计。另外，为了实时地估计补偿陀螺常值漂移和加速度计零偏，在其参数估计过程中采用了 14 维的 Kalman 滤波器。随着美军对惯性导航系统的不断升级更新，欧洲各国也相继开展了陆用定位定向系统的研发，如英国 Ferranti 公司推出的 FILS 系列、法国 Sagem 公司推出的 ULISS30 系列等。同一时期，Honeywell利用 GG－1342 型激光陀螺研发出了首台捷联惯导系统，该型捷联惯导系统不仅具有较高的可靠性，而且相比同精度的平台惯性导航系统，其成本仅为三分之一。捷联惯导系统被首次应用到的陆用武器装备为美军的榴弹炮，自此之后捷联惯导系统被广泛应用到美国陆军。随后北约和欧盟又纷纷研制出更新型号的捷联惯导系统，并应用到自行火炮、战地侦察车、步兵战车、火箭炮等武器系统上。表 1－1 为国外陆用定位定向系统的相关产品和应用领域。

表 1－1　国外陆用定位定向系统的相关产品和应用领域

型号	器件构成	性能指标	应用领域
德国 iMAR iNAV－RQH	环形激光陀螺	定位精度：$<0.8\ \mathrm{nm}\cdot\mathrm{h}^{-1}$（INS） 方位角精度：$<0.01°$ 对准时间：<12 min	空中、海上、水面、水下、陆地均可应用
法国 Thales TOTEM 3000	环形激光陀螺 INS/GNSS	定位精度：$<0.7\ \mathrm{nm}\cdot\mathrm{h}^{-1}$（INS） 5 m95%（GNSS） 方位角精度：$<0.05°$RMS（INS） 速度精度：$<1\ \mathrm{m}\cdot\mathrm{s}^{-1}$ RMS（INS） $10\ \mathrm{cm}\cdot\mathrm{s}^{-1}$ 95%（GNSS） 对准时间：<10 s	战略导弹
美国 Northrop LN－270	光纤陀螺 INS/GPS	定位精度：<10 mCEP 指北精度：<0.1 milPE 高程精度：<0.1 milPE 对准时间：<2 min	陆地和水面
法国 Ixsea ADVANS URSA	光纤陀螺	方位角精度：$\leqslant 0.2\ \mathrm{mil}/\cos L$（RMS） 对准时间：$\leqslant 2$ min（稳态） $\leqslant 5$ min（动态）	雷达、装甲车辆、火控系统
以色列 Tamam RNAV－IPON	环形激光陀螺 INS/GPS	方位角精度：$<0.4\%$ DT 对准时间：<10 min	装甲车辆、防空武器系统、监测车

注：DT 为距离，CEP 指圆概率误差，PE 指概率误差

国内方面，20 世纪 80 年代，清华大学、618 所、707 所开始了相关系统和平台的搭建，所研制的陆用定位定向系统采用液浮陀螺和挠性陀螺，在利用零速修正进行误差修正时，需要每 5～10 min 就停车一次。频繁地停车虽然保证了定位精度，但是装备的机动性受到了极大的制约，并且此类系统的对准时间较长、结构复杂、成本高、可靠性低、不易维护，很难满足作战需求。进入 21 世纪以来，随着卫星导航技术的发展成熟，国内相关机构开始了陆用组合导航系统的研究。但是 GPS（全球定位系统）的使用权限在美国手中，所以基于 GPS 的组合导航在军事领域是难以得到广泛应用的，因此里程计（OD）

辅助的组合导航方式在国内被重视起来。

近年来，随着科研院所的不断努力研发，我国自主研发的光学陀螺日渐成熟，但是惯性器件误差仍旧是制约定位定向系统性能提高的主要因素。部分相关国产陆用惯性导航系统如表 1－2 所示。

表 1－2　部分相关国产陆用惯性导航系统

型号	器件构成	性能指标	应用领域
DC91－200 测地车	液浮陀螺平台	水平：≤10 m　高程：≤5 m 方位：≤0.8 mil　准备时间：≤60 min 零速修正间隔：10 min（A 型）5 min（B 型）	高精度量测
IPADS－1 惯性定位定向系统	液浮陀螺平台	水平：≤7 m　高程：≤5 m 方位：≤0.8 mil　准备时间：≤60 min 零速修正间隔：10 min	测地
GWX－1 快速惯性定位系统	平台惯导、气压计、高程计	水平：≤10 m　高程：≤5 m 准备时间：≤25 min 零速修正间隔：10 min	测地
大地联测车	液浮陀螺平台	水平：≤10 m　高程：≤5 m 方位：≤0.8 mil　准备时间：≤60 min 零速修正间隔：10 min	导弹发射车
LGS－1 陆用导航系统	双轴液浮陀螺平台	水平：≤0.2%D　高程：≤5 m 方位：≤1 mil　准备时间：≤20 min	自行火炮
WZ－731	挠性捷联惯导	水平：≤0.2%D　方位：≤3 mil 准备时间：≤15 min 零速修正间隔：10 min	装甲车辆

1.3　初始对准

捷联惯导系统在开始导航之前需要进行初始对准，所谓初始对准就是对导航姿态信息进行初始化。早期的初始对准通常利用重力矢量和地球自转矢量来确定失准角，又称解析式对准，在对准过程中不需要任何外界信息，通常该方法只能当作粗对准来使用。

为了提高对准精度，许多学者采用了多位置对准的方法，这样就可以消除部分器件误差的影响。根据旋转轴数量的不同，多位置对准可分为单轴和多轴旋转对准；根据旋转位置数量的不同，可分为双位置、四位置、六位置甚至更多位置。多位置对准分类众多，研究表明绕天向轴转位能增强误差角的可观测度，达到更高的对准精度。

在实际应用中通常遇到的是动基座对准。动基座对准应用范围广、实施难度大，是捷联惯导技术中最为重要的一部分，成为现阶段陆用导航的重点研究方向。当在基座晃动的环境下进行对准时，晃动产生的噪声会大大降低陀螺的信噪比，导致难以从陀螺信息中分离出有效地球自转信息。所以，为了降低噪声对对准的影响，晃动抑制方法层出不穷，最早出现的是利用控制理论进行的罗经对准。随着 Kalman 滤波（KF）实际应用的逐渐成熟，在对准过程中 Kalman滤波逐渐取代了原有的经典控制理论，成为对准过程的核心算法。由于 Kalman 滤波只适用于线性系统，所以在利用 Kalman 滤波进行对准前要保证失准角为小角度，这就需要事先进行粗对准粗略估计出失准角，然后进行的 Kalman滤波对准可称为精对准。

为了隔离晃动对对准的影响，惯性系下的初始对准方法被提出并成为关注的热点。最早的惯性系对准的概念是美国学者在介绍某型号罗经的会议论文集中提出的，该型号罗经可以在晃动基座上进行初始对准，并且达到了理想的精度和实时性。

惯性系对准算法运用了惯性凝固的思想，建立了初始惯性坐标系，使载体系相对初始惯性坐标系的转换矩阵为单位阵，实现了晃动的隔离。许多相关研究对惯性系对准的误差特性和产生机理进行了详细分析，结果表明水平加速度计零偏对水平失准角的大小影响较大，东向陀螺的常值漂移和东向加速度计零偏对方位失准角有较大影响。为了进一步提高动基座对准的精度，通常利用卫星信息为载体提供速度和位置基准。但是由于卫星信号在战场环境下易受到干扰，所以许多学者提出了在导航过程中设置基准点以及里程计信息辅助的对准方法。

另外，动基座初始对准还有两个需要注意和改进的方面。一是降低补偿器件误差的成本，搭载定位定向系统的装备数量庞大，如果每台装备都需进行实验室条件下的对准和标定显然不现实，更换高精度惯性器件更不可能，所以需要一种可以在外场环境下有效提高定位精度的误差补偿方法。二是进一步降低晃动的影响，惯性系对准虽然能隔离角晃动，但是对线振动很敏感。而且包括

Kalman 滤波在内的参数估计方法都有计算量大的缺点，所以需要一种有效补偿晃动的方法，使动基座对准可以应用静基座条件下的解析法进行。

1.4 自主导航

现代战争对武器装备的各项性能有严格的要求，其中装备在使用过程中的隐蔽性和自主性尤为重要，这就要求导航系统在不接收和发射信息的情况下实现自主导航。而惯性导航完美地契合了以上需求。在里程计和零速修正技术的辅助下，以惯导系统为核心的自主导航的定位精度得到了进一步提高。另外，如果加速度计发生故障，里程计和陀螺可构成一套具有自主导航能力的航位推算系统，大大增加了整个系统的可靠性。

1. 里程计辅助导航

里程计和惯性导航系统一样具有完全的自主量测能力，而且里程计信息经过处理后可以很好地补偿惯性导航系统误差，所以里程计经常被作为惯性导航系统的辅助导航手段用于车辆自主导航过程中。里程计辅助导航采用的匹配方式通常有两种，分别是速度匹配和位置匹配。速度匹配，即将惯性导航系统和里程计的速度差作为观测量进行滤波估计，其计算量小、实时性高，但是由于里程计的速度信息是将里程信息进行微分运算得到的，而微分运算会放大系统噪声，从而影响定位精度，所以速度匹配的精度不是很高。位置匹配，即将惯性导航系统和航位推算位置误差作为观测量，位置匹配不会放大系统噪声，但是由于增加了状态变量的维数，增大了计算量，影响实时性。

2. 零速修正

零速修正方法是车辆进行自主导航过程中的重要误差抑制手段。在无法获取其他观测量时，车辆可以利用停车时速度为零的特点来建立速度观测量，此时惯性导航系统输出的速度即为速度误差。但是在使用零速修正进行辅助导航时，通常需要每 5 ~ 10 min 停车一次，一定程度上降低了载体的机动性。

零速修正有两种实现方法，曲线拟合和 Kalman 滤波。曲线拟合是以停车时的速度为观测量，将三个方向上的速度误差分别拟合成二次曲线并一一进行补偿，该方法没有考虑各个方向上信息之间的耦合状况，故精度偏低。Kalman 滤波估计的方法是根据系统误差模型给出最优估计，所以估计结果优于曲线拟合方法。目前，零速修正方法大多通过 Kalman 滤波来实现，如英国的 FILS 惯性导航系统采用的是 10 维实时 Kalman 滤波器，美国的 LASS 惯性导航系统采用的是 18 维实时 Kalman 滤波器，美国的 GEO – SPIN 惯性导航系统采用的是

27 维实时 Kalman 滤波器。

谢波等利用停车时载体的速度信息消除系统周期性震荡误差，从而提高了系统定位精度；方靖等利用车辆行驶过程中的动力学约束，将天向和东向速度误差作为观测量，提出了动态零速修正方法；付强文等在传统零速修正技术基础上，联合运用动态零速修正方法，并将惯性器件安装误差作为状态变量与器件误差一并估计，但是该方法的观测量只有两个方向的速度，观测量少会导致参数的可观测度和收敛速度都相对组合匹配模式低，导致零速修正的精度和实时性不高。

1.5　卫星辅助导航

相比里程计和地形匹配，卫星信息精度更高、更加稳定并且使用成本很低。1980 年美国波音公司在 C141 飞机上将霍尼韦尔公司的惯性导航系统和 GPS 进行了数据融合，并进行了组合导航试验。

20 世纪 90 年代初期，地面车辆导航方式广泛采用 GPS，但是由于卫星信号存在易受干扰的缺点，一旦被屏蔽就无法进行导航定位，而惯性导航系统具有自主导航的特性，卫星/惯导的组合导航方式应运而生，并成为定位定向系统的发展趋势。近年来许多国家都推出了自己的卫星/惯导组合导航产品，2014 年荷兰研发出的 MTi – G – 700 组合导航系统备受美军的青睐，该系统可以在失去卫星信号后的 20 s 内由惯性导航系统单独导航，并且保持较高的导航定位精度；同年，英国推出了 xNav500 型组合导航系统，该系统主要应用于无人机上，定位精度可达到 0.5 m，由于其采用的是 MEMS – IMU（微机电系统惯性测量元件），所以在失去卫星信号后的定位精度很低。

目前，美国的波音公司和许多大学都在进行卫星/惯导组合导航的研究，并取得了丰硕的成果，如波音公司的 DQI – NP 型组合导航系统被世界各国的许多科研院所作为试验对比的对象；加拿大的 Calgary 大学在卫星/惯导紧组合导航方面取得了众多成果；澳大利亚的 New South Wales 大学在 2013 年研发出了 GPS/北斗二代（BD2）/MEMS 组合导航系统，近阶段正在研制 GPS/MEMS – IMU 深组合导航系统。

我国对卫星/惯导组合导航的研究起步较晚，但是众多科研机构已经将组合导航的研发作为重要研究内容，并投入大量精力和物资。目前许多相关机构已经能独立完成组合导航系统的方案设计、系统仿真以及软硬件的生产和升级等一系列工作。21 世纪以来，国内针对 GPS/INS 组合导航系统的信息融合技术进行了深入研究，并自主设计研发出了 GPS/INS 相关的组合导航系统。由于 GPS 的信息获取受制于美国，与此同时我国自主的北斗卫星定位系统（BD）渐渐成熟，使得 BD/INS 组合导航系统的相关技术成为研究热点。

针对卫星信号易受干扰和遮挡的特点，国内外学者在理论和工程层面做了许多深入探索和研究。加拿大 Calgary 大学的 Godha 等利用数据平滑等算法对失去卫星信号的 GPS/INS 分别进行了实时和事后的数据处理，实验结果表明在失去卫星信号 30 s 以内，组合导航系统仍然能保持高精度导航；Sharaf 等利用自适应模糊逻辑算法与神经网络进行了巧妙的结合，提出了自适应模糊神经网络。张涛等将小波分析理论与神经网络技术进行结合，设计了 GPS/INS 组合导航新方法，将系统对卫星信号失效的容忍时间延长到 100 s；Chiang 等将“速度 + 方位角”作为神经网络的输入，将“位置误差”作为输出，利用神经网络辅助失去卫星信号的组合导航系统进行定位，达到了良好的效果。总的来说，近些年我国在卫星/惯导组合导航领域取得了骄人的成绩，但是和国外相比还存在一定距离。

1.6 在线标定

为了补偿误差，必须获得误差参数的精确值，这就需要对惯性器件做精密的量测，这就是标定所要完成的工作。

按照标定等级的不同，标定可分为元件标定和系统标定。元件标定是在元器件出厂前的精度标定，在工厂内进行，主要用来调试元件的基本性能，目前，该方法已经很成熟了。而将元器件安装到系统上后，由于安装误差等外部因素的影响，系统还会有误差产生，系统标定就是对整个系统进行量测，得到系统在运行过程中的实际参数值。

按照标定场地的不同，标定可分为内场标定和外场标定。内场标定是指在实验室条件下进行的标定。外场标定则是将惯性器件安装在载体上之后进行的标定，由于没有实验室环境，外场条件下会有较大的安装误差产生，对标定的要求也就相应提高。

按照观测量的不同，标定可以分为分立标定和系统级标定。分立标定是以惯性器件的直接输出作为观测量，进行最小二乘估计，分立标定要将惯性器件从载体上拆下，并且十分依赖转台，往往要在实验室的环境下进行。而系统级标定是以对惯性器件的直接输出进行导航解算所得到的导航误差为观测量，利用滤波的方法对误差进行估计的，该方法不用将惯性器件从载体上拆卸下来，并且对转台的依赖性不大，可以直接利用导航误差，在载体运行过程中进行标定。

系统级标定用到的估计方法有拟合法和滤波法，所谓拟合法就是在已知导航路径的情况下，建立导航误差（速度误差、姿态误差、位置误差）与系统误差之间的关系，然后以导航误差为观测量，用特定的方法来拟合系统误差，最小二乘是最常用的拟合方法。拟合法对载体机动方式的编排要求严格，所以有很多载体因为其结构特点的约束，不能满足拟合法的要求，因此，在多数情况下拟合法是不适用的。相比拟合法，滤波法是将系统误差参数作为扩充的状态变量，建立误差模型后用卡尔曼滤波或其改进型进行估计，它适合所有载体以任何机动方式的误差估计。

系统级标定主要包含以下几个过程，首先是误差模型的建立，其次对要估计的状态变量进行必要的可观测性分析，然后设计出合理的载体机动方式对误差参数进行激励，最后进行滤波估计。其中，误差模型的建立和滤波方法的选择相对固定，所以分析误差参数可观测度，设计合理的载体机动方式对误差的标定就显得尤为重要。

可观测性分析方法研究。目前除去已被广泛应用的 PWCS（分段线性定常系统）可观测分析方法以及基于奇异值分解（SVD）的可观测性分析方法外，还有基于谱分解的可观测性分析方法、全局可观测性分析方法等。程向红等首次提出了动态系统的可观测矩阵的奇异值分解的方法，在捷联惯导初始对准过程中分析状态变量的可观测度得到了较好的效果，并且该方法可以为载体最优机动方案的设计提供帮助；杨晓霞等分析了速度加位置匹配时误差参数的可观测性以及系统的可观测性组合，理论解释了天向加速度计标定效果差的原因，并指出由于无法精确获得初始姿态误差，所以单一位置难以观测所有参数，要使系统完全可观至少要三个位置；孔星炜等通过分析 PWCS 可观测矩阵的可观测条件，得出了几种满足条件的运动方式使系统完全可观测。

机动方式设计方法研究。载体机动方式的设计是提高误差参数可观测性以及标定精度的重要途径，在采用相同的误差模型和滤波方式时，载体机动方式的合理与否，能使误差参数的可观测性截然不同，所以，载体机动方式的选择备受关注。郭隆华等研究了在速度加姿态角匹配模式下，载体分别以直线、俯冲、爬升等机动方式机动时对传递对准的影响，也为在线标定的路径设计提供了参考；祝燕华等提出了一种不拆卸的标定方法，利用发射车从库房到发射阵地以及导弹竖立过程中的姿态变化对误差进行标定，但是由于机动方式有限，系统不能完全可观；彭靖等通过仿真比较了载体不同机动方式对传递对准性能的影响，得出横滚角平均转速约为 10°～15°/s 时为最佳转速。

1.7 旋转调制

旋转调制是一种补偿陀螺常值漂移的方法，它可以自动地将陀螺常值漂移调制掉，从而提高导航精度。20 世纪 80 年代，美国开始研究有关旋转调制的问题，Levinson 等在文献中研究了惯性器件在长时导航中精度降低的问题，并首次提出旋转调制技术。随后，美国多家公司开始研制旋转调制的相关产品，至今已研制出多种单轴或双轴旋转导航系统（WSN－5L，AN/WSN－7B，AN/WSN－7A，MARLIN，SLN，MK49，MK39），并且广泛应用于海军舰艇以及陆军各种车辆、火炮。

与西方发达国家相比，我国关于旋转调制的研究尚处于起步阶段，主要分为以下三个研究方向：旋转调制的基本原理研究、对导航误差特性的影响研究以及现阶段所存在的不足。

（1）旋转调制的基本原理研究。其原理是导航系统经过旋转，使得惯性器件的常值漂移和零偏在整个过程中的均值接近零，从而达到了对误差进行补偿（调制）和提高导航精度的目的。袁保伦等对光纤陀螺旋转调制原理进行了深入分析研究，指出在旋转过程中，只有在与旋转轴相垂直的方向上的常值漂移才会被调制，而在转轴方向上的误差是得不到补偿的。他们还指出，如果采用单个惯性器件进行旋转，旋转过程会使惯性器件产生姿态偏差，会引入新的误差状态，所以只能采用惯导系统整体旋转的方式来进行误差补偿。杨建业等推导了单轴旋转系统的导航方程以及误差方程，仿真结果表明，单轴旋转可以调制由惯性器件零偏和常值漂移所造成的导航误差，提高导航精度，但是不能消除由初始对准所引起的导航误差。

（2）对导航误差特性的影响研究。旋转调制技术对惯性器件的误差标定补偿也有很大帮助，在具有旋转调制系统中，惯性器件的刻度系数误差成为影响导航精度的主要因素，故对惯性器件的刻度系数误差进行标定是进一步提高导航精度的重要途径。钟斌等指出，在单轴旋转系统中不同的误差标定模型主要是因为旋转矩阵不同所导致，并且建立了不同旋转方案下的卡尔曼滤波模型，结果表明，在分别进行绕 Y 轴和 Z 轴转停机动时，系统完全可观测。孙伟等基于惯导系统改变载体姿态或者进行有效旋转可以提高参数可观测性这一特点，提出了一种单轴旋转调制方案，将加速度计和陀螺安装在一个单轴旋转惯导上，该方案提高了加速度计和陀螺刻度系数的可观测性，实现了误差参数的标定和补偿。黄凤荣等分析了双轴旋转陀螺的误差传播特性，利用奇异值分解的方法对系统进行了可观测分析，并且设计了在线标定方案，实验结果表明，与转动轴共线的惯性器件刻度系数误差可观测性较好。周元等基于最小二乘方法设计了光纤陀螺的在线标定算法，并且该算法在处理陀螺输出信号时具有相互独立且对称的特点，在实现过程中可节省一半以上的运算资源。陆志东等提出了一种基于双轴旋转调制的导航方案，在对其进行误差分析的基础上，仅依靠旋转运动对自身误差进行了标定和补偿，但其状态变量维数过高，会造成大计算量，导致标定周期过长，工程实用性不强。孙枫等利用双轴旋转系统，在静态条件下标定出各个误差参数，有效地避免了参数之间的耦合现象，具有较强的工程实用性，对在线标定的实现也有一定借鉴性。

（3）现阶段所存在的不足。在国内，单轴旋转系统已经基本成熟，但是双轴系统还有待发展，并且在旋转调制相关领域，我国在许多方面和世界发达国家尤其是美国差距还很大，其中较为突出的有以下几个方面。

①旋转调制的调制方案研究和设计。

②提高旋转系统的可靠性。

③将旋转系统小型化。

④加入旋转调制的惯性导航系统的导航解算。

⑤在高动态环境下的一系列问题。

1.8　参数估计

由于 Kalman 滤波理论只适用于线性系统，扩展卡尔曼滤波（extended Kalman filter，EKF）被 Bucy 和 Sunahara 等人提出，将 Kalman 滤波理论进一步应用到非线性领域。EKF 本质上是一种对非线性系统实时进行线性化的算法，即先对系统进行线性化处理，然后再利用 Kalman 滤波进行估计。

为了改善非线性系统的参数估计效果，无迹卡尔曼滤波（unscented Kalman filter，UKF）被 Julier 等人提出。其与 EKF 具有相同的算法结构，但是 UKF 不需要对非线性系统线性化，而是直接使用非线性模型，也不需要计算 Jacobian 或者 Hessian 矩阵，并且对于非线性系统，UKF 方法具有更好的估计效果。Wan 等将 UKF 引入非线性估计过程中，并在 UKF 的基础上提出了平方根滤波，不仅确保了滤波的稳定性，而且大大降低了估计过程的计算量。Lam 等设计了一种基于 UKF 能够同时进行姿态确定与误差标定的滤波器。夏家和等通过 UKF 算法在摇摆状态下标定出了包括失准角在内的多种误差参数，算法可允许初始姿态误差达到 40°。Kalman 滤波要求准确的系统模型和确切已知外部干扰信号的统计特性，对系统中存在的噪声不确定性比较敏感，容易造成滤波发散，为此人们引入了鲁棒滤波技术，比较有代表性的有鲁棒 H_∞ 滤波、粒子滤波、H_2/H_∞混合滤波、神经网络方法、区间卡尔曼滤波等方法。

在实际应用过程中，噪声的统计特性不仅不能确切已知，而且在系统模型中也会有许多未知量。随着鲁棒滤波理论的发展，该问题被H_∞滤波及其相关算法较好地解决，并且适合优化多个性能指标。周本川等针对弹载捷联惯导系统在线标定问题，提出基于H_∞滤波技术的“速度＋姿态”匹配方法，并对陀螺和加速度计的误差进行在线标定，经补偿后的弹载惯性导航系统的自主导航定位误差降低了82.6%，弹载捷联惯导系统的在线标定得以实现。岳晓奎等将H_∞滤波应用到GPS/INS组合导航过程中，相比之前的研究取得了不小的进步。在导航领域，Carvalho等率先将粒子滤波方法引入GPS/INS组合导航系统的滤波研究中，解决了当GPS可见星的数目发生突变时滤波的稳定性问题，得到了优于常规EKF的估计精度。Thomas等提出了边缘化粒子滤波算法，大大降低了PF（粒子滤波）的计算量，为PF工程实用提供了一定的理论参考。Dmitriyev针对惯性导航系统初始对准过程中先验信息的高度不稳定性，提出了一种后验概率分段高斯近似的非线性滤波方法。

神经网络可以映射出任意非线性系统，而且构造简单，具有很强的自学习能力，有很广阔的应用前景，在导航领域神经网络也有不少应用。粒子滤波和神经网络理论虽然具有先天的优越性，但是其自身还是存在一些无法避免的问题。如粒子退化、样本贫化以及计算量大等；而神经网络在使用过程中，其各项参数在很大程度上需要使用人员依靠经验确定，运行规律和理论依据还有待探索，另外神经网络算法还存在局部极小值和过度学习的问题需要解决。

构造具有稳定性的非线性观测器是替代非线性滤波的一种选择。相比许多现有非线性参数估计方法，这类观测器占用的计算空间通常更小，大大降低了使用过程中时间成本，因此受到许多低成本导航设备的青睐，如汽车和小型无人驾驶车辆。此类观测器首次由Salcudean提出，后来Vik和Fossen在GPS/INS组合导航的背景下增加陀螺漂移和速度的估计。Thienel等改进稳定性分析过程，推导了一致且完全可观的论据，确保了估计误差呈指数消失。Mahony等提出了一种观测器，它不依赖于单独的姿态解算，而是直接使用矢观测量，该观测器包括陀螺偏差的估算，并在稳定性方面进行严格分析和证明，前提是假设参考向量是固定的。

为了保证较高的定位精度，大多数算法将持续的卫星信号作为外部高精度信息进行辅助导航，而在战场环境下不允许导航算法对卫星信息过度依赖，所以需要寻求一种不但能充分利用高精度卫星信息，而且在没有卫星信号时也能保持相对高的定位精度的导航算法。

快速正交搜索（fast orthogonal search，FOS）算法不仅可以充分利用高精度外部信息进行模型训练，并且在进行参数估计时不需要外部信息，还具有较强的非线性参数估计能力。FOS 算法是由美国学者 Korenberg 在 1989 年提出的，该算法类似于有导师的神经网络算法，需要已知的训练数据，并通过最大限度地减小估计量和训练量之间的均方误差实现参数估计。相比神经网络，FOS 不需要频繁的迭代过程，而是通过一次迭代就能确定出合适的系统模型项，并且不会受到局部极小值的困扰。相比传统的最小二乘方法，通过 FOS 所建立的系统模型中包含更少的模型项，这就大大减小了噪声的干扰，提高了估计精度。目前，FOS 算法在许多领域中已有应用，包括信号压缩、磁共振成像、正电子发射断层扫描、非线性系统控制以及基因识别技术等，但是还没有相关文献表明 FOS 算法在导航领域已有应用。

第 2 章

定位定向系统误差分析

炮载定位定向系统是自行火炮的核心设备之一，具有全天候的自主导航能力，其性能会对火炮的行驶和射击精度产生较大影响。为探究系统误差对导航精度的影响规律，本章将依据系统误差模型，对误差传播规律进行分析，并确定相关误差抑制方案；然后利用 Allan 方差法和频谱分析法对不同种类的噪声对惯组量测的影响进行分析。

2.1 研究对象及所选坐标系

研究对象为某型轮式自行火炮的炮载光纤陀螺定位定向系统，该型定位定向系统在结构上设计为三大块：光纤捷联惯导、里程计和高程计，其中惯组和高程计安装在火炮摇架上，里程计安装在变速箱输出端的一侧。惯组采用了光纤陀螺捷联式方案，与里程计组合完成火炮的自主定位定向。

由于运动都是相对的，因此载体的运动对照不同的坐标系有不同的表示，所以在进行定位定向时都需要考虑所参考的坐标系。选用以下参考坐标系：

1. 惯性参考坐标系（i 系）

以地心为原点（O），X_i 轴指向春分点，Z_i 轴为地球自转轴，X_i 轴和 Y_i 轴在地球赤道平面内与 Z_i 轴成右手系。惯性系相对于恒星不转动。

2. 地球参考坐标系（e 系）

以地球中心为原点（O），与地球固连，Z_e 为地球自转轴，X_e 轴通过本初子午线和赤道的交点，X_e 轴和 Y_e 轴都在地球赤道平面内，构成右手系。地球系相对地球不转动。

3. 地理参考坐标系（*t* 系）

地理坐标系采用“东－北－天”坐标系。以运载体质心为原点（O），X_t 轴、Y_t 轴、Z_t 轴分别指向当地的东、北、天。

4. 导航参考坐标系（*n* 系）

导航坐标系是导航解算时用到的坐标系，在本书中即为“东－北－天”方向的地理坐标系。

5. 计算参考坐标系（*c* 系）

计算坐标系是人们在研究过程中虚拟的一种地理坐标系，它的经纬度（λ_c，L_c）是通过计算得到的，因为误差的存在，与实际的地理坐标系不重合。

6. 载体参考坐标系（*b* 系）

载体坐标系采用“右－前－上”坐标系。以载体质心为原点（O），与载体固连，X_b、Y_b、Z_b 分别指向右、前、上。

7. 车体参考坐标系（*m* 系）

本书使用的车体坐标系（里程计坐标系）定义为 m 系，与载体坐标系 b 的指向相同，但是两个坐标系之间存在安装误差。

2.2　捷联惯导系统误差模型

2.2.1　惯性传感器测量误差

1. 陀螺测量误差

陀螺的测量模型为

$$\begin{aligned}&[\omega_{ibx}^{b} \quad \omega_{iby}^{b} \quad \omega_{ibz}^{b}]^{\mathrm{T}}\\&=\boldsymbol{C}_{b_g}^{b}[(1-\delta k_{gx})\omega_{ibx}^{b_g}-\varepsilon_x^{b_g} \quad (1-\delta k_{gy})\omega_{iby}^{b_g}-\varepsilon_y^{b_g} \quad (1-\delta k_{gz})\omega_{ibz}^{b_g}-\varepsilon_z^{b_g}]^{\mathrm{T}}\end{aligned} \tag{2-1}$$

式中，$\boldsymbol{C}_{b_g}^{b}$ 为从实际载体坐标系 b_g 系到理想载体坐标系 b 系的转换矩阵；δk_{gi}（$i=x$，y，z）为陀螺刻度系数误差；$\varepsilon_i^{b_g}$ 为常值漂移。

式（2－1）变形可得

$$\boldsymbol{\omega}_{ib}^{b}=\boldsymbol{C}_{b_g}^{b}\{[\boldsymbol{I}-\mathrm{diag}(\delta\boldsymbol{k}_g)]\boldsymbol{\omega}_{ib}^{b_g}-\boldsymbol{\varepsilon}^{b_g}\}\approx(\boldsymbol{I}-\delta\boldsymbol{K}_G)\boldsymbol{\omega}_{ib}^{b_g}-\boldsymbol{\varepsilon}^{b} \tag{2-2}$$

其中，$\delta\boldsymbol{K}_G=\mathrm{diag}(\delta\boldsymbol{k}_g)-(\boldsymbol{\mu}_g\times)=\begin{bmatrix}\delta k_{gx} & \mu_{gz} & -\mu_{gy}\\ -\mu_{gz} & \delta k_{gy} & \mu_{gx}\\ \mu_{gy} & -\mu_{gx} & \delta k_{gz}\end{bmatrix}$。

$\boldsymbol{\omega}_{ib}^{b}$为理想角速度，$\boldsymbol{\omega}_{ib}^{b_g}$为实际角速度；$\boldsymbol{\varepsilon}^{b}$为陀螺常值漂移在 b 系内的投影，$\boldsymbol{\varepsilon}^{b_g}$为陀螺常值漂移在 b_g 系内的投影，并且 $\boldsymbol{\varepsilon}^{b}\approx\boldsymbol{\varepsilon}^{b_g}$；$\delta\boldsymbol{K}_G$ 为陀螺刻度系数误差矩阵，$\delta\boldsymbol{k}_g$，$\boldsymbol{\mu}_g$ 分别为陀螺刻度系数误差、失准角误差。

将式（2－2）变形并忽略高阶小量，可得陀螺误差模型：

$$\delta\boldsymbol{\omega}_{ib}^{b}=\delta\boldsymbol{K}_G\boldsymbol{\omega}_{ib}^{b_g}+\boldsymbol{\varepsilon}^{b}\approx\delta\boldsymbol{K}_G\boldsymbol{\omega}_{ib}^{b}+\boldsymbol{\varepsilon}^{b} \tag{2-3}$$

2. 加速度计测量误差

同理，加速度计的测量误差模型为

$$\delta\boldsymbol{f}_{sf}^{b}=\tilde{\boldsymbol{f}}_{sf}^{b}-\boldsymbol{f}_{sf}^{b}=\delta\boldsymbol{K}_A\tilde{\boldsymbol{f}}_{sf}^{b}+\tilde{\boldsymbol{\nabla}}^{b}\approx\delta\boldsymbol{K}_A\boldsymbol{f}_{sf}^{b}+\tilde{\boldsymbol{\nabla}}^{b} \tag{2-4}$$

其中，$\delta\boldsymbol{K}_A=\mathrm{diag}(\delta\boldsymbol{k}_a)-(\boldsymbol{\mu}_a\times)=\begin{bmatrix}\delta k_{ax} & \mu_{az} & -\mu_{ay}\\ -\mu_{az} & \delta k_{ay} & \mu_{ax}\\ \mu_{ay} & -\mu_{ax} & \delta k_{az}\end{bmatrix}$。

$\boldsymbol{f}_{sf}^{b}$和$\tilde{\boldsymbol{f}}_{sf}^{b}$分别为加速度计的理论和实际输出值；$\boldsymbol{\nabla}^{b}$ 为加速度计零偏；$\delta\boldsymbol{K}_A$ 为加速度计刻度系数误差矩阵，$\delta\boldsymbol{k}_a$，$\boldsymbol{\mu}_a$ 分别为加速度计刻度系数误差、失准角误差。

2.2.2 系统误差方程

1. 姿态误差方程

姿态误差方程为

$$\dot{\boldsymbol{\phi}}=\boldsymbol{\phi}\times\boldsymbol{\omega}_{in}^{n}+\delta\boldsymbol{\omega}_{in}^{n}-\delta\boldsymbol{\omega}_{ib}^{n} \tag{2-5}$$

式中，$\boldsymbol{\phi}$ 为从理想导航系（n 系）至计算导航系（n'系）的失准角误差（视为小量）；$\delta\boldsymbol{\omega}_{in}^{n}$为导航系计算误差；$\delta\boldsymbol{\omega}_{ib}^{n}$为陀螺量测误差在导航系内的投影。

将式（2－5）展开，可得

$$\begin{cases}\dot{\phi}_E=\left(\omega_U+\dfrac{v_E\tan L}{R_{Nh}}\right)\phi_N-\left(\omega_N+\dfrac{v_E}{R_{Nh}}\right)\phi_U-\dfrac{1}{R_{Mh}}\delta v_N+\dfrac{v_N}{R_{Mh}^2}\delta h-\varepsilon_E\\ \dot{\phi}_N=-\left(\omega_U+\dfrac{v_E\tan L}{R_{Nh}}\right)\phi_E-\dfrac{v_N}{R_{Mh}}\phi_U+\dfrac{1}{R_{Nh}}\delta v_E-\omega_U\delta L-\dfrac{v_E}{R_{Mh}^2}\delta h-\varepsilon_N\\ \dot{\phi}_U=\left(\omega_N+\dfrac{v_E}{R_{Nh}}\right)\phi_E+\dfrac{v_N}{R_{Mh}}\phi_N+\dfrac{\tan L}{R_{Nh}}\delta v_E+\left(\omega_N+\dfrac{v_E\sec^2L}{R_{Nh}}\right)\delta L-\dfrac{v_E\tan L}{R_{Nh}^2}\delta h-\varepsilon_U\end{cases} \tag{2-6}$$

式（2－6）反映出了 n' 系相对于 n 系的失准角的变化规律。

2. 速度误差方程

比力方程为

$$\dot{\boldsymbol{v}}^n = \boldsymbol{C}_b^n \boldsymbol{f}_{sf}^b - (2\boldsymbol{\omega}_{ie}^n + \boldsymbol{\omega}_{en}^n) \times \boldsymbol{v}^n + \boldsymbol{g}^n \tag{2-7}$$

在实际计算过程中，比力方程变为

$$\dot{\tilde{\boldsymbol{v}}}^n = \tilde{\boldsymbol{C}}_b^n \tilde{\boldsymbol{f}}_{sf}^b - (2\tilde{\boldsymbol{\omega}}_{ie}^n + \tilde{\boldsymbol{\omega}}_{en}^n) \times \tilde{\boldsymbol{v}}^n + \tilde{\boldsymbol{g}}^n \tag{2-8}$$

其中，$\tilde{\boldsymbol{f}}_{sf}^b = \boldsymbol{f}_{sf}^b + \delta\boldsymbol{f}_{sf}^b$，$\tilde{\boldsymbol{\omega}}_{ie}^n = \boldsymbol{\omega}_{ie}^n + \delta\boldsymbol{\omega}_{ie}^n$，$\tilde{\boldsymbol{\omega}}_{en}^n = \boldsymbol{\omega}_{en}^n + \delta\boldsymbol{\omega}_{en}^n$，$\tilde{\boldsymbol{g}}^n = \boldsymbol{g}^n + \delta\boldsymbol{g}^n$。

$\delta\boldsymbol{f}_{sf}^b$ 为加速度计测量误差，$\delta\boldsymbol{\omega}_{ie}^n$ 为地球自转角速度误差，$\delta\boldsymbol{\omega}_{en}^n$ 为导航系旋转误差，$\delta\boldsymbol{g}^n$ 为重力误差。

式（2－8）减去式（2－7）可得速度误差方程：

$$\delta\dot{\boldsymbol{v}}^n \approx \boldsymbol{f}_{sf}^n \times \boldsymbol{\phi} + \boldsymbol{v}^n \times (2\delta\boldsymbol{\omega}_{ie}^n + \delta\boldsymbol{\omega}_{en}^n) - (2\boldsymbol{\omega}_{ie}^n + \boldsymbol{\omega}_{en}^n) \times \delta\boldsymbol{v}^n + \delta\boldsymbol{f}_{sf}^n + \delta\boldsymbol{g}^n \tag{2-9}$$

$$\begin{cases} \delta\dot{v}_E = -f_U\boldsymbol{\phi}_N + f_N\boldsymbol{\phi}_U + \dfrac{v_N\tan L - v_U}{R_{Nh}}\delta v_E + \left(2\omega_U + \dfrac{v_E\tan L}{R_{Nh}}\right)\delta v_N - \left(2\omega_N + \dfrac{v_E}{R_{Nh}}\right)\delta v_U + \\ \qquad \left[2(v_N\omega_N + v_U\omega_U) + \dfrac{v_E v_N \sec^2 L}{R_{Nh}}\right]\delta L + \dfrac{v_E(v_U - v_N\tan L)}{R_{Nh}^2}\delta h + \nabla_E \\ \delta\dot{v}_N = f_U\phi_E - f_E\phi_U - 2\left(\omega_U + \dfrac{v_E\tan L}{R_{Nh}}\right)\delta v_E - \dfrac{v_U}{R_{Mh}}\delta v_N - \dfrac{v_N}{R_{Mh}}\delta v_U - \\ \qquad v_E\left(2\omega_N + \dfrac{v_E\sec^2 L}{R_{Nh}}\right)\delta L + \left(\dfrac{v_N v_U}{R_{Mh}^2} + \dfrac{v_E^2\tan L}{R_{Nh}^2}\right)\delta h + \nabla_N \\ \delta\dot{v}_U = -f_N\phi_E + f_E\phi_N + 2\left(\omega_N + \dfrac{v_E}{R_{Nh}}\right)\delta v_E + \dfrac{2v_N}{R_{Mh}}\delta v_N - \\ \qquad [2\omega_U v_E + g_e\sin 2L(\beta - 4\beta_1\cos 2L)]\delta L - \left(\dfrac{v_E^2}{R_{Nh}^2} + \dfrac{v_N^2}{R_{Mh}^2} - \beta_2\right)\delta h + \nabla_U \end{cases} \tag{2-10}$$

3. 位置误差方程

对位置（纬度、经度和高度）微分方程式求偏差，视 R_M，R_N 为常值，忽略高度 h 的影响，可得

$$\begin{cases} \delta\dot{L} = \dfrac{1}{R_{Mh}}\delta v_N - \dfrac{v_N}{R_{Mh}^2}\delta h \\ \delta\dot{\lambda} = \dfrac{\sec L}{R_{Nh}}\delta v_E + \dfrac{v_E\sec L\tan L}{R_{Nh}}\delta L - \dfrac{v_E\sec L}{R_{Nh}^2}\delta h \\ \delta\dot{h} = \delta v_U \end{cases} \tag{2-11}$$

式中，δL、$\delta\lambda$ 和 δh 分别为纬度误差、经度误差和高度误差；惯导速度分量 $\boldsymbol{v}^n=[v_E \quad v_N \quad v_U]^{\mathrm{T}}$，速度误差分量 $\delta\boldsymbol{v}^n=[\delta v_E \quad \delta v_N \quad \delta v_U]^{\mathrm{T}}$。

2.2.3 系统非线性误差模型

上述误差方程是在线性假设前提下建立的，即假设姿态误差为小角度，显然无法适用于姿态误差为大角度的情形。许多学者做了很多关于大角度姿态误差的研究，本章依据相关文献建立了适用于大失准角的非线性速度和姿态误差方程。

从 n 系至 n' 系的等效旋转矢量 $\boldsymbol{\phi}$ 为大角度，其方向余弦矩阵 $\boldsymbol{C}_{n'}^n$ 为

$$\boldsymbol{C}_{n'}^n=\begin{bmatrix}\cos\phi_y\cos\phi_z-\sin\phi_x\sin\phi_y\sin\phi_z & -\cos\phi_x\sin\phi_z & \sin\phi_y\cos\phi_z+\cos\phi_y\sin\phi_x\sin\phi_z\\ \cos\phi_y\sin\phi_z+\sin\phi_x\sin\phi_y\cos\phi_z & \cos\phi_x\cos\phi_z & \sin\phi_y\sin\phi_z-\cos\phi_y\sin\phi_x\cos\phi_z\\ -\sin\phi_y\cos\phi_x & \sin\phi_x & \cos\phi_y\cos\phi_x\end{bmatrix}\tag{2-12}$$

1. 姿态误差方程

理想状态下的详细姿态矩阵为

$$\dot{\boldsymbol{C}}_b^n=\boldsymbol{C}_b^n(\boldsymbol{\omega}_{ib}^b\times)-(\boldsymbol{\omega}_{in}^n\times)\boldsymbol{C}_b^n=\boldsymbol{C}_b^n(\boldsymbol{\omega}_{nb}^b\times)\tag{2-13}$$

含误差的姿态矩阵为

$$\dot{\boldsymbol{C}}_b^{n'}=\boldsymbol{C}_b^{n'}(\tilde{\boldsymbol{\omega}}_{ib}^b\times)-(\tilde{\boldsymbol{\omega}}_{in}^n\times)\boldsymbol{C}_b^{n'}=\boldsymbol{C}_b^{n'}(\tilde{\boldsymbol{\omega}}_{nb}^b\times)\tag{2-14}$$

其中

$$\boldsymbol{\omega}_{nb}^b=\boldsymbol{\omega}_{ib}^b-\boldsymbol{C}_n^b\boldsymbol{\omega}_{in}^n\tag{2-15}$$

$$\boldsymbol{\omega}_{n'b}^b=\tilde{\boldsymbol{\omega}}_{ib}^b-\boldsymbol{C}_{n'}^b\tilde{\boldsymbol{\omega}}_{in}^n=\boldsymbol{\omega}_{ib}^b+\delta\boldsymbol{\omega}_{ib}^b-\boldsymbol{C}_{n'}^b(\boldsymbol{\omega}_{in}^n+\delta\boldsymbol{\omega}_{in}^n)\tag{2-16}$$

另外，$\dot{\boldsymbol{C}}_{n'}^n=\boldsymbol{C}_{n'}^n(\boldsymbol{\omega}_{nn'}^{n'}\times)$。其中

$$\boldsymbol{\omega}_{nn'}^{n'}=\boldsymbol{C}_b^{n'}\boldsymbol{\omega}_{nn'}^b=\boldsymbol{C}_b^{n'}(\boldsymbol{\omega}_{nb}^b-\boldsymbol{\omega}_{n'b}^b)\tag{2-17}$$

将式（2-15）、式（2-16）代入式（2-17）得

$$\boldsymbol{\omega}_{nn'}^{n'}=\boldsymbol{C}_b^{n'}[-\boldsymbol{C}_n^b\boldsymbol{\omega}_{in}^n-\delta\boldsymbol{\omega}_{ib}^b+\boldsymbol{C}_{n'}^b(\boldsymbol{\omega}_{in}^n+\delta\boldsymbol{\omega}_{in}^n)]=(\boldsymbol{I}-\boldsymbol{C}_n^{n'})\boldsymbol{\omega}_{in}^n-\boldsymbol{C}_b^{n'}\delta\boldsymbol{\omega}_{ib}^b+\delta\boldsymbol{\omega}_{in}^n\tag{2-18}$$

欧拉角随时间的传递为

$$\dot{\boldsymbol{\phi}}=\begin{bmatrix}\cos\phi_y & 0 & \sin\phi_y\\ \sin\phi_y\sin\phi_x/\cos\phi_x & 1 & -\cos\phi_y\sin\phi_x/\cos\phi_x\\ -\sin\phi_y/\cos\phi_x & 0 & \cos\phi_y/\cos\phi_x\end{bmatrix}\boldsymbol{\omega}_{nn'}^{n'}\tag{2-19}$$

令 $\boldsymbol{M}=\begin{bmatrix}\cos\phi_y & 0 & \sin\phi_y\\ \sin\phi_y\sin\phi_x/\cos\phi_x & 1 & -\cos\phi_y\sin\phi_x/\cos\phi_x\\ -\sin\phi_y/\cos\phi_x & 0 & \cos\phi_y/\cos\phi_x\end{bmatrix}$，可得

$$\dot{\boldsymbol{\phi}} = \boldsymbol{M}\boldsymbol{\omega}_{nn'}^{n'} = \boldsymbol{M}[(\boldsymbol{I} - \boldsymbol{C}_n^{n'})\boldsymbol{\omega}_{in}^n - \boldsymbol{C}_b^{n'}\delta\boldsymbol{\omega}_{ib}^b + \delta\boldsymbol{\omega}_{in}^n] \tag{2-20}$$

式（2-20）为大失准角下的姿态误差方程，可看出该方程对失准角的大小没有限制。当三个方向的失准角均为小角度时，$\boldsymbol{M}$ 为单位阵，并且 $\boldsymbol{C}_n^{n'} \approx \boldsymbol{I} - (\boldsymbol{\phi}\times)$，此时的姿态误差方程与 2.2.2 小节的姿态误差方程相同。

2. 速度误差方程

非线性条件下的速度误差方程与 2.2.2 小节中小失准角假设条件下速度误差方程的推导过程相似，只是没有 $\boldsymbol{C}_n^{n'} \approx \boldsymbol{I} - (\boldsymbol{\phi}\times)$ 的假设条件，$\boldsymbol{C}_n^{n'}$ 由式（2-12）确定，具体方程为

$$\delta\dot{\boldsymbol{v}}^n \approx (\boldsymbol{I} - \boldsymbol{C}_{n'}^n)\boldsymbol{C}_b^{n'}\boldsymbol{f}_{sf}^b + \boldsymbol{C}_b^{n'}\delta\boldsymbol{f}_{sf}^b - (2\delta\boldsymbol{\omega}_{ie}^n + \delta\boldsymbol{\omega}_{en}^n)\times\boldsymbol{v}^n - (2\boldsymbol{\omega}_{ie}^n + \boldsymbol{\omega}_{en}^n)\times\delta\boldsymbol{v}^n + \delta\boldsymbol{g}^n \tag{2-21}$$

上述误差模型仅仅表述了大失准角造成的系统非线性，而在现实过程中能使系统产生非线性的因素有很多，但无法有效地表达在误差模型中。在完成某些对量测精度要求较高的作业时（如对准），系统非线性所带来的误差是不能容忍的。

2.3 误差传播特性分析

为明确误差源（器件误差和初始误差）和定位精度之间的关系，基于前文所建立的误差模型，分别分析陀螺常值漂移、加速度计零偏以及初始误差对定位精度的影响规律。

在静基座条件下，惯导真实速度为 $\boldsymbol{v}^n = \boldsymbol{0}$，真实位置 $\boldsymbol{p} = [L \quad \lambda \quad h]^{\mathrm{T}}$ 一般准确已知，比力在导航坐标系的投影为 $\boldsymbol{f}_{sf}^n = [0 \quad 0 \quad g]^{\mathrm{T}}$，可将 R_{Mh} 和 R_{Nh} 近似为地球平均半径 R，则 2.2.2 小节中的误差方程可简化并解耦为

$$\begin{cases} \dot{\phi}_E = \omega_U\phi_N - \omega_N\phi_U - \delta v_N/R - \varepsilon_E \\ \dot{\phi}_N = -\omega_U\phi_E + \delta v_E/R - \omega_U\delta L - \varepsilon_N \\ \dot{\phi}_U = \omega_N\phi_E + \delta v_E\tan L/R + \omega_N\delta L - \varepsilon_U \\ \delta\dot{v}_E = -g\phi_N + 2\omega_U\delta v_N + \nabla_E \\ \delta\dot{v}_N = g\phi_E - 2\omega_U\delta v_E + \nabla_N \\ \delta\dot{v}_U = 2\omega_N\delta v_E - g_e\sin 2L(\beta - 4\beta_1\cos 2L)\delta L + \beta_2\delta h + \nabla_U \\ \delta\dot{L} = \delta v_N/R \\ \delta\dot{\lambda} = \delta v_E\sec L/R \\ \delta\dot{h} = \delta v_U \end{cases} \tag{2-22}$$

其中，$\delta\dot{v}_U$ 和 $\delta\dot{h}$ 属于垂直通道，剩余7个参数属于水平通道。系统受到任何干扰，垂直误差 δh 都会随时间不断发散。所以，纯惯导的垂直通道不能长时间单独使用，必须借助其他高度测量设备，或者在某些高度变化不大的应用场合应用。

建立系统方程如下：

$$\begin{cases}\dot{\boldsymbol{X}}_1 = \boldsymbol{F}\boldsymbol{X}_1 + \boldsymbol{U} \\ \dot{\boldsymbol{X}}_2 = \dfrac{\delta v_E}{R}\sec L\end{cases} \tag{2-23}$$

式中，$\boldsymbol{X}_1$、$\boldsymbol{X}_2$ 为状态变量，$\boldsymbol{X}_1 = [\varphi_E \quad \varphi_N \quad \varphi_U \quad \delta v_E \quad \delta v_N \quad \delta L]^{\mathrm{T}}$，$\boldsymbol{X}_2 = \delta\lambda$；$\boldsymbol{U}$ 为输入向量，$\boldsymbol{U} = [\varepsilon_E \quad \varepsilon_N \quad \varepsilon_U \quad \nabla_E \quad \nabla_N \quad 0]^{\mathrm{T}}$；$\boldsymbol{F}$ 为系统矩阵，

$$\boldsymbol{F} = \begin{bmatrix} 0 & \omega_U & -\omega_N & 0 & -1/R & 0 \\ -\omega_U & 0 & 0 & 1/R & 0 & -\omega_U \\ \omega_N & 0 & 0 & \tan L/R & 0 & \omega_N \\ 0 & -g & 0 & 0 & 2\omega_U & 0 \\ g & 0 & 0 & -2\omega_U & 0 & 0 \\ 0 & 0 & 0 & 0 & 1/R & 0 \end{bmatrix}。$$

由于经度误差 $\delta\lambda$ 的传播是一个相对独立的过程，它仅仅是东向速度误差 δv_E 的一次积分，$\delta\lambda$ 与其他误差之间没有耦合关系，所以将其单独列出。

式（2－23）中系统为定常系统，对其取拉普拉斯变换，分别得

$$\boldsymbol{X}(s) = (s\boldsymbol{I} - \boldsymbol{F})^{-1}[\boldsymbol{X}(0) + \boldsymbol{U}(s)] \tag{2-24}$$

$$\delta\lambda(s) = \frac{1}{s}\left[\frac{\delta v_E(s)}{R}\sec L + \delta\lambda(0)\right] \tag{2-25}$$

状态向量 $\boldsymbol{X}$ 的初值为 $\boldsymbol{X}(0) = [\phi_E(0) \quad \phi_N(0) \quad \phi_U(0) \quad \delta v_E(0) \quad \delta v_N(0) \quad \delta L(0)]^{\mathrm{T}}$。

针对式（2－24），根据矩阵求逆公式，可得

$$(s\boldsymbol{I} - \boldsymbol{F})^{-1} = \frac{\boldsymbol{N}(s)}{|s\boldsymbol{I} - \boldsymbol{F}|} \tag{2-26}$$

式中，$\boldsymbol{N}(s)$ 为（$s\boldsymbol{I} - \boldsymbol{F}$）的伴随矩阵，可获得式（2－26）的分母特征多项式：

$$\Delta(s) = |s\boldsymbol{I} - \boldsymbol{F}| = (s^2 + \omega_{ie}^2)[(s^2 + \omega_s^2)^2 + 4s^2\omega_f^2] \tag{2-27}$$

式中，$\omega_s=\sqrt{g/R}$为休拉角频率；$\omega_f=\omega_{ie}\sin L$ 为傅科角频率。显然，总有 $\omega_s \gg \omega_f$。

在式（2-27）中，若令 $\Delta(s)=0$，可解得特征根为

$$\begin{cases} s_{1,2}=\pm \mathrm{j}\omega_{ie} \\ s_{3,4}=\pm \mathrm{j}(\sqrt{\omega_s^2+\omega_f^2}+\omega_f)\approx \pm \mathrm{j}(\omega_s+\omega_f) \\ s_{5,6}=\pm \mathrm{j}(\sqrt{\omega_s^2+\omega_f^2}-\omega_f)\approx \pm \mathrm{j}(\omega_s-\omega_f) \end{cases} \tag{2-28}$$

惯导系统误差水平通道中，式（2-23）除 δλ 外的 6 个特征根全部为虚根，该误差系统为无阻尼振荡系统，它包含地球、休拉和傅科三种周期振荡。由于 $\omega_s \gg \omega_f$，频率 $\omega_s+\omega_f$ 和 $\omega_s-\omega_f$ 之间非常接近，两者叠加会产生拍频现象；根据三角函数的积化和差运算有 $\sin(\omega_s+\omega_f)t+\sin(\omega_s-\omega_f)t=2\sin\omega_s t\cdot\cos\omega_f t$，或者说，休拉振荡的幅值总是受傅科频率的调制作用（休拉振荡视为载波，傅科振荡视为调制信号）。

针对陀螺常值漂移、加速度计零偏和初始误差三种误差项，对特征矩阵 $(s\boldsymbol{I}-\boldsymbol{F})^{-1}$进行拆分，以及拉普拉斯逆变换，即可求出误差源和导航误差之间的传递关系。

2.3.1 陀螺常值漂移传播特性

在进行拉普拉斯逆变换之前，首先对式（2-24）进行拆分，获取陀螺常值漂移与导航误差对应的函数关系如下：

令

$$\boldsymbol{A}=(s\boldsymbol{I}-\boldsymbol{F})^{-1}$$

$$\boldsymbol{X}(s)=\begin{bmatrix} A_{11} & \cdots & A_{13} \\ \vdots & \ddots & \vdots \\ A_{61} & \cdots & A_{63} \end{bmatrix}\begin{bmatrix} \phi_E(0)+\varepsilon_E(s) \\ \phi_N(0)+\varepsilon_N(s) \\ \phi_U(0)+\varepsilon_U(s) \end{bmatrix} \tag{2-29}$$

分别对式（2-29）和式（2-25）进行拉普拉斯逆变换，经过推导，得出一组精度较好的近似解析解，它全面包括了陀螺常值漂移、加速度计零偏、初始平台失准角误差、初始速度误差、初始经纬度误差等 12 个误差源的影响。为简化书写，使用如下简化符号：$s_L=\sin(L)$、$c_L=\cos(L)$、$t_L=\tan(L)$、$e_L=\sec(L)$、$s_s=\sin(\omega_s t)$、$c_s=\cos(\omega_s t)$、$s_f=\sin(\omega_f t)$、$c_f=\cos(\omega_f t)$、$s_e=\sin(\omega_{ie}t)$、$c_e=\cos(\omega_{ie}t)$、$V_I=\sqrt{gR}$。所得近似解析解如下：

$$
\begin{cases}
\phi_E(t) = -\dfrac{\varepsilon_E}{\omega_s} s_s c_f - \dfrac{\varepsilon_N}{\omega_s} s_s s_f \\
\phi_N(t) = \dfrac{\varepsilon_E}{\omega_s} s_s s_f - \dfrac{\varepsilon_N}{\omega_s} s_s c_f \\
\phi_U(t) = -\varepsilon_E e_L \left(\dfrac{1-c_e}{\omega_{ie}} - \dfrac{s_L s_s s_f}{\omega_s} \right) + \varepsilon_N t_L \left(\dfrac{s_e}{\omega_{ie}} - \dfrac{s_s c_f}{\omega_s} \right) - \dfrac{\varepsilon_U}{\omega_{ie}} s_e \\
\delta v_E(t) = -\varepsilon_E R(s_L s_e - c_s s_f) - \varepsilon_N R(c_s c_f - c_L^2 - s_L^2 c_e) + \varepsilon_U R c_L \left[s_L(1-c_e) - \dfrac{\omega_{ie}}{\omega_s} s_s s_f \right] \\
\delta v_N(t) = -\varepsilon_E R(c_e - c_s c_f) - \varepsilon_N R(s_L s_e - c_s s_f) + \varepsilon_U R c_L \left(s_e - \dfrac{\omega_{ie}}{\omega_s} s_s c_f \right) \\
\delta L(t) = -\varepsilon_E \left(\dfrac{s_e}{\omega_{ie}} - \dfrac{s_s c_f}{\omega_s} \right) - \varepsilon_N \left[\dfrac{s_L}{\omega_{ie}}(1-c_e) - \dfrac{s_s s_f}{\omega_s} \right] + \dfrac{\varepsilon_U}{\omega_{ie}} c_L (1-c_e)
\end{cases}
\tag{2-30}
$$

$$
\delta\lambda(t) = -\varepsilon_E e_L \left[\frac{s_L}{\omega_{ie}}(1-c_e) - \frac{s_s s_f}{\omega_s} \right] + \varepsilon_N \left(c_L t + \frac{s_L t_L}{\omega_{ie}} s_e - \frac{e_L}{\omega_s} s_s c_f \right) + \varepsilon_U s_L \left(t - \frac{1}{\omega_{ie}} s_e \right)
\tag{2-31}
$$

由于地球、休拉和傅科三种振荡只会使误差产生周期性的振荡，而不会使误差产生较大的偏差或者随时间递增。所以，将式（2－30）和式（2－31）中的振荡项去除，更加清晰地显示出了陀螺常值漂移对导航误差的影响趋势，即

$$
\begin{cases}
\phi_E(t) = 0 \\
\phi_N(t) = 0 \\
\phi_U(t) = \dfrac{-\varepsilon_E e_L}{\omega_{ie}} \\
\delta v_E(t) = \varepsilon_N R c_L^2 + \varepsilon_U R c_L s_L \\
\delta v_N(t) = 0 \\
\delta L(t) = -\dfrac{\varepsilon_N s_L}{\omega_{ie}} + \dfrac{\varepsilon_U c_L}{\omega_{ie}} \\
\delta\lambda(t) = -\dfrac{\varepsilon_E e_L s_L}{\omega_{ie}} + \varepsilon_N c_L t + \varepsilon_U s_L t
\end{cases}
\tag{2-32}
$$

由式（2－32）可看出，陀螺常值漂移可以造成 ϕ_U、δv_E、δL 产生偏差，

并且会使得经度误差 $\delta\lambda$ 随时间 t 递增。其中，东向陀螺常值漂移 ε_E 会造成方位角误差 ϕ_U 和经度误差 $\delta\lambda$ 产生偏差 $-\varepsilon_E e_L/\omega_{ie}$ 和 $-\varepsilon_E e_L s_L/\omega_{ie}$，而不会引起累积误差；北向陀螺常值漂移 ε_N 会造成东向速度误差和纬度误差的偏差 $\varepsilon_N R c_L^2$ 和 $-\varepsilon_N s_L/\omega_{ie}$，以及经度误差的累积误差 $\varepsilon_N c_L t$ 的产生；天向陀螺常值漂移 ε_U 造成的结果与北向陀螺常值漂移类似，引起的东向速度误差和纬度误差的偏差以及经度误差的累积误差分别为 $\varepsilon_U R c_L s_L$、$\varepsilon_U c_L/\omega_{ie}$、$\varepsilon_U s_L t$。

综上，惯导系统的定位误差会随时间增长，而造成其增长的主要误差源是北向和天向的陀螺常值漂移。

2.3.2　加速度计零偏传播特性

首先，依旧对式（2-24）进行拆分，获取加速度计零偏与导航误差对应的函数关系如下：

$$\boldsymbol{X}(s)=\begin{bmatrix}A_{14} & \cdots & A_{16}\\ \vdots & \ddots & \vdots\\ A_{64} & \cdots & A_{66}\end{bmatrix}\begin{bmatrix}\phi_E(0)+\nabla_E(s)\\ \phi_N(0)+\nabla_N(s)\\ \phi_U(0)+\nabla_U(s)\end{bmatrix} \tag{2-33}$$

分别对式（2-33）和式（2-25）进行拉普拉斯逆变换，按照简化书写原则，可得

$$\begin{cases}\phi_E(t)=-\dfrac{\nabla_E}{g}c_s s_f-\dfrac{\nabla_N}{g}(1-c_s c_f)\\ \phi_N(t)=\dfrac{\nabla_E}{g}(1-c_s c_f)-\dfrac{\nabla_N}{g}c_s s_f\\ \phi_U(t)=\dfrac{\nabla_E}{g}t_L(1-c_s c_f)-\dfrac{\nabla_N}{g}t_L c_s s_f\\ \delta v_E(t)=\dfrac{\nabla_E}{g}V_I s_s c_f+\dfrac{\nabla_N}{g}V_I s_s s_f\\ \delta v_N(t)=-\dfrac{\nabla_E}{g}V_I s_s s_f+\dfrac{\nabla_N}{g}V_I s_s c_f\\ \delta L(t)=\dfrac{\nabla_E}{g}c_s s_f+\dfrac{\nabla_N}{g}(1-c_s c_f)\end{cases} \tag{2-34}$$

$$\delta\lambda(t)=\frac{\nabla_E}{g}e_L(1-c_s c_f)-\frac{\nabla_N}{g}e_L c_s s_f \tag{2-35}$$

将式（2-34）和式（2-35）中的振荡项去除，显示出加速度计零偏对

导航误差造成的影响，如下：

$$\begin{cases}\phi_E(t)=-\dfrac{\nabla_N}{g}\\ \phi_N(t)=\dfrac{\nabla_E}{g}\\ \phi_U(t)=\dfrac{\nabla_E}{g}t_L\\ \delta v_E(t)=0\\ \delta v_N(t)=0\\ \delta L(t)=\dfrac{\nabla_N}{g}\\ \delta\lambda(t)=\dfrac{\nabla_E}{g}e_L\end{cases}\tag{2-36}$$

由式（2-36）可看出，加速度计零偏会对除速度误差以外的误差参数造成偏差。其中东向加速度计零偏∇_E会对北向和天向姿态角误差 ϕ_N、ϕ_U 以及经度误差 δL 产生影响，分别为∇_E/g、$\nabla_E t_L/g$、$\nabla_E e_L/g$；而北向加速度计零偏∇_N会对东向姿态角误差 ϕ_N 和纬度误差 δL 产生影响，分别为 $-\nabla_N/g$ 和 ∇_N/g。

综上，加速度计零偏不会对速度误差产生影响，但是会对惯导系统的姿态精度产生较大影响。结合 2.3.1 小节中的分析结果可看出，惯导系统的水平姿态角的精度主要由加速度计的精度决定。

2.3.3 初始误差传播特性

初始误差与导航误差对应的函数关系如下：

$$\boldsymbol{X}(s)=\begin{bmatrix}A_{11} & \cdots & A_{16}\\ \vdots & \ddots & \vdots\\ A_{61} & \cdots & A_{66}\end{bmatrix}[\phi_{E0}\quad \phi_{N0}\quad \phi_{U0}\quad \delta v_{E0}\quad \delta v_{N0}\quad \delta\lambda_0]^{\mathrm{T}}\tag{2-37}$$

分别对式（2-37）和式（2-25）进行拉普拉斯逆变换，可得

$$\begin{cases}\phi_E(t)=\phi_{E0}c_sc_f+\phi_{N0}c_ss_f-\phi_{U0}\dfrac{\omega_{ie}}{\omega_s}c_Ls_sc_f+\dfrac{\delta v_{E0}}{V_I}s_ss_f+-\dfrac{\delta v_{N0}}{V_I}s_sc_f\\ \phi_N(t)=-\phi_{E0}c_ss_f+\phi_{N0}c_sc_f+\phi_{U0}\dfrac{\omega_{ie}}{\omega_s}c_Ls_ss_f+\dfrac{\delta v_{E0}}{V_I}s_sc_f+\dfrac{\delta v_{N0}}{V_I}s_ss_f\\ \phi_U(t)=\phi_{E0}e_L(s_e-s_Lc_ss_f)+\phi_{N0}t_L(c_sc_f-c_e)+\phi_{U0}\left(c_e+\dfrac{\omega_{ie}}{\omega_s}s_Ls_ss_f\right)+\dfrac{\delta v_{E0}}{V_I}t_Ls_sc_f+\dfrac{\delta v_{N0}}{V_I}t_Ls_ss_f\\ \delta v_E(t)=\phi_{E0}V_Is_ss_f-\phi_{N0}V_Is_sc_f+\phi_{U0}R\omega_N(c_ss_f-s_Ls_e)+\delta v_{E0}c_sc_f+\delta v_{N0}c_ss_f\\ \delta v_N(t)=\phi_{E0}V_Is_sc_f+\phi_{N0}V_Is_ss_f+\phi_{U0}R\omega_N(c_sc_f-c_e)-\delta v_{E0}c_ss_f+\delta v_{N0}c_sc_f\\ \delta L(t)=\phi_{E0}(c_e-c_sc_f)+\phi_{N0}(s_Ls_e-c_ss_f)-\phi_{U0}c_L\left(s_e-\dfrac{\omega_{ie}}{\omega_s}s_sc_f\right)-\dfrac{\delta v_{E0}}{V_I}s_ss_f+\dfrac{\delta v_{N0}}{V_I}s_sc_f\end{cases}\tag{2-38}$$

$$\begin{aligned}\delta\lambda(t)=&\phi_{E0}e_L(s_Ls_e-c_ss_f)+\phi_{N0}e_L(c_sc_f-c_L^2-s_L^2c_e)-\\&\phi_{U0}\left[s_L(1-c_e)-\frac{\omega_{ie}}{\omega_s}s_ss_f\right]+\frac{\delta v_{E0}e_L}{V_I}s_sc_f+\frac{\delta v_{N0}e_L}{V_I}s_ss_f+\delta\lambda_0\end{aligned}\tag{2-39}$$

将式（2-38）和式（2-39）中的振荡项去除，可显示出初始误差对导航误差造成的影响，如下：

$$\begin{cases}\phi_E(t)=0,\ \phi_N(t)=0,\ \phi_U(t)=0\\ \delta v_E(t)=0,\ \delta v_N(t)=0\\ \delta L(t)=0,\ \delta\lambda(t)=-\phi_{N0}e_Lc_L^2-\phi_{U0}s_L+\delta\lambda_0\end{cases}\tag{2-40}$$

由式（2-40）可看出，只有北向和天向的初始姿态误差会引起经度误差产生偏差，其余误差参数均按照三种周期性振荡来传播。

2.3.4　初始对准过程中的误差传播特性

当对初始对准精度进行分析时，由于陆用定位定向系统的初始对准时间相对较短，所以可以对前文推导出的误差特性函数进行化简，即式（2-30）、式（2-34）和式（2-38）中的 $s_f\approx0$、$c_f\approx1$、$s_e\approx0$、$c_e\approx1$、$s_e/\omega_{ie}\approx t$、$s_s\approx\omega_st$、$c_s\approx1$，简化后合并为

$$
\begin{cases}
\phi_E(t) = \nabla_N \dfrac{t^2}{2R} + \phi_{E0} - \phi_{U0}\omega_N t - \varepsilon_E t - \delta v_{N0}\dfrac{t}{R} \\
\phi_N(t) = \nabla_E \dfrac{t^2}{2R} + \phi_{N0} - \varepsilon_N t + \delta v_{E0}\dfrac{t}{R} \\
\phi_U(t) = \nabla_E \dfrac{t_L t^2}{2R} + \phi_{U0} - \varepsilon_U t + \delta v_{E0}\dfrac{t_L t}{R} \\
\delta v_E(t) = \nabla_E t - \phi_{N0} g t + \varepsilon_N \dfrac{g t^2}{2} + \delta v_{E0} \\
\delta v_N(t) = \nabla_N t + \phi_{E0} g t - \phi_{U0}\dfrac{g\omega_N t^2}{2} - \varepsilon_E \dfrac{g t^2}{2} + \delta v_{N0} \\
\delta L(t) = \nabla_N \dfrac{t^2}{2R} + \delta L_0 + \phi_{E0}\dfrac{g t^2}{2R} - \phi_{U0}\dfrac{g\omega_N t^3}{6R} - \varepsilon_E \dfrac{g t^3}{6R} + \delta v_{N0}\dfrac{t}{R} \\
\delta\lambda(t) = \nabla_E \dfrac{t^2}{2Rc_L} + \varepsilon_N \dfrac{g t^3}{6Rc_L} + \delta v_{E0}\dfrac{t}{Rc_L} + \delta\lambda_0
\end{cases}
\tag{2-41}
$$

式中，第 5 式和第 6 式中均包含了初始方位误差 ϕ_{U0} 关于时间的高阶项，因而可以根据 $\delta v_N(t)$ 或 $\delta L(t)$ 的观测值并利用曲线拟合方法计算出 ϕ_{U0}，又同时包含了东向陀螺常值漂移 ε_E 关于时间的高阶项，且 ϕ_{U0} 和 ε_E 的系数具有相同的时间高阶项，即两者的传播规律相同，无法将 ϕ_{U0} 和 ε_E 完全分离。所以，在对准过程中 ε_E 是 ϕ_{U0} 的极限精度，在标定过程中两者的估计精度会相互制约。

综上所述，可得如下结论：

（1）在所列举出的误差源的传播特性中，只有北向和天向陀螺常值漂移会引起经度误差随时间呈线性增长趋势，其他误差项都是有界振荡的，不存在趋势项，所以影响定位精度的误差源主要是北向和天向陀螺常值漂移。

（2）惯导系统的水平姿态角的精度主要取决于加速度计的精度，而天向姿态角误差的精度由东向陀螺常值漂移和北向加速度计零偏共同决定。

（3）北向速度误差不受偏差的影响，只是按照三种周期性振荡来传播。

（4）东向速度误差主要由北向和天向陀螺常值漂移的大小来决定。

（5）初始姿态误差会造成经度定位偏差。

（6）在对准和标定过程中，东向陀螺常值漂移和初始方位误差的估计精度会相互制约。

针对休拉和傅科振荡给定位精度带来的影响，国内外许多学者采用外速度阻尼的方法进行了有效抑制，不仅能保证长时导航的精度，而且应用在对准过程中时可以使大失准角收敛，其具体原理和应用情况已经十分成熟。虽然阻尼技术可以有效抑制两种振荡造成的误差，但是对于2.3.1小节中提到的“经度误差随时间呈线性增长趋势”无能为力。一旦经度误差发散，惯导系统的定位精度得不到保障，会对装备的作战性能造成不小的影响。并且，由于阻尼技术在误差抑制过程中没有对系统进行建模处理，故无法有效对各误差参数进行标定。

2.4　航位推算误差模型

里程计作为一种重要的辅助导航手段，其性能好坏与导航精度息息相关。

为便于分析研究，首先假设以下条件成立：

(1) 假设里程计输出的是瞬时速度。

(2) 假设里程计测量的是非转向轮的信号。

(3) 假设车轮紧贴路面，无打滑、滑行和弹跳。

建立里程计测量坐标系（或称车体坐标系），简记为 m 系，oy_m 轴指向车体的正前方，oz_m 轴垂直于地平面向上为正，ox_m 轴指向右方，且与车体固连。里程计的速度输出在 m 系内可表示为

$$\boldsymbol{v}_D^m = [0 \quad v_D \quad 0]^{\mathrm{T}} \tag{2-42}$$

式中，v_D 为里程计测得的前向速度大小，右向和天向速度均为零。

惯组（IMU）固定安装在载体上，假设 b 系与 m 系重合。载车实时的姿态矩阵为 $\boldsymbol{C}_b^n$，里程计输出 $\boldsymbol{v}_D^m$ 在 n 系下可表示为

$$\boldsymbol{v}_D^n = \boldsymbol{C}_b^n \boldsymbol{v}_D^m \tag{2-43}$$

实际系统中，m 系和 b 系之间存在安装偏差角（视为小量），即俯仰 $\delta\alpha_\theta$、滚动 $\delta\alpha_\gamma$ 和方位 $\delta\alpha_\psi$ 偏差角，记作 $\delta\boldsymbol{\alpha} = [\delta\alpha_\theta \quad \delta\alpha_\gamma \quad \delta\alpha_\psi]^{\mathrm{T}}$，则以下转换矩阵成立：

$$\boldsymbol{C}_b^m = \boldsymbol{I} + (\delta\boldsymbol{\alpha}\times) = \begin{bmatrix} 1 & -\delta\alpha_\psi & \delta\alpha_\gamma \\ \delta\alpha_\psi & 1 & -\delta\alpha_\theta \\ -\delta\alpha_\gamma & \delta\alpha_\theta & 1 \end{bmatrix} \tag{2-44}$$

除去上述误差以外，里程计在实际测量过程中还会受到刻度系数误差 δK 的干扰，其输出值 $\hat{\boldsymbol{v}}_{\mathrm{OD}}^m$ 与理论值 $\boldsymbol{v}_{\mathrm{OD}}^m$ 之间的关系为

$$\hat{\boldsymbol{v}}_{\mathrm{OD}}^m = (1 + \delta K)\boldsymbol{v}_{\mathrm{OD}}^m \tag{2-45}$$

所以，在实际过程中里程计输出在 n 系上的投影为

$$\hat{\boldsymbol{v}}_{\mathrm{OD}}^{n}=\boldsymbol{C}_{b}^{n'}(\boldsymbol{C}_{b}^{m})^{\mathrm{T}}\hat{\boldsymbol{v}}_{\mathrm{OD}}^{m}=(\boldsymbol{I}-\boldsymbol{\phi}\times)\boldsymbol{C}_{b}^{n}(\boldsymbol{I}-\boldsymbol{\alpha}\times)(1+\delta K)\boldsymbol{v}_{\mathrm{OD}}^{m}$$
$$\approx\boldsymbol{v}_{\mathrm{OD}}^{n}-\boldsymbol{\phi}(\times)\boldsymbol{C}_{b}^{n}\boldsymbol{v}_{\mathrm{OD}}^{m}-\boldsymbol{C}_{b}^{n}(\boldsymbol{\alpha}\times)\boldsymbol{v}_{\mathrm{OD}}^{m}+\boldsymbol{C}_{b}^{n}\delta K\boldsymbol{v}_{\mathrm{OD}}^{m} \tag{2-46}$$
$$=\boldsymbol{v}_{\mathrm{OD}}^{n}+\boldsymbol{v}_{\mathrm{OD}}^{n}\times\boldsymbol{\phi}+\boldsymbol{C}_{b}^{n}(\boldsymbol{v}_{\mathrm{OD}}^{m}\times)\boldsymbol{\alpha}+\boldsymbol{C}_{b}^{n}\boldsymbol{v}_{\mathrm{OD}}^{m}\delta K$$

式中，$\boldsymbol{\phi}$ 为失准角。将 $\boldsymbol{C}_b^n=C_{ij}(i,\ j=1,\ 2,\ 3)$ 和 $\boldsymbol{v}_{\mathrm{OD}}^m=[0\quad v_D\quad 0]^{\mathrm{T}}$ 代入式（2-46），可得

$$\hat{\boldsymbol{v}}_{\mathrm{OD}}^{n}=\boldsymbol{v}_{\mathrm{OD}}^{n}+\boldsymbol{v}_{\mathrm{OD}}^{n}\times\boldsymbol{\phi}+\begin{bmatrix}C_{11}&C_{12}&C_{13}\\C_{21}&C_{22}&C_{23}\\C_{31}&C_{32}&C_{33}\end{bmatrix}\begin{bmatrix}0&0&v_{\mathrm{OD}}\\0&0&0\\-v_{\mathrm{OD}}&0&0\end{bmatrix}\boldsymbol{\alpha}+\begin{bmatrix}C_{11}&C_{12}&C_{13}\\C_{21}&C_{22}&C_{23}\\C_{31}&C_{32}&C_{33}\end{bmatrix}\begin{bmatrix}0\\v_{\mathrm{OD}}\\0\end{bmatrix}\delta K$$
$$=\boldsymbol{v}_{\mathrm{OD}}^{n}+\boldsymbol{v}_{\mathrm{OD}}^{n}\times\boldsymbol{\phi}+v_{\mathrm{OD}}\begin{bmatrix}-C_{13}&0&C_{11}\\-C_{23}&0&C_{21}\\-C_{33}&0&C_{31}\end{bmatrix}\boldsymbol{\alpha}+v_{\mathrm{OD}}\begin{bmatrix}C_{12}\\C_{22}\\C_{32}\end{bmatrix}\delta K \tag{2-47}$$

这表明，横滚误差角 $\delta\alpha_\gamma$ 对里程计测量没有影响。对式（2-47）做进一步简化，可得

$$\hat{\boldsymbol{v}}_{\mathrm{OD}}^{n}=\boldsymbol{v}_{\mathrm{OD}}^{n}+\boldsymbol{v}_{\mathrm{OD}}^{n}\times\boldsymbol{\phi}+v_{\mathrm{OD}}\begin{bmatrix}-C_{13}&C_{12}&C_{11}\\-C_{23}&C_{22}&C_{21}\\-C_{33}&C_{32}&C_{31}\end{bmatrix}\begin{bmatrix}\delta\alpha_\theta\\\delta K\\\delta\alpha_\psi\end{bmatrix}=\boldsymbol{v}_{\mathrm{OD}}^{n}+\boldsymbol{v}_{\mathrm{OD}}^{n}\times\boldsymbol{\phi}+\boldsymbol{M}_1\boldsymbol{\kappa}_{\mathrm{OD}} \tag{2-48}$$

其中，$\boldsymbol{M}_1=v_{\mathrm{OD}}\begin{bmatrix}-C_{13}&C_{12}&C_{11}\\-C_{23}&C_{22}&C_{21}\\-C_{33}&C_{32}&C_{31}\end{bmatrix}$；$\boldsymbol{\kappa}_{\mathrm{OD}}=\begin{bmatrix}\delta\alpha_\theta\\\delta K\\\delta\alpha_\psi\end{bmatrix}$。

对式（2-48）进行变换，可得里程计速度误差：

$$\delta\boldsymbol{v}_{\mathrm{OD}}^{n}=\hat{\boldsymbol{v}}_{\mathrm{OD}}^{n}-\boldsymbol{v}_{\mathrm{OD}}^{n}=\boldsymbol{v}_{\mathrm{OD}}^{n}\times\boldsymbol{\phi}+\boldsymbol{M}_1\boldsymbol{\kappa}_{\mathrm{OD}} \tag{2-49}$$

由式（2-11）可得

$$\delta\dot{\boldsymbol{p}}_{\mathrm{OD}}=\boldsymbol{M}_2\delta\boldsymbol{v}_{\mathrm{OD}}^{n}+\boldsymbol{M}_3\delta\boldsymbol{p}_{\mathrm{OD}} \tag{2-50}$$

其中，$\boldsymbol{M}_2=\begin{bmatrix}0&1/R_M&0\\\sec L/R_N&0&0\\0&0&1\end{bmatrix}$；$\boldsymbol{M}_3=\begin{bmatrix}0&0&0\\v_{DE}^{n}\sec L_D\tan L_D/R_N&0&0\\0&0&0\end{bmatrix}$。

将式（2-49）代入式（2-50），可得航位推算位置误差方程：

$$\delta\dot{\boldsymbol{p}}_{\mathrm{OD}}=\boldsymbol{M}_2(\boldsymbol{v}_{\mathrm{OD}}^{n}\times\boldsymbol{\phi}+\boldsymbol{M}_1\boldsymbol{\kappa}_{\mathrm{OD}})+\boldsymbol{M}_3\delta\boldsymbol{p}_{\mathrm{OD}}=\boldsymbol{M}_4\boldsymbol{\phi}+\boldsymbol{M}_5\boldsymbol{\kappa}_{\mathrm{OD}}+\boldsymbol{M}_3\delta\boldsymbol{p}_{\mathrm{OD}} \tag{2-51}$$

其中，$\boldsymbol{M}_4=\boldsymbol{M}_2\ (v_{\mathrm{OD}}^n\times)$，$\boldsymbol{M}_5=\boldsymbol{M}_2\boldsymbol{M}_1$。

不难得到

$$\dot{\boldsymbol{\phi}}=\boldsymbol{M}_6'\boldsymbol{\phi}+\boldsymbol{M}_7\delta\boldsymbol{v}_{\mathrm{OD}}^n+\boldsymbol{M}_8\delta\boldsymbol{p}_{\mathrm{OD}}-\boldsymbol{C}_b^n\boldsymbol{\varepsilon}^b \tag{2-52}$$

其中 $\boldsymbol{M}_6'=-\left[\left(\begin{bmatrix}0\\ \omega_{ie}\cos L_D\\ \omega_{ie}\sin L_D\end{bmatrix}+\begin{bmatrix}-v_{DN}/R_M\\ v_{DE}/R_N\\ v_{DE}\tan L_D/R_N\end{bmatrix}\right)\times\right]$，

$\boldsymbol{M}_7=\begin{bmatrix}0 & -1/R_M & 0\\ 1/R_N & 0 & 0\\ \tan L_D/R_N & 0 & 0\end{bmatrix}$，$\boldsymbol{M}_8=\begin{bmatrix}0 & 0 & 0\\ -\omega_{ie}\sin L_D & 0 & 0\\ \omega_{ie}\cos L_D+v_{DE}\sec^2 L_D/R_N & 0 & 0\end{bmatrix}$。

将式（2-49）代入式（2-51），可得航位推算的姿态误差方程：

$$\begin{aligned}\dot{\boldsymbol{\phi}}&=\boldsymbol{M}_6'\boldsymbol{\phi}+\boldsymbol{M}_7(\boldsymbol{v}_{\mathrm{OD}}^n\times\boldsymbol{\phi}+\boldsymbol{M}_1\boldsymbol{\kappa}_{\mathrm{OD}})+\boldsymbol{M}_8\delta\boldsymbol{p}_{\mathrm{OD}}-\boldsymbol{C}_b^n\boldsymbol{\varepsilon}^b\\&=\boldsymbol{M}_6\boldsymbol{\phi}+\boldsymbol{M}_9\boldsymbol{\kappa}_{\mathrm{OD}}+\boldsymbol{M}_8\delta\boldsymbol{p}_{\mathrm{OD}}-\boldsymbol{C}_b^n\boldsymbol{\varepsilon}^b\end{aligned} \tag{2-53}$$

其中，$\boldsymbol{M}_6=\boldsymbol{M}_6'+\boldsymbol{M}_8(\boldsymbol{v}_{\mathrm{OD}}^n\times)$；$\boldsymbol{M}_9=\boldsymbol{M}_7\boldsymbol{M}_1$。

式（2-51）和（2-53）组成了航位推算误差方程。在初始位置误差 $\delta\boldsymbol{p}_{\mathrm{OD}}$ 不大的情况下（通常容易满足），初始失准角 $\boldsymbol{\phi}$、安装偏差 $\delta\alpha_\theta$ 和 $\delta\alpha_\psi$、里程计刻度系数误差 $\delta\boldsymbol{K}$ 及陀螺漂移 $\boldsymbol{\varepsilon}^b$ 是航位推算的主要误差源。

上述推导过程忽略了里程计杆臂，并且假设里程计输出的为瞬时速度，但是在实际应用过程中里程计杆臂和里程计输出时产生的失真现象会对导航过程造成很大影响，第 3 章将会就相关问题展开研究。

2.5　晃动对惯组量测的影响分析

影响定位定向系统精度的主要因素有系统误差和外界干扰，系统误差主要包括器件误差、安装误差等固有误差；外界干扰主要有角晃动、线振动、温度、湿度等因素。前文已对系统误差的传播特性进行了详细分析，本节利用 Allan 方差和频谱分析的方法分析静止状态、角晃动以及线振动条件下惯组输出数据的时域和频域特性。分析过程中，细化影响因素，明确主要噪声项，得出晃动对惯组量测的影响规律。

2.5.1　Allan 方差分析

Allan 方差法从本质上讲是一种在时域上分析系统频域稳定性的技术手段，通过 Allan 方差法可以得出系统随机噪声的统计特性，并且能够准确地辨识出掺杂在系统中的噪声来源和特性。

在利用 Allan 方差法进行分析过程中，由于信号中存在多种误差和随机噪声，并且各个误差项之间必定存在耦合关系，要将各个误差精确分析出来是不现实的。在实际应用过程中通常利用假设条件对系统模型进行近似和简化。例如，假设系统中的各个误差项和随机噪声的统计特性之间相互独立，即在任意相关时间 τ 的区间内，Allan 方差为存在于该区间内所有随机过程的 Allan 方差的总和，如下：

$$\sigma_A^2(\tau)=\sigma_{\mathrm{ARW}}^2(\tau)+\sigma_{\mathrm{BI}}^2(\tau)+\sigma_{\mathrm{RRW}}^2(\tau)+\sigma_{\mathrm{RR}}^2(\tau)+\sigma_{\mathrm{QN}}^2(\tau)+\cdots \tag{2-54}$$

以陀螺为例，其输入输出的信号中包含的误差项通常有角度随机游走、偏值不稳定性、角速率随机游走、速率斜坡以及量化噪声，分别用 N、B、K、R、Q 5 个字母表示上述 5 个噪声项。Allan 方差可以通过对式（2－54）拟合进行求解：

$$\sigma^2(\tau)=\frac{R^2\tau^2}{2}+\frac{K^2\tau}{3}+\frac{2B^2\ln 2}{\pi}+N^2\tau^{-1}+3Q^2\tau^{-2} \tag{2-55}$$

将式（2－55）进行简化，可得

$$\sigma^2(\tau)=\sum_{n=-2}^{2}C_n\tau^n \tag{2-56}$$

对式（2－56）进行拟合，可得到角度随机游走系数 N、偏值不稳定性系数 B、角速率随机游走系数 K、速率斜坡系数 R 以及量化噪声系数 Q 等参数的估计结果。如图 2－1 所示。

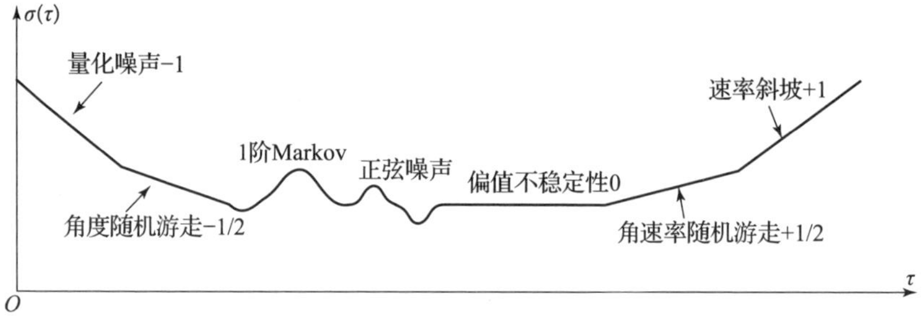

图 2－1　Allan 方差分析样例

令 $\sigma(\tau)$ 的单位为°/h，τ 的单位为 s，则式（2－55）中 5 个参数的估计值分别为

$$N=\sqrt{C_{-1}}/60(°/\sqrt{\mathrm{h}})\quad B=\sqrt{C_0}/\sqrt{2\ln 2/\pi}(°/\mathrm{h})\quad K=60\sqrt{3C_1}(°/\mathrm{h}^{3/2})$$
$$R=3\,600\sqrt{2C_2}(°/\mathrm{h}^2)\quad Q=10^6\pi\sqrt{C_{-2}}/(180\times 3\,600\times\sqrt{3})(\mu\mathrm{rad}) \tag{2-57}$$

同上，对加速度计噪声进行分析时，也需要将对应的5个噪声系数分别设置为：速度随机游走系数 N、偏值不稳定性系数 B、加速度随机游走系数 K、速率斜坡系数 R 以及量化噪声系数 Q。

2.5.2　静基座惯组输出特性分析

惯性导航系统在进行许多作业时都需要基座静止，如初始对准、零速修正等，其原因是为避免外界噪声带来的影响，但仍避免不了惯性器件自身的误差对作业过程造成的影响，其输出项必然存在一定的噪声成分，所以这里将在静止状态下对惯组输出进行分析。将自行火炮所搭载的惯组置于实验台上进行数据采集和分析，图2-2为三轴转台、数据采集和控制台。

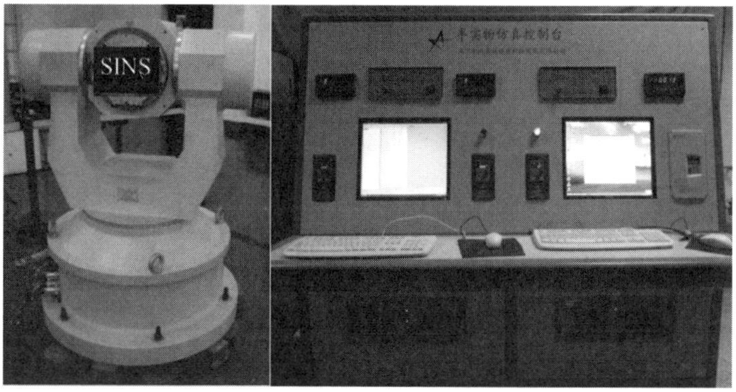

图2-2　三轴转台、数据采集和控制台

图2-3为静止状态下惯组器件信号的Allan方差分析结果，左侧三幅图自上而下分别为 X、Y、Z 三个方向陀螺信号的双对数曲线，右侧为三个方向加速度计信号的双对数曲线。图中虚线为通过Allan方差得到的双对数曲线，实线为相应的最小二乘拟合结果。

该型自行火炮所搭载的是光纤陀螺，光纤陀螺在Allan方差曲线上主要表现出的是斜率 $-1/2$（1～400 s）和斜率 $1/2$（>400 s）两个阶段，另外还有部分斜率为0的阶段，可忽略不计。加速度计在Allan方差曲线上主要由三个阶段构成，斜率1（1～10 s）、斜率 $-1/2$（10～300 s）、斜率 $1/2$～1（>400 s）。所以认为，在静止状态下陀螺量测中的主要噪声项是角度随机游走和角速率随机游走，偏值不稳定性的影响可以忽略不计，对于加速度计而言，主要包含速度随机游走、加速度随机游走和速率斜坡。所以，在静止状态下，量化噪声、偏值不稳定性、速率斜坡基本没有影响。

静止时的陀螺和加速度计Allan方差分析数据如表2-1和表2-2所示。

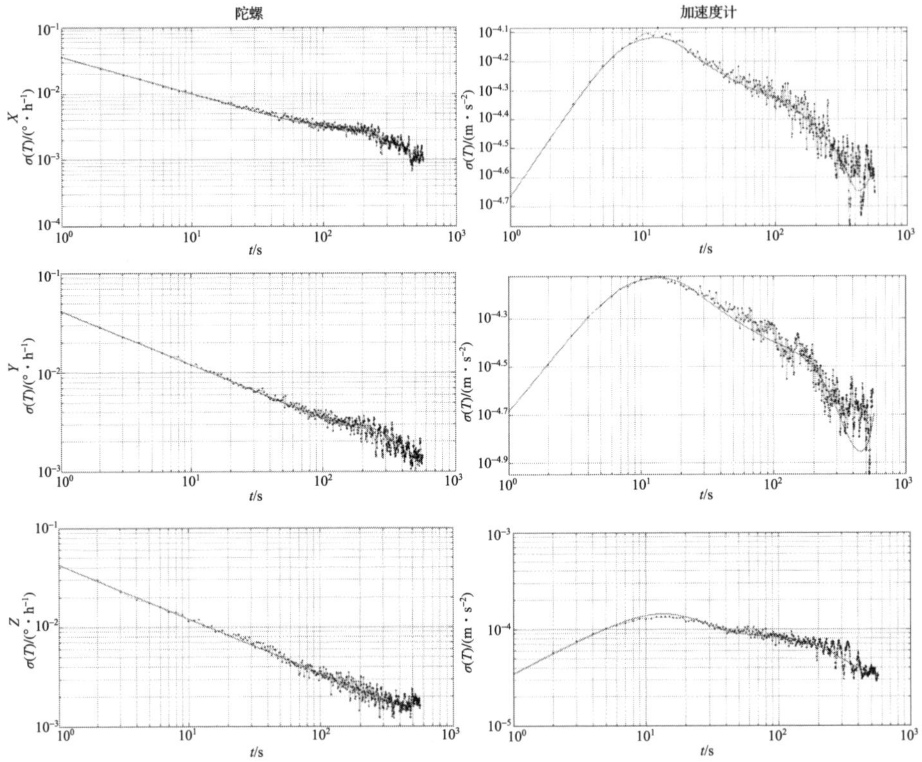

图 2-3　静止状态下惯组器件信号的 Allan 方差分析结果

表 2-1　静止时的陀螺 Allan 方差分析数据

陀螺编号	Q/μrad	$N/(° \cdot \sqrt{h}^{-1})$	$B/(° \cdot h^{-1})$	$K/(° \cdot h^{-3/2})$	$R/(° \cdot h^{-2})$
X	0.000 078 92	0.000 002 90	0.000 037 41	0.000 354 29	0.000 199 10
Y	0.000 510 36	0.000 005 74	0.000 072 82	0.000 339 87	0.000 771 87
Z	0.030 182 69	0.000 885 42	0.025 098 86	0.014 459 83	0.022 763 38

表 2-2　静止时的加速度计 Allan 方差分析数据

加速度计编号	$Q/(\mu g \cdot s^{-1})$	$N/(\mu g \cdot \sqrt{s}^{-1})$	$E/\mu g$	$K/(\mu g \cdot \sqrt{s}^{-1})$	$R/(\mu g \cdot s^{-1})$
X	0.000 003 52	0.000 000 75	0.000 005 62	0.000 083 12	0.000 522 50
Y	0.000 007 69	0.000 001 24	0.000 001 58	0.000 051 76	0.000 592 44
Z	0.000 000 05	0.000 000 13	0.000 000 07	0.000 001 39	0.000 016 43

分析表2-1和表2-2中的数据可看出，相比其他两个方向的陀螺，Z轴陀螺包含的噪声更加严重；而加速度计则相反，Z轴加速度计包含的噪声项相对轻微。影响最大的噪声参数是角速率随机游走、加速度随机游走和速率斜坡。总体来讲，在静止状态的各项误差系数均较小，所以在短时间内不会产生太大影响。

2.5.3　角晃动对量测的影响

由于外部高频噪声既包含了角晃动，也包含了线振动，为区分两类噪声对惯组量测的影响特性，下面通过实验的方式分别对上述两种噪声进行分析。

首先，对安装在实验台上的惯组，在俯仰、偏航和横滚三个方向施加角晃动信息，幅度分别为2°、3°、4°，频率分别为0.3/π、0.2/π、0.1/π，并对所得的陀螺和加速度计信号进行Allan方差分析，结果如图2-4所示。

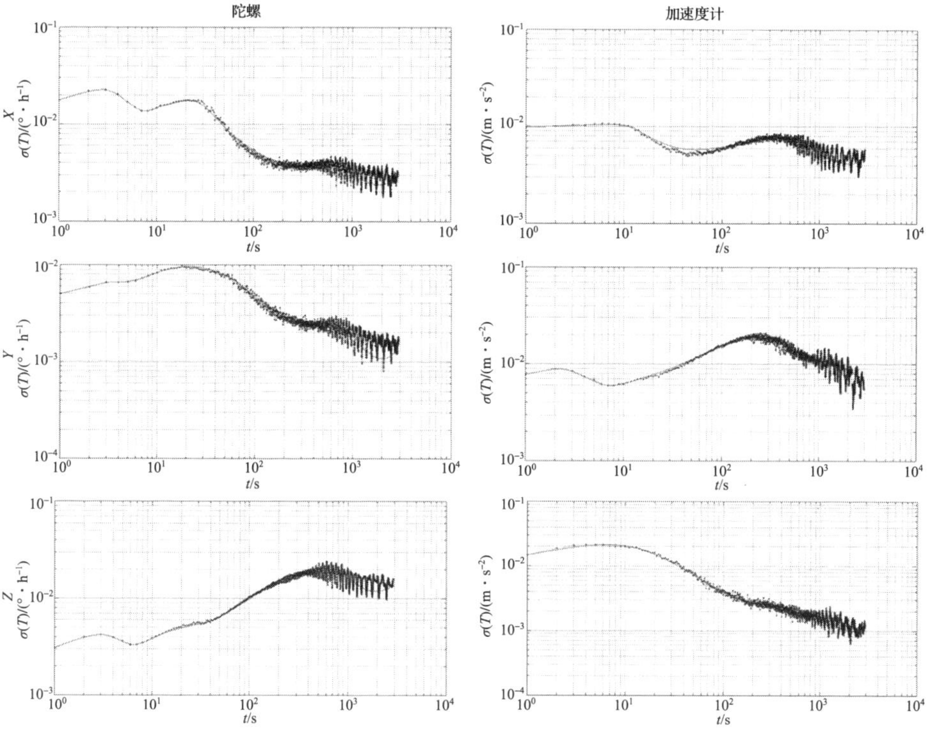

图2-4　角晃动时的Allan方差分析结果

左侧三幅图自上而下分别为X、Y、Z三个方向的陀螺信号的双对数曲线，右侧是三个方向加速度计信号的双对数曲线。虚线为通过Allan方差得到的双对数曲线，实线为相应的最小二乘拟合结果。

从图 2－4 中可看出，X、Y 方向陀螺的 Allan 方差曲线主要表现为斜率1/2 (1～11 s)、斜率 －1 (12～200 s)、斜率 0 (200～600 s)、斜率 －1/2 (700～1 100 s) 和斜率 1/2 (>1 100 s)；Z 轴陀螺的 Allan 方差曲线主要表现为斜率 1/2 (1～600 s) 和斜率 －1/2 (>600 s)；X、Y 轴加速度计的 Allan 方差曲线主要表现为斜率 1/2 (40～300 s)、斜率 －1/2 (400～1 100 s) 和斜率 1 (>1 100 s)；Z 轴加速度计的 Allan 方差曲线主要表现为斜率 0 (1～10 s)、斜率 －1 (10～110 s)、斜率 －1/2 (120～1 100 s) 和斜率 1/2 (>1 100 s)。结果表明，除了偏值不稳定性影响较小以外，其余参数均会对系统工作造成影响，这说明角晃动会使惯组量测中包含的噪声种类增多，这就相应地增加了误差补偿的难度，下面通过数据来进一步分析角晃动的影响效果。

角晃动时的陀螺和加速度计 Allan 方差分析数据如表 2－3 和表 2－4 所示。

表 2－3　角晃动时的陀螺 Allan 方差分析数据

陀螺编号	$Q/\mu rad$	$N/(° \cdot \sqrt{h}^{-1})$	$B/(° \cdot h^{-1})$	$K/(° \cdot h^{-3/2})$	$R/(° \cdot h^{-2})$
X	0.002 090 89	0.000 522 97	0.001 860 44	0.010 997 20	0.026 141 37
Y	0.004 357 12	0.000 648 99	0.003 346 41	0.018 017 07	0.033 727 76
Z	0.009 633 17	0.031 653 80	0.623 200 11	0.451 088 16	0.211 415 65

表 2－4　角晃动时的加速度计 Allan 方差分析数据

加速度计编号	$Q/(\mu g \cdot s^{-1})$	$N/(\mu g \cdot \sqrt{s}^{-1})$	$B/\mu g$	$K/(\mu g \cdot \sqrt{s}^{-1})$	$R/(\mu g \cdot s^{-1})$
X	0.000 051 02	0.000 000 96	0.000 096 45	0.000 431 70	0.001 736 78
Y	0.000 049 46	0.000 000 95	0.000 091 91	0.000 437 03	0.002 058 89
Z	0.000 006 18	0.000 000 29	0.000 000 46	0.000 013 68	0.000 000 92

从表 2－3 和表 2－4 可看出，Z 轴陀螺量测中包含的噪声系数依然高于其他两个方向，Z 轴加速度计中包含的噪声系数仍旧较低。对比 2.5.2 小节中的数据可看出，在角晃动条件下，陀螺量测中的噪声系数有显著增长，而加速度计量测中噪声系数的增长幅度不大，与静止状态基本处于同一数量级。这说明角晃动会加重陀螺量测中的噪声程度，而对于加速度计来说，角晃动只会增加量测中的噪声种类。

2.5.4　线振动对量测的影响

由于包含自行火炮在内的军用车辆工作环境较为恶劣，外界带来的高频干扰不仅包含角晃动，而且会伴随着高频的线振动，这就进一步降低了陀螺和加速度计信息的信噪比。

为分析线振动对惯组量测的影响，依然在载体右、前、上三个方向加入线振动，幅度均为 0.02 m，频率分别为 0.5/π、0.5/π、0.1/π，然后通过 Allan 方差分析的方法对其进行机理分析。图 2－5 为线振动时的 Allan 方差分析结果，左侧三幅图自上而下分别为 X、Y、Z 三个方向的陀螺信号的双对数曲线，右侧为三个方向加速度计信号的双对数曲线。虚线为通过 Allan 方差得到的双对数曲线，实线为相应的最小二乘拟合结果。

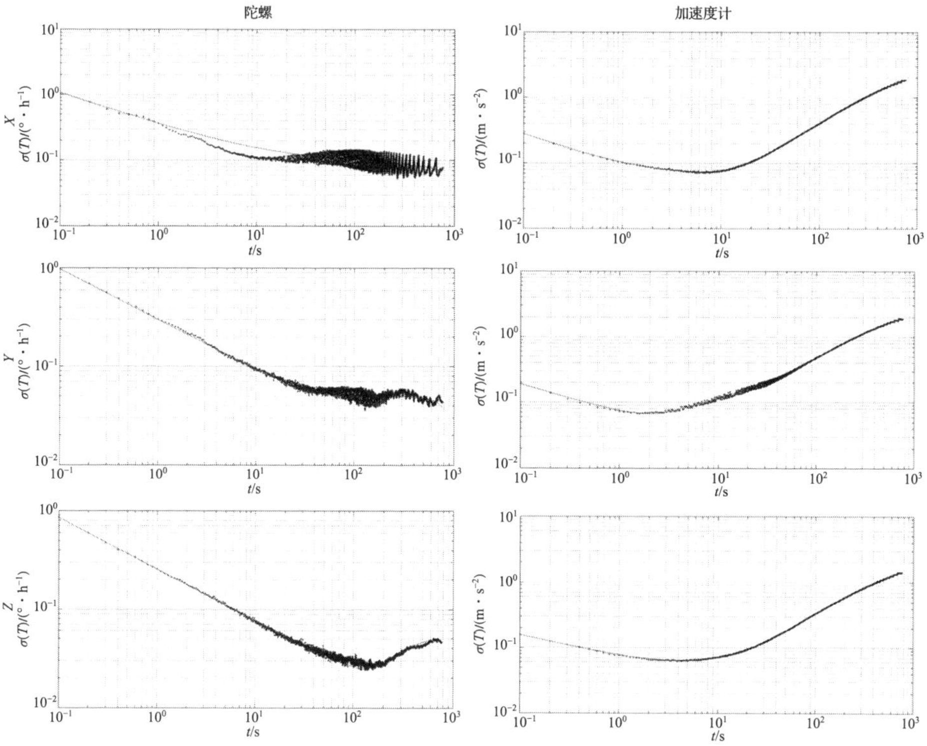

图 2－5　线振动时的 Allan 方差分析结果

从图 2－5 中可看出，X、Y 轴陀螺的 Allan 方差曲线主要表现为斜率－1（1～100 s）、斜率 0（200～600 s）和斜率－1/2（>600 s）；Z 轴陀螺的 Allan 方差曲线主要表现为斜率－1（1～100 s）和斜率 1/2（>110 s）；三个方向上的加速度计的 Allan 方差曲线在大部分时间表现为斜率 1/2(>100 s)。说明在线振动条件下，*X*、*Y* 轴陀螺量测中的噪声为量化噪声、偏值不稳定性以及角度随机游走，*Z* 轴陀螺量测中的噪声为量化噪声和角速率随机游走，而加速度计量测中的噪声主要是加速度随机游走。与角晃动条件下的 Allan 方差分析结果相比，此时的陀螺信号中量化噪声的影响更大，加速度计信号中加速度随机游走的影响更大。

线振动时的陀螺和加速度计 Allan 方差分析数据如表 2－5 和表 2－6 所示。

表 2－5　线振动时的陀螺 Allan 方差分析数据

陀螺编号	Q/μrad	$N/(°\cdot\sqrt{h}^{-1})$	$B/(°\cdot h^{-1})$	$K/(°\cdot h^{-3/2})$	$R/(°/h^{-2})$
X	0. 013 029 19	0. 000 438 91	0. 047 950 42	0. 303 081 28	0. 253 041 90
Y	0. 006 348 81	0. 000 128 89	0. 045 132 60	0. 274 567 05	0. 462 103 11
Z	0. 015 903 48	0. 000 269 78	0. 034 251 44	0. 260 587 30	0. 294 227 56

表 2－6　线振动时的加速度计 Allan 方差分析数据

加速度计编号	$Q/(\mu g\cdot s^{-1})$	$N(\mu g\cdot\sqrt{s}^{-1})$	$B/\mu g$	$K/(\mu g\cdot\sqrt{s}^{-1})$	$R/(\mu g\cdot s)$
X	0. 005 784 64	0. 000 883 47	0. 009 463 54	0. 114 613 76	0. 139 639 92
Y	0. 003 801 52	0. 000 551 21	0. 007 086 34	0. 213 594 59	0. 087 586 10
Z	0. 008 455 94	0. 000 320 35	0. 003 519 57	0. 124 956 94	0. 240 107 16

分析表 2－5 和表 2－6 中的数据可知，在线振动条件下陀螺和加速度计在三个方向中的噪声种类和程度基本相当，并且与静态时相比各项噪声系数均有明显增大。

对比三种状态下的 Allan 方差分析结果，可得如下结论：

(1) 在静止状态下，量化噪声、偏值不稳定性和速率斜坡基本不造成影响；并且 *Z* 轴陀螺量测中包含的惯组自身噪声影响要大于其余两个方向的陀螺，*Z* 轴加速度计包含的噪声影响程度要低于其余两个方向。

(2) 在加入角晃动后，除了偏值不稳定性以外，其余噪声均会产生影响；并且会整体增大噪声在陀螺量测中的影响程度，但不会增加在加速度计量测中的影响程度。

(3) 在加入线振动后，不仅增加了惯组量测中包含的噪声种类，而且会增大噪声的影响程度；加速度计量测中的主要噪声变为加速度随机游走。

综上所述，晃动干扰对陀螺量测的影响较大，对加速度计量测的影响较小。即陀螺对干扰更加敏感，而加速度计受到干扰的影响相对较小，所以在载体受到外界高频干扰时，加速度计信号能更加稳定地体现载体的状态。若能利用加速度计信息推导出载体的角速度，则可得到精度相对较高的姿态信息，有效避免晃动对陀螺造成的影响，如果配合上合适的滤波方法，理论上可进一步提高加速度计信息的精度从而达到消除晃动影响的目的。

2.5.5　外部干扰特性分析

下面通过实车试验对惯组输出信号的频率特性进行频谱分析。

1. 测试步骤

以某型自行火炮搭载的光纤捷联惯导系统为研究对象，该型惯导系统的输出频率为 100 Hz。测试方案分为如下四种情况：

（1）在发动机熄火，无外界人为干扰，自行火炮完全静止的状态下进行数据采集 300 s。

（2）在发动机开启，无外界人为干扰的情况下进行数据采集 300 s。

（3）在发动机熄火，有外界人为干扰（如人员在车体内走动、在车身外装甲上走动、上下车等）的情况下进行数据采集 300 s。

（4）在发动机开启，有外界人为干扰的情况下进行数据采集 300 s。

2. 频谱分析

分别对每个步骤下的采样数据进行了频谱分析，并将 X 轴陀螺和加速度计信号的频谱图举例列出，如图 2－6 和图 2－7 所示。

对比图 2－6 和图 2－7 中的分析结果可以看出，由发动机振动所带来的干扰信号的频率主要分布在 11～27 Hz 之间，并且在 34～36 Hz、45～46 Hz 之间也有少量分布；外界人为造成的扰动信号的频率主要分布在 0.5～5.5 Hz 和 15～25 Hz 之间，对数据进行进一步分析可知，位于 0.5～5.5 Hz 区间的干扰信号主要由人员在车上走动造成，位于 15～25 Hz 区间的干扰信号主要由开关车门造成。Y 轴和 Z 轴的陀螺和加速度计的频谱分析结果与 X 轴的分析结果基本一致，存在的不同就是扰动信号在各个轴向上产生的扰动幅度不一样。

另外，对陀螺和加速度计信号的分析结果进行比较，可看出在受到干扰时，相比加速度计的频谱曲线，陀螺的频谱曲线波动幅度更大，进一步验证了 2.5.4 小节中陀螺对噪声更加敏感的结论，也就是说陀螺信号更易受到晃动带来的干扰，在晃动条件下陀螺信号会产生相对更大的误差。

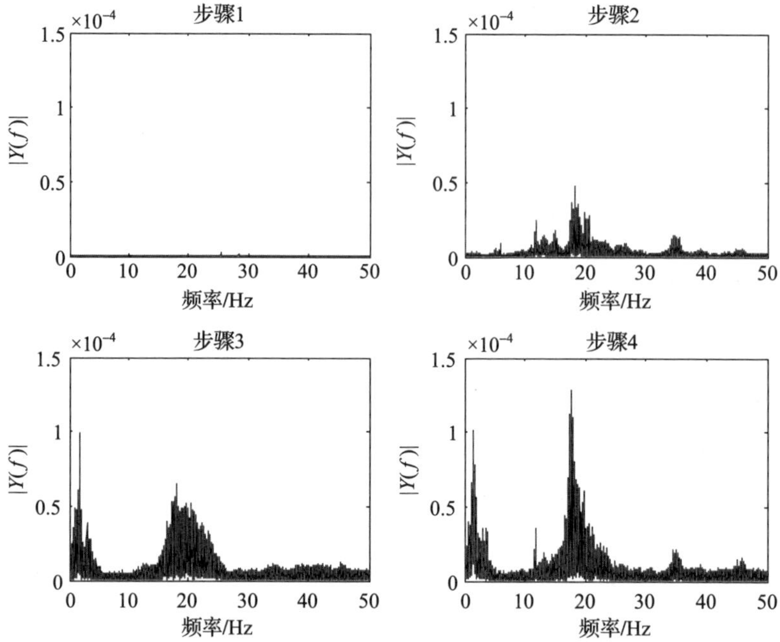

图 2－6　*X* 轴光纤陀螺信号频谱图

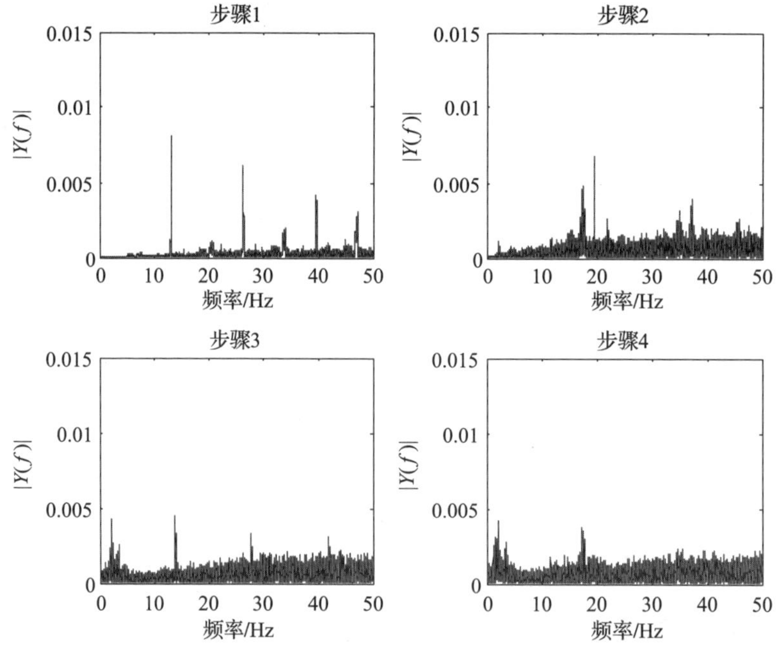

图 2－7　*X* 轴加速度计信号频谱图

综上所述，通过频谱分析的方式，更加直观地区分了各类误差扰动对惯组量测的影响，发动机振动所带来的干扰信号的频率主要分布在 11 ~ 27 Hz 之间，人为造成的扰动信号的频率主要分布在 0.5 ~ 5.5 Hz 之间；而且扰动对陀螺量测的影响程度要比对加速度计的影响程度更大。

第 3 章

基于晃动补偿方法的导航方法研究

惯性导航较其他导航方式的主要优点就是能够实现全天候的自主导航，为装备导航定位提供了有力帮助，成为装备自主导航过程中的核心组成部分，与里程计、高程计等设备共同组成了自主导航系统。不仅可以在不停车的情况下实现高精度导航，而且在里程计发生故障的情况下，惯导系统能够继续自主导航，但是需要配合零速修正技术实时消除导航误差。

在惯性导航系统进行自主导航时，导航精度的高低几乎完全取决于惯性器件的性能。载体的晃动会对陀螺量测造成很大影响，导致定位误差的产生。为消除晃动的影响，本章对载体晃动进行补偿，并将晃动补偿方法用于初始对准和导航定位过程。最后，针对目前里程计采用的速度更新算法，分析讨论其存在的不足，并提出相应的改进方法。

3.1 常用初始对准方法

初始对准就是确定参考导航坐标系的过程，通常分为粗对准和精对准两个阶段。

3.1.1 粗对准

1. 解析式粗对准

初始对准一般是在载体基座静止的环境下进行的，并且重力矢量和地球自转角速度矢量在导航坐标系的分量准确已知，如下：

$$\boldsymbol{g}^n=\begin{bmatrix}0\\0\\-g\end{bmatrix},\ \boldsymbol{\omega}_{ie}^n=\begin{bmatrix}0\\\omega_{ie}\cos L\\\omega_{ie}\sin L\end{bmatrix}=\begin{bmatrix}0\\\omega_N\\\omega_U\end{bmatrix}\tag{3-1}$$

式中，L、g 和 ω_{ie} 分别表示当地纬度、重力加速度和地球自转角速度；地球自转角速度的北向分量为 $\omega_N=\omega_{ie}\cos L$，天向分量为 $\omega_U=\omega_{ie}\sin L$。

实际惯导系统中陀螺和加速度计测量数据分别是重力矢量和地球自转角速度在载体系下的投影，但有时会存在角晃动和线振动干扰影响，并且存在测量误差。假设姿态阵为 $\boldsymbol{C}_b^n$，则有如下惯导角速度关系及比力方程：

$$\boldsymbol{C}_b^n\boldsymbol{\omega}_{ib}^b=\boldsymbol{\omega}_{ib}^n=\boldsymbol{\omega}_{ie}^n+\boldsymbol{\omega}_{en}^n+\boldsymbol{\omega}_{nb}^n\tag{3-2}$$

$$\dot{\boldsymbol{v}}^n=\boldsymbol{C}_b^n\boldsymbol{f}_{sf}^b-(2\boldsymbol{\omega}_{ie}^n+\boldsymbol{\omega}_{en}^n)\times\boldsymbol{v}^n+\boldsymbol{g}^n\tag{3-3}$$

在静基座下线运动引起的 $\boldsymbol{\omega}_{en}^n$ 和 $(2\boldsymbol{\omega}_{ie}^n+\boldsymbol{\omega}_{en}^n)\times\boldsymbol{v}^n$ 非常小，可以近似为0。考虑陀螺和加速度计测量误差后，式（3－2）和式（3－3）分别改写为

$$\boldsymbol{C}_b^n(\tilde{\boldsymbol{\omega}}_{ib}^b-\delta\boldsymbol{\omega}_{ib}^b)-\boldsymbol{\omega}_{nb}^n=\boldsymbol{\omega}_{ie}^n\tag{3-4}$$

$$\boldsymbol{C}_b^n(\tilde{\boldsymbol{f}}_{sf}^b-\delta\boldsymbol{f}_{sf}^b)-\dot{\boldsymbol{v}}^n=-\boldsymbol{g}^n\tag{3-5}$$

近似估计为

$$\tilde{\boldsymbol{C}}_b^n\tilde{\boldsymbol{\omega}}_{ib}^b=\boldsymbol{\omega}_{ie}^n\tag{3-6}$$

$$\tilde{\boldsymbol{C}}_b^n\tilde{\boldsymbol{f}}_{sf}^b=-\boldsymbol{g}^n\tag{3-7}$$

选择 $(-\boldsymbol{g}^n)$ 作为主参考矢量，由双矢量定姿原理可得姿态阵估计：

$$\hat{\boldsymbol{C}}_b^n=\left[\frac{(-\boldsymbol{g}^n)}{|(-\boldsymbol{g}^n)|}\quad\frac{(-\boldsymbol{g}^n)\times\boldsymbol{\omega}_{ie}^n}{|(-\boldsymbol{g}^n)\times\boldsymbol{\omega}_{ie}^n|}\quad\frac{(-\boldsymbol{g}^n)\times\boldsymbol{\omega}_{ie}^n\times(-\boldsymbol{g}^n)}{|(-\boldsymbol{g}^n)\times\boldsymbol{\omega}_{ie}^n\times(-\boldsymbol{g}^n)|}\right]$$

$$\begin{bmatrix}\left(\dfrac{\tilde{\boldsymbol{f}}_{sf}^b}{|\tilde{\boldsymbol{f}}_{sf}^b|}\right)^{\mathrm{T}}\\\left(\dfrac{\tilde{\boldsymbol{f}}_{sf}^b\times\tilde{\boldsymbol{\omega}}_{ib}^b}{|\tilde{\boldsymbol{f}}_{sf}^b\times\tilde{\boldsymbol{\omega}}_{ib}^b|}\right)^{\mathrm{T}}\\\left(\dfrac{\tilde{\boldsymbol{f}}_{sf}^b\times\tilde{\boldsymbol{\omega}}_{ib}^b\times\tilde{\boldsymbol{f}}_{sf}^b}{|\tilde{\boldsymbol{f}}_{sf}^b\times\tilde{\boldsymbol{\omega}}_{ib}^b\times\tilde{\boldsymbol{f}}_{sf}^b|}\right)^{\mathrm{T}}\end{bmatrix}=\begin{bmatrix}-\left(\dfrac{\tilde{\boldsymbol{f}}_{sf}^b\times\tilde{\boldsymbol{\omega}}_{ib}^b}{|\tilde{\boldsymbol{f}}_{sf}^b\times\tilde{\boldsymbol{\omega}}_{ib}^b|}\right)^{\mathrm{T}}\\\left(\dfrac{\tilde{\boldsymbol{f}}_{sf}^b\times\tilde{\boldsymbol{\omega}}_{ib}^b\times\tilde{\boldsymbol{f}}_{sf}^b}{|\tilde{\boldsymbol{f}}_{sf}^b\times\tilde{\boldsymbol{\omega}}_{ib}^b\times\tilde{\boldsymbol{f}}_{sf}^b|}\right)^{\mathrm{T}}\\\left(\dfrac{\tilde{\boldsymbol{f}}_{sf}^b}{|\tilde{\boldsymbol{f}}_{sf}^b|}\right)^{\mathrm{T}}\end{bmatrix}\tag{3-8}$$

在式（3－8）中，各行向量的分母模值分别近似为

$$|\tilde{\boldsymbol{\omega}}_{ib}^b\times\tilde{\boldsymbol{f}}_{sf}^b|\approx|\boldsymbol{\omega}_{ie}^n\times(-\boldsymbol{g}^n)|=g\omega_{ie}\cos L=g\omega_N$$

$$|\tilde{\boldsymbol{f}}_{sf}^b\times\tilde{\boldsymbol{\omega}}_{ib}^b\times\tilde{\boldsymbol{f}}_{sf}^b|\approx|(-\boldsymbol{g}^n)\times\boldsymbol{\omega}_{ie}^n\times(-\boldsymbol{g}^n)|=g^2\omega_N、|\tilde{\boldsymbol{f}}_{sf}^b|\approx|(-\boldsymbol{g}^n)|=g$$

2. 惯性系粗对准

定义两个重要的惯性坐标系，初始时刻载体惯性系（b_0）和初始时刻导航惯性系（n_0）。初始时刻载体惯性系（b_0）与初始对准开始瞬时的载体坐标系（b 系）重合，随后相对于惯性空间无转动。初始时刻导航惯性系（n_0）与初始对准开始瞬时的导航坐标系（n 系）重合，随后相对于惯性空间无转动。惯性系粗对准的关键是求解 b_0 系与 n_0 系的方位关系，即 $\boldsymbol{C}_{b_0}^{n_0}$。

首先，重力矢量在 n_0 系的投影为

$$\boldsymbol{g}^{n_0}=\boldsymbol{C}_n^{n_0}\boldsymbol{g}^n \tag{3-9}$$

式中，$\boldsymbol{g}^n$ 为常矢量，即 $\boldsymbol{g}^n=[0\quad 0\quad -g]^{\mathrm{T}}$，而

$$\dot{\boldsymbol{C}}_n^{n_0}=\boldsymbol{C}_n^{n_0}(\boldsymbol{\omega}_{n_0n}^n\times)=\boldsymbol{C}_n^{n_0}(\boldsymbol{\omega}_{ie}^n\times) \tag{3-10}$$

由于 $\boldsymbol{\omega}_{ie}^n$ 为常值，即 n 系相对于 n_0 系为定轴转动。由式（3-10）可得

$$\begin{aligned}\boldsymbol{C}_n^{n_0}&=\mathrm{e}^{(t\boldsymbol{\omega}_{ie}^n\times)}=\boldsymbol{I}+\frac{\sin\omega_{ie}t}{\omega_{ie}t}(t\boldsymbol{\omega}_{ie}^n\times)+\frac{1-\cos\omega_{ie}t}{(\omega_{ie}t)^2}(t\boldsymbol{\omega}_{ie}^n\times)2\\&=\begin{bmatrix}\cos\omega_{ie}t & -\sin\omega_{ie}t\sin L & \sin\omega_{ie}t\cos L\\ \sin\omega_{ie}t\sin L & 1-(1-\cos\omega_{ie}t)\sin^2L & (1-\cos\omega_{ie}t)\sin L\cos L\\ -\sin\omega_{ie}t\cos L & (1-\cos\omega_{ie}t)\sin L\cos L & 1-(1-\cos\omega_{ie}t)\cos^2L\end{bmatrix}\end{aligned} \tag{3-11}$$

所以有

$$\boldsymbol{g}^{n_0}=-g[\sin\omega_{ie}t\cos L\quad(1-\cos\omega_{ie}t)\sin L\cos L\quad 1-(1-\cos\omega_{ie}t)\cos^2L]^{\mathrm{T}} \tag{3-12}$$

其次，加速度计的比力输出在 b_0 系投影为

$$\boldsymbol{f}_{sf}^{b_0}=\boldsymbol{C}_b^{b_0}\boldsymbol{f}_{sf}^b \tag{3-13}$$

其中

$$\dot{\boldsymbol{C}}_b^{b_0}=\boldsymbol{C}_b^{b_0}(\boldsymbol{\omega}_{b_0b}^b\times)=\boldsymbol{C}_b^{b_0}(\boldsymbol{\omega}_{ib}^b\times) \tag{3-14}$$

式中，$\boldsymbol{\omega}_{ib}^b$ 为陀螺的测量值，姿态阵初始值 $\boldsymbol{C}_b^{b_0}(0)=\boldsymbol{I}$。利用姿态更新算法可求得实时姿态阵 $\boldsymbol{C}_b^{b_0}$。这里无须对 $\boldsymbol{\omega}_{ib}^b$ 的大小做任何限制，因而惯性系对准算法具有很强的抗角运动干扰能力。

将式（3-5）的两边同时左乘 $\boldsymbol{C}_n^{n_0}$，并移项得

$$\boldsymbol{C}_{b_0}^{n_0}(\boldsymbol{C}_b^{b_0}\tilde{\boldsymbol{f}}_{sf}^b-\widehat{\boldsymbol{\nabla}}^{b_0})=-\boldsymbol{g}^{n_0} \tag{3-15}$$

其中，$\widehat{\boldsymbol{\nabla}}^{b_0}=\boldsymbol{C}_b^{b_0}\delta\boldsymbol{f}_{sf}^b+\dot{\boldsymbol{v}}^{b_0}$ 表示在 b_0 系的加速度计测量误差及线加速度干扰。利用双矢量定姿算法求解 $\boldsymbol{C}_{b_0}^{n_0}$：

$$
C_{b_0}^{n_0}=\left[\frac{G_1^{n_0}}{|G_1^{n_0}|}\quad\frac{G_1^{n_0}\times G_2^{n_0}}{|G_1^{n_0}\times G_2^{n_0}|}\quad\frac{G_1^{n_0}\times G_2^{n_0}\times G_1^{n_0}}{|G_1^{n_0}\times G_2^{n_0}\times G_1^{n_0}|}\right]\begin{bmatrix}\left(\dfrac{\tilde{F}_1^{b_0}}{|\tilde{F}_1^{b_0}|}\right)^{\mathrm{T}}\\ \left(\dfrac{\tilde{F}_1^{b_0}\times\tilde{F}_2^{b_0}}{|\tilde{F}_1^{b_0}\times\tilde{F}_2^{b_0}|}\right)^{\mathrm{T}}\\ \left(\dfrac{\tilde{F}_1^{b_0}\times\tilde{F}_2^{b_0}\times\tilde{F}_1^{b_0}}{|\tilde{F}_1^{b_0}\times\tilde{F}_2^{b_0}\times\tilde{F}_1^{b_0}|}\right)^{\mathrm{T}}\end{bmatrix}
\tag{3-16}
$$

$$
F_1^{b_0}=\int_0^{t_1}C_b^{b_0}\tilde{f}_{sf}^{\,b}\mathrm{d}t,\ \tilde{F}_2^{b_0}=\int_{t_1}^{t_2}C_b^{b_0}\tilde{f}_{sf}^{\,b}\mathrm{d}t,\ G_1^{n_0}=-\int_0^{t_1}g^{n_0}\mathrm{d}t,\ G_2^{n_0}=-\int_{t_1}^{t_2}g^{n_0}\mathrm{d}t
\tag{3-17}
$$

其中，$0<t_1<t_2$ 且通常取 $t_1=t_2/2$。

惯性系粗对准方法具有更好的抗角晃动干扰的能力，但是抗线振动干扰能力相对弱些，并且计算量相对较大。

3.1.2 精对准

经过粗对准阶段，捷联惯导获得粗略的姿态矩阵，但是与真实地理坐标系之间还存在一定的失准角误差，此时还需要进行进一步的精对准过程，最大限度地减小失准角误差对导航精度的影响。

在静基座下进行初始对准，由于真实惯导系统的地理位置没有明显移动，且真实速度为零，因而对准过程中的惯导解算可以进行如下简化。

首先，令 $\boldsymbol{\omega}_{en}=\mathbf{0}$，$\boldsymbol{v}^n=\mathbf{0}$，得简化误差方程如下：

$$
\begin{aligned}
\dot{\boldsymbol{\phi}}&=\boldsymbol{\phi}\times\boldsymbol{\omega}_{ie}^n-\boldsymbol{\varepsilon}^n\\
\delta\dot{\boldsymbol{v}}^n&=\boldsymbol{f}_{sf}^n\times\boldsymbol{\phi}+\boldsymbol{\nabla}^n
\end{aligned}
\tag{3-18}
$$

式中，$\boldsymbol{\varepsilon}^n$ 为陀螺常值漂移，在静基座下 $\boldsymbol{C}_b^n$ 近似为常值，若 $\boldsymbol{\varepsilon}^b=[\varepsilon_x^b\quad\varepsilon_y^b\quad\varepsilon_z^b]^{\mathrm{T}}$ 为常值，则 $\boldsymbol{\varepsilon}^n$ 也为常值；$\boldsymbol{\nabla}^n$ 为等效加速度计随机常值零偏，亦可视为常值；速度误差方程可近似为$\boldsymbol{f}_{sf}^n\approx-\boldsymbol{g}^n=[0\quad 0\quad g]^{\mathrm{T}}$。

建立初始对准状态空间模型，如下：

$$
\begin{cases}\dot{\boldsymbol{X}}=\boldsymbol{F}\boldsymbol{X}\\ \boldsymbol{Z}=\boldsymbol{H}\boldsymbol{X}\end{cases}
\tag{3-19}
$$

其中

$$
\boldsymbol{X}=[\phi_E\quad\phi_N\quad\phi_U\quad\delta v_E\quad\delta v_N\quad\varepsilon_E\quad\varepsilon_N\quad\varepsilon_U\quad\nabla_E\quad\nabla_N]^{\mathrm{T}}
$$

$$
\boldsymbol{F}=\begin{bmatrix}
0 & \omega_U & -\omega_N & 0 & 0 & -1 & 0 & 0 & 0 & 0\\
-\omega_U & 0 & 0 & 0 & 0 & 0 & -1 & 0 & 0 & 0\\
\omega_N & 0 & 0 & 0 & 0 & 0 & 0 & -1 & 0 & 0\\
0 & -g & 0 & 0 & 0 & 0 & 0 & 0 & 1 & 0\\
g & 0 & 0 & 0 & 0 & 0 & 0 & 0 & 0 & 1\\
\multicolumn{10}{c}{\boldsymbol{O}_{5\times10}}
\end{bmatrix},
$$

$$
\boldsymbol{H}=\begin{bmatrix}
0 & 0 & 0 & 1 & 0 & 0 & 0 & 0 & 0 & 0\\
0 & 0 & 0 & 0 & 1 & 0 & 0 & 0 & 0 & 0
\end{bmatrix}
$$

实际应用时，为了减少计算量和不可观测状态的影响，在建模过程中可将∇_E、∇_N和ε_E略去。

另外，还有一种对准方法称作双位置对准。所谓双位置对准方法，就是在初始对准过程中将捷联惯导转动一个角位置，这相当于改变了惯导的姿态阵，使惯导误差方程从定常系统转变成了时变系统，有利于提高惯性器件误差的可观测性，从而提升水平姿态角和方位角的初始对准精度。常用的双位置方法是将惯导绕其方位轴转动 180°，且转动时机一般选择在精对准时间段的中点附近。考虑天向速度通道，使其对绕俯仰或横滚的双位置也适用。

考虑全部状态的 12 维惯导系统精对准随机模型如下：

$$
\begin{cases}\dot{\boldsymbol{X}}=\boldsymbol{FX}+\boldsymbol{GW}^b\\ \boldsymbol{Z}=\boldsymbol{HX}+\boldsymbol{V}\end{cases}\tag{3-20}
$$

其中

$$
\boldsymbol{X}=[\phi_E \quad \phi_N \quad \phi_U \quad \delta v_E \quad \delta v_N \quad \delta v_U \quad \varepsilon_x^b \quad \varepsilon_y^b \quad \varepsilon_z^b \quad \nabla_x^b \quad \nabla_y^b \quad \nabla_z^b]^{\mathrm{T}}
$$

$$
\boldsymbol{F}=\begin{bmatrix}
-(\boldsymbol{\omega}_{ie}^n\times) & \boldsymbol{O}_{3\times3} & -\boldsymbol{C}_b^n & \boldsymbol{O}_{3\times3}\\
-(\boldsymbol{g}^n\times) & \boldsymbol{O}_{3\times3} & \boldsymbol{O}_{3\times3} & \boldsymbol{C}_b^n\\
\multicolumn{4}{c}{\boldsymbol{O}_{6\times12}}
\end{bmatrix},\quad
\boldsymbol{G}=\begin{bmatrix}
\boldsymbol{C}_b^n & \boldsymbol{O}_{3\times3}\\
\boldsymbol{O}_{3\times3} & \boldsymbol{C}_b^n\\
\multicolumn{2}{c}{\boldsymbol{O}_{6\times6}}
\end{bmatrix},
$$

$$
\boldsymbol{W}^b=[w_{gx}^b \quad w_{gy}^b \quad w_{gz}^b \quad w_{ax}^b \quad w_{ay}^b \quad w_{az}^b]^{\mathrm{T}}
$$

$$
\boldsymbol{H}=[\boldsymbol{O}_{3\times3} \quad \boldsymbol{I}_{3\times3} \quad \boldsymbol{O}_{3\times6}],\quad \boldsymbol{V}=[V_E \quad V_N \quad V_U]^{\mathrm{T}}
$$

在双位置初始对准中，所有状态分量，包括∇_E、∇_N和ε_E，都是可观测的。

本节所述初始对准方法均为惯导系统的自主对准。为得到高精度的结果，惯导系统在进行对准时需要保持载体静止，并且发动机停机，这是由于载体晃动会对对准过程造成较大影响，使对准结果产生偏差。所以，为保持初始对准的精度，就要以牺牲载体机动性为代价。

3.2　基于晃动补偿的自主导航初始对准

3.2.1　基座晃动补偿方法

为隔离晃动对对准的影响，惯性系下的初始对准方法被提出，但是许多相关研究表明惯性系对准过程中水平加速度计零偏对水平失准角的影响很大，东向陀螺的常值漂移和东向加速度计零偏对方位失准角有较大影响，并且惯性系对准对惯性器件精度要求相对较高，这就增加了成本。

1. 晃动角速度对对准精度的影响

从载体晃动的特点入手，分析晃动对对准的影响。首先列出只考虑陀螺常值漂移时的对准误差，如下：

$$\begin{cases}\phi_E = 0 \\ \phi_N = 0 \\ \phi_U = \varepsilon_E / (\omega_{ie} \cos L)\end{cases} \tag{3-21}$$

式中，ϕ 为失准角；ε_E 为东向陀螺常值漂移；ω_{ie} 为地球自转角速度，约为 15°/h；L 为当地纬度约为 30°。由式（3－21）可知，当陀螺常值漂移为 0.03°/h 时，其方位失准角为 0.038 5 mil。即在加速度计零偏为零时，如果方位失准角小于 0.038 5 mil，陀螺信号中就不会包含角速度大于 0.03°/h 的晃动误差。同样，为使方位失准角小于 1 mil，陀螺信号中就不应该包含角速度大于 0.76°/h 的晃动信号。换句话说，如果将车辆晃动的角速度控制在 0.76°/h 以内，则不影响对准的效果。但实际情况下，车辆晃动的角速度均远大于 0.76°/h。

在消除载体晃动对初始对准的影响过程中，存在以下两点困难。

（1）在陀螺的量测中，晃动造成的扰动会干扰有用信号（即地球自转信号），并且采用一般的数字滤波器很难将误差信号滤除。

（2）由于车辆晃动具有随机性，故不能准确建立晃动误差信号的误差模型，所以 Kalman 滤波及其扩展滤波方法也不适合应用在此进行误差估计。

2. 补偿原理

第 2 章已对晃动基座对惯组量测的影响进行了分析，晃动基座条件下的噪声误差系数有明显增大，表明陀螺要比加速度计对晃动更加敏感。针对车辆晃动的特点，考虑利用加速度计信息修正陀螺信息，并对其进行补偿。

设定动基座粗对准的前提是车辆行驶过程中的速度和方位角不发生变化，所以车辆只存在两个方向的角晃动（俯仰、横滚）。

设横滚和俯仰的姿态角分别为 γ 和 α，所以两个方向的角度变化量分别为

$$\begin{cases}\Delta\gamma=\gamma(t)-\gamma(t-1)\\\Delta\alpha=\alpha(t)-\alpha(t-1)\end{cases}\tag{3-22}$$

式（3－22）为当前时刻的姿态角减去上一时刻的姿态角，角度变化量除以采样周期 $T=0.01$ s 可得两个方向的角速度。将陀螺输出减去由加速度计信息求出的晃动角速度，即为补偿后结果。

由于陀螺信息包含了地球自转角速度和车辆相对于地球的晃动角速度，该补偿方法就是利用加速度计信息消除掉陀螺信息中车辆相对于地球的晃动角速度，所以补偿结果中只包含地球自转角速度。

3. 详细补偿过程

载体同时在两个方向上晃动，为分析方便，将角运动分成两个部分，即先俯仰后横滚，具体转动方式如图 3－1 所示。

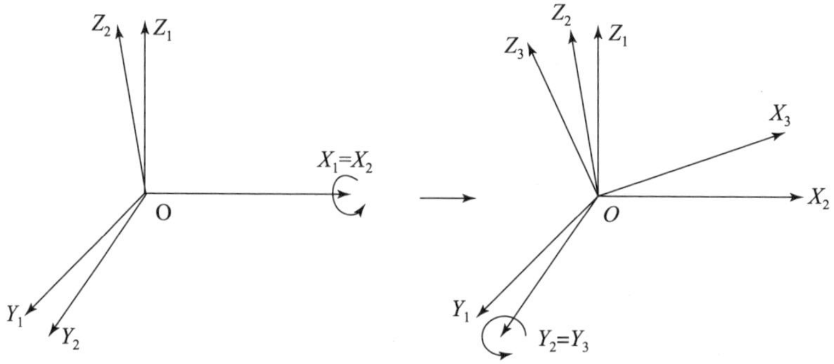

图 3－1　旋转方式（先俯仰后横滚）

如图 3－1 所示，由于没有偏航运动，Y 轴始终位于平面 Z_1OY_1 中。

当载体由姿态 1 旋转到姿态 3 后，三个方向的加速度计输出矢量分别为 $\vec{a}_x$、$\vec{a}_y$、$\vec{a}_z$，$\boldsymbol{g}$ 为重力加速度，θ_y 为 $\vec{a}_y$ 与 $\boldsymbol{g}$ 负方向的夹角。

显然，$\tan\theta_y=|\vec{a}_x+\vec{a}_z|/|\vec{a}_y|$，可得

$$\theta_y=\arctan(|\vec{a}_x+\vec{a}_z|/|\vec{a}_y|)\tag{3-23}$$

同理，设定 $\vec{a}_x$ 和 $\vec{a}_z$ 与垂直负方向的夹角为 θ_x 和 θ_z，则

$$\theta_x=\arctan(|\vec{a}_y+\vec{a}_z|/|\vec{a}_x|)\tag{3-24}$$

$$\theta_z=\arctan(|\vec{a}_x+\vec{a}_y|/|\vec{a}_z|)\tag{3-25}$$

两坐标系之间的角度关系如图 3－2 所示。

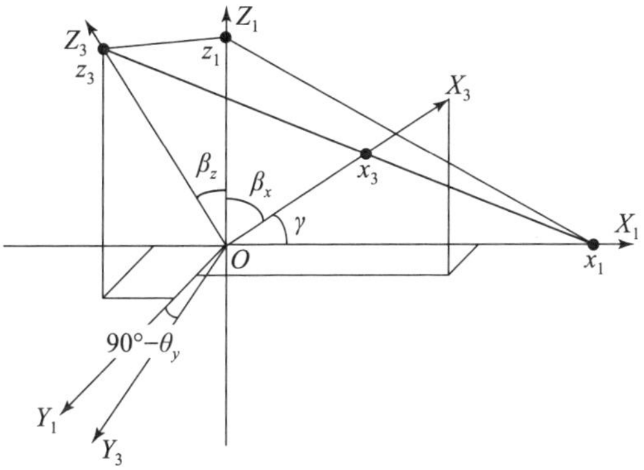

图 3-2 两坐标系之间的角度关系

由图 3-2 知，俯仰角为 $\alpha = 90° - \theta_y$，横滚角为 γ，且 $\beta_x = \pi - \theta_x$、$\beta_z = \pi - \theta_z$。显然，俯仰角可通过式（3-23）求出。下面详细介绍横滚角 γ 的求解过程。

由于 $OY_3 \perp$ 平面 OX_3Z_3，且 $OY_3 \perp Ox_1$。故直线 Oz_3、直线 Ox_3、直线 Ox_1 在同一平面内，所以直线 z_3x_1 与轴 OX_3 有交点 x_3。以 z_3x_1 为底，构造$\triangle z_3x_1z_1$，使$\triangle z_3x_1z_1 \perp \triangle z_3Ox_1$，可得四面体 $Oz_3z_1x_1$，如图 3-3 所示。

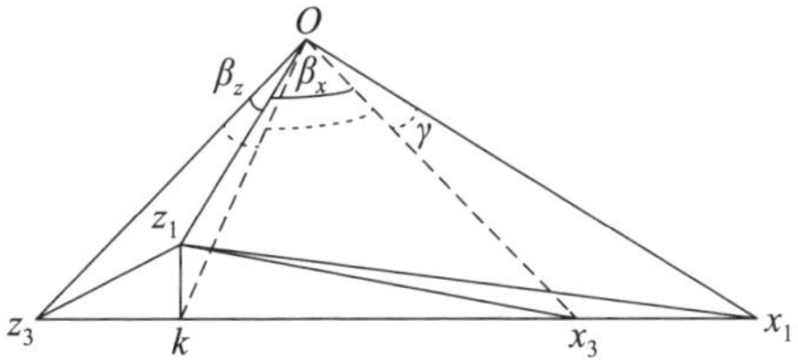

图 3-3 四面体 $Oz_3z_1x_1$

为更加清晰地观察横滚角与其余各角以及线、面之间的关系，将四面体 $Oz_3z_1x_1$ 单独提取出来，如图 3-3 所示。

对比图 3-3、图 3-2 可知，$\angle z_3Ox_3 = 90°$、$\angle z_1Ox_1 = 90°$、$\angle x_3Ox_1 = \gamma$、$\angle z_3Oz_1 = \beta_z$、$\angle z_1Ox_3 = \beta_x$，构造$\triangle Okz_1$，使$\triangle Okz_1 \perp \triangle Oz_3x_1$，故 $z_1k \perp \triangle Ox_1z_3$。

因为 $\triangle Okz_1 \perp \triangle Oz_3x_1$，$Ox_1 \perp Oz_1$，故 $Ox_1 \perp \triangle Oz_1k$，所以有 $Ox_1 \perp Ok$，$\angle kOx_1 = 90°$。

又因为$\angle kOx_1 = 90°$，$\angle z_3Ox_3 = 90°$，$\angle x_3Ox_1 = \gamma$，所以$\angle z_3Ok = \angle x_3Ox_1 = \gamma$。转化为求取$\angle z_3Ok$ 的大小，去掉四面体 $Oz_3z_1x_1$ 中与$\angle z_3Ok$ 无关的部分，提取子四面体 $Oz_3z_1x_3$ 单独研究，如图 3-4 所示。

分别以 Oz_3、Ox_3 为底，以 z_1 为顶点，作$\triangle Oz_3z_1$ 和$\triangle Ox_3z_1$ 的高 z_1m 和 z_1n，km 和 kn 分别为$\triangle mz_1k$ 和$\triangle nz_1k$ 与底面的交线，如图 3-4 所示。

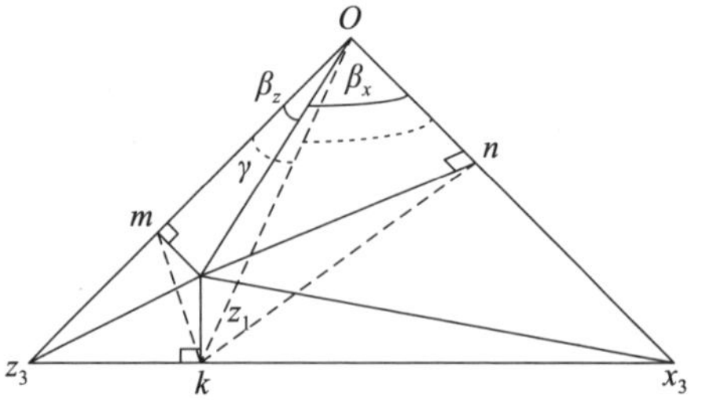

图 3-4 四面体 $Oz_3z_1x_3$

因为 $z_1k \perp Ox_3$，$Ox_3 \perp z_1n$，故 $Ox_3 \perp \triangle nz_1k$，所以 $Ox_3 \perp kn$。同理，$Oz_3 \perp km$，所以四边形 $Omkn$ 为矩形。

设 $Oz_1 = l$，故 $Om = nk = l\cos\beta_z$，$On = mk = l\cos\beta_x$，所以有

$$\begin{cases}\tan\angle mOk = mk/Om = \cos\beta_x/\cos\beta_z \\ \tan\angle nOk = nk/On = \cos\beta_z/\cos\beta_x\end{cases} \tag{3-26}$$

所以，可得横滚角为

$$\gamma = \arctan\angle mOk = \arctan(\cos\beta_x/\cos\beta_z) \tag{3-27}$$

综上，分别得出俯仰角和横滚角表达式：

$$\alpha = 90° - \theta_y = 90° - \arctan(|\vec{a}_x + \vec{a}_z|/|\vec{a}_y|) = \text{arccot}(|\vec{a}_x + \vec{a}_z|/|\vec{a}_y|) \tag{3-28}$$

$$\gamma = \arctan\frac{\cos(\pi - \arctan(|\vec{a}_y + \vec{a}_z|/|\vec{a}_x|))}{\cos(\pi - \arctan(|\vec{a}_x + \vec{a}_y|/|\vec{a}_z|))} = \arctan\frac{\cos(\arctan(|\vec{a}_y + \vec{a}_z|/|\vec{a}_x|))}{\cos(\arctan(|\vec{a}_x + \vec{a}_y|/|\vec{a}_z|))} \tag{3-29}$$

根据式（3-28）和式（3-29）可知，两个方向的角度变化量分别为

$$\begin{cases}\Delta\gamma = \gamma(t) - \gamma(t-1) \\ \Delta\alpha = \alpha(t) - \alpha(t-1)\end{cases} \tag{3-30}$$

式（3-30）为当前时刻的角度减去上一时刻的角度。

以上即为晃动补偿的详细过程。

4. 可行性验证

采用仿真计算的方式验证晃动补偿方法的可行性。

根据前文所述，设计了横滚和俯仰两自由度的角运动，为便于观察，设定参数如下：俯仰角变化幅度为 π/180 rad，周期为 17 s；横滚角变化幅度为 π/180 rad，周期为 7 s；陀螺常值漂移为 0.03°/h；加速度计零偏设置为 0。

图 3-5 和图 3-6 为利用加速度计信息解算出的俯仰和横滚角速度。在图 3-7（a）和图 3-8（a）中，幅值较大曲线为轨迹发生器中两个方向的陀螺

输出，幅值较小曲线为补偿后两个方向的角速度，图3－7（b）和图3－8（b）中曲线为图3－7（a）和图3－8（a）中补偿后曲线的放大图。

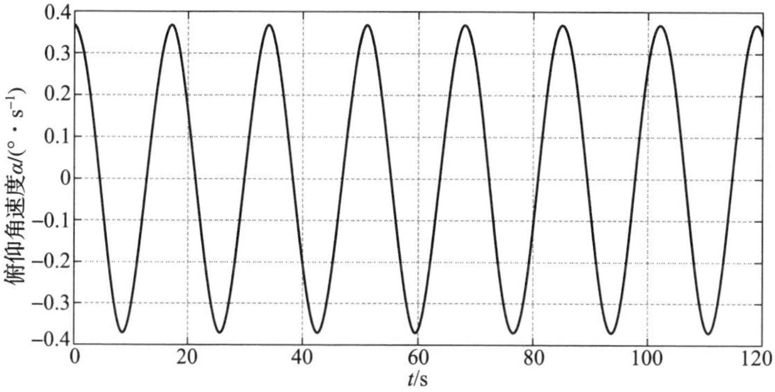

图3－5　计算得出的俯仰角速度

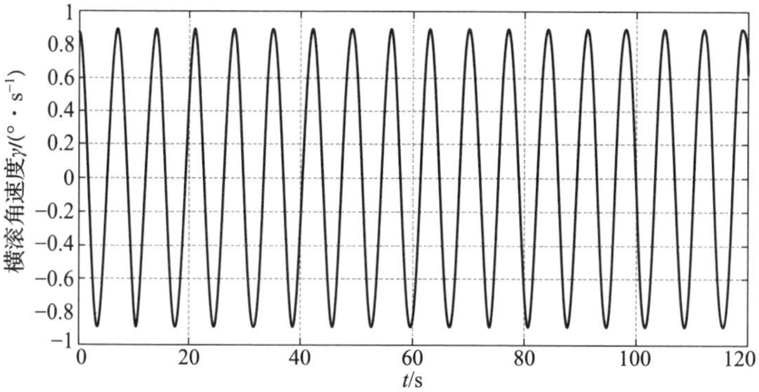

图3－6　计算得出的横滚角速度

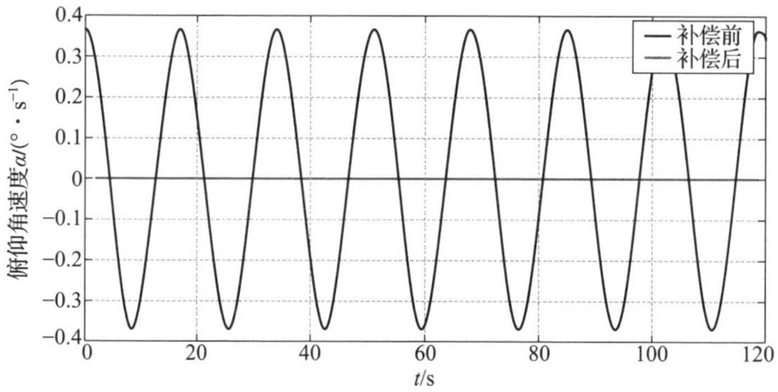

（a）

图3－7　补偿前后俯仰角速度1

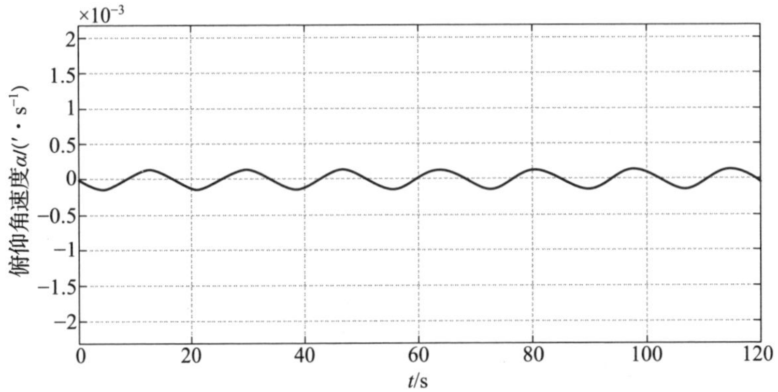

（b）

图 3－7　补偿前后俯仰角速度 1（续）

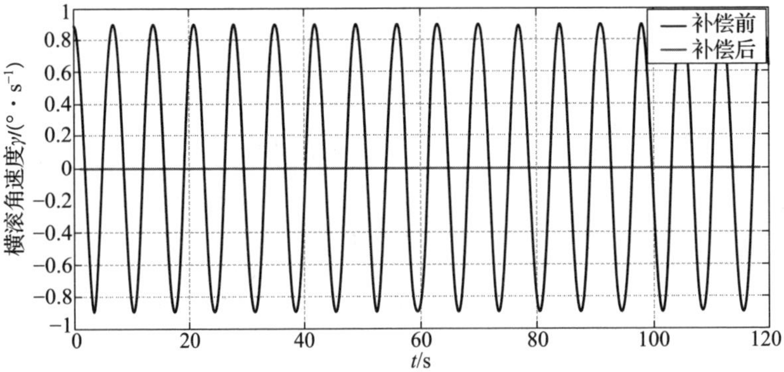

（a）

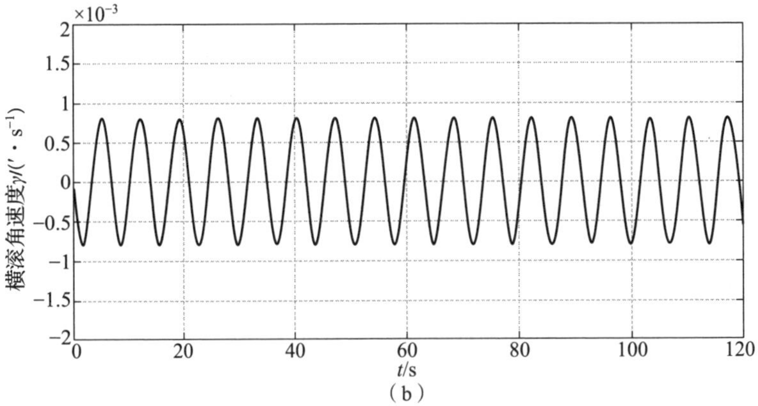

（b）

图 3－8　补偿前后横滚角速度 1

分别对比图3－5和图3－7（a）以及图3－6和图3－8（a），可以看出利用加速度计信息解算得到的角速度信息，基本与陀螺输出的角速度信息一致。经过补偿后，两个方向的陀螺输出角速度峰值分别从0.369 6°/s和0.897 6°/s降低到0.000 136 6′/s（0.008 2°/h）和0.000 805 4′/s（0.048°/h）。

将仿真结果与本小节1. 部分中的结论分析结果进行对比，完全满足小于0.76°/h的要求，充分验证了在不考虑加速度计零偏的情况下2. 部分中算法的可行性和有效性。

3.2.2　基于晃动补偿方法的粗对准

为利用解析法完成动基座粗对准，令载体系 b 和导航系 n 由三个线性不相关的向量 $[\boldsymbol{v}_1\quad \boldsymbol{v}_2\quad \boldsymbol{v}_3]$ 组成，使得

$$[\boldsymbol{v}_1^n\quad \boldsymbol{v}_2^n\quad \boldsymbol{v}_3^n]^{\mathrm{T}} = \boldsymbol{C}_b^n[\boldsymbol{v}_1^b\quad \boldsymbol{v}_2^b\quad \boldsymbol{v}_3^b]^{\mathrm{T}} \tag{3-31}$$

由式（3－31）可求出初始姿态矩阵 $\boldsymbol{C}_b^n$：

$$\boldsymbol{C}_b^n = [\boldsymbol{v}_1^n\quad \boldsymbol{v}_2^n\quad \boldsymbol{v}_3^n]^{\mathrm{T}}\{[\boldsymbol{v}_1^b\quad \boldsymbol{v}_2^b\quad \boldsymbol{v}_3^b]^{\mathrm{T}}\}^{-1} = \begin{bmatrix} (\boldsymbol{v}_1^n)^{\mathrm{T}} \\ (\boldsymbol{v}_2^n)^{\mathrm{T}} \\ (\boldsymbol{v}_3^n)^{\mathrm{T}} \end{bmatrix}^{-1} \begin{bmatrix} (\boldsymbol{v}_1^b)^{\mathrm{T}} \\ (\boldsymbol{v}_2^b)^{\mathrm{T}} \\ (\boldsymbol{v}_3^b)^{\mathrm{T}} \end{bmatrix} \tag{3-32}$$

由于载体系的输出包含了噪声，式（3－32）可变为

$$\hat{\boldsymbol{C}}_b^n = \begin{bmatrix} (\boldsymbol{v}_1^n)^{\mathrm{T}} \\ (\boldsymbol{v}_2^n)^{\mathrm{T}} \\ (\boldsymbol{v}_3^n)^{\mathrm{T}} \end{bmatrix}^{-1} \begin{bmatrix} (\hat{\boldsymbol{v}}_1^b)^{\mathrm{T}} \\ (\hat{\boldsymbol{v}}_2^b)^{\mathrm{T}} \\ (\hat{\boldsymbol{v}}_3^b)^{\mathrm{T}} \end{bmatrix} \tag{3-33}$$

通常情况下，$\boldsymbol{v}_1$，$\boldsymbol{v}_2$，$\boldsymbol{v}_3$ 分别选取本地重力加速度 $\boldsymbol{g}$、地球自转角速度 $\boldsymbol{\omega}_{ie}$ 以及不同组合下两者的叉乘值。

上述两组矢量十分容易受到外界环境的干扰，很难达到理想的对准精度。在晃动基座条件下，载体系内重力加速度 $\boldsymbol{g}^b$ 的幅值不发生变化，导航系内重力加速度 $\boldsymbol{g}^n$ 的方向和幅值均不发生改变，地球自转 $\boldsymbol{\omega}_{ie}$ 在载体系内的矢量中包含了车辆的晃动信息。在进行粗对准之前，需要利用晃动补偿方法对 $\boldsymbol{\omega}_{ie}$ 在载体系内的分量进行补偿，方法为

$$\begin{cases} \omega_{iex}^b = \hat{\omega}_{iex}^b - \dfrac{\Delta\alpha}{\Delta T} \\ \omega_{iey}^b = \hat{\omega}_{iey}^b - \dfrac{\Delta\gamma}{\Delta T} \end{cases} \tag{3-34}$$

式中，$\hat{\omega}_{ie}^b$ 为陀螺输出的角速度；ω_{ie}^b 为补偿过后的角速度；$\Delta\alpha$ 和 $\Delta\gamma$ 为通过晃

动补偿得到的角度变化量；ΔT 为采样间隔。粗对准时采用补偿后的角速度。

3.2.3 基于晃动补偿方法的精对准

在自主导航条件下，完成粗对准后，通常利用里程计信息进行精对准。若能充分利用航位推算结果、车辆运动约束条件以及晃动补偿所得信息，则可实现炮载惯导系统的动基座对准。将捷联惯导输出和航位推算输出之差作为量测量，首先，将航位推算获得的载体前向速度与捷联惯导的相应输出之差作为第一组量测量；其次，利用车辆运动约束，将捷联惯导横向和垂向的速度输出作为第二组量测量；最后，利用晃动补偿方法，将陀螺输出的姿态和通过加速度计推导出的姿态之差作为第三组量测量，且采用 Kalman 滤波设计对准算法。

1. 状态方程

状态变量包括姿态误差 $\boldsymbol{\phi}^n$、速度误差 $\delta\boldsymbol{v}_I^n$、位置误差 $\delta\boldsymbol{p}$、陀螺常值漂移 $\boldsymbol{\varepsilon}^b$、加速度计零偏$\nabla^b$、里程计安装误差 $\delta\boldsymbol{\alpha}$、里程计刻度系数误差 δK，共 18 维，状态变量 $\boldsymbol{X}$ 为

$$\boldsymbol{X} = [\boldsymbol{\phi}^n \quad \delta\boldsymbol{v}_I^n \quad \delta\boldsymbol{p} \quad \boldsymbol{\varepsilon}^b \quad \nabla^b\delta\alpha_\theta \quad \delta\alpha_\psi \quad \delta K]^{\mathrm{T}}$$

建立系统状态方程如下：

$$\dot{\boldsymbol{X}} = \boldsymbol{F}\boldsymbol{X} + \boldsymbol{W} \tag{3-35}$$

式中，$\boldsymbol{F}$ 为状态矩阵；$\boldsymbol{W}$ 为系统噪声。

2. 观测方程

由于观测矩阵中包含了三组观测量，即航位推算速度与惯组解算速度之差、两个方向的速度约束以及两个方向的姿态约束，所以在建立观测方程之前，需要建立里程计速度误差方程。首先设定 m 为车体坐标系，即里程计安装的坐标系，b 为载体坐标系，即惯组安装的坐标系。

在车辆自主导航过程中，主要利用里程计输出的速度信息，这里采用航位推算的速度误差方程。另外，由于造成里程计量测误差的主要原因是里程计安装误差角 $\delta\alpha = [\delta\alpha_\theta \quad 0 \quad \delta\alpha_\psi]^{\mathrm{T}}$ 和刻度系数误差 δK，在航位推算速度误差的基础上建立里程计速度误差模型如下：

$$\hat{\boldsymbol{v}}_{\mathrm{OD}}^m = (1 + \delta K)\boldsymbol{v}_{\mathrm{OD}}^m \tag{3-36}$$

$$\boldsymbol{v}_{\mathrm{OD}}^b = \boldsymbol{C}_m^b \boldsymbol{v}_{\mathrm{OD}}^m = \begin{bmatrix} \sin\delta\alpha_\psi \cos\delta\alpha_\theta \\ \sin\delta\alpha_\theta \cos\delta\alpha_\psi \\ \sin\delta\alpha_\theta \end{bmatrix} \boldsymbol{v}_{\mathrm{ODy}}^m \tag{3-37}$$

式中，$\boldsymbol{C}_m^b$ 为由里程计安装误差角 $\delta\boldsymbol{\alpha} = [\delta\alpha_\theta \quad 0 \quad \delta\alpha_\psi]^{\mathrm{T}}$ 构成的转换矩阵。则有

$$\hat{\boldsymbol{v}}_{\mathrm{OD}}^n = \hat{\boldsymbol{C}}_b^n \boldsymbol{C}_m^b \hat{\boldsymbol{v}}_{\mathrm{OD}}^m = (\boldsymbol{I} - \boldsymbol{\phi}^n \times) \boldsymbol{C}_b^n \boldsymbol{C}_m^b (1 + \delta K) \boldsymbol{v}_{\mathrm{OD}}^m \tag{3-38}$$

式中，$\boldsymbol{\phi}^n \times = \begin{bmatrix} 0 & -\phi_U^n & \phi_N^n \\ \phi_U^n & 0 & -\phi_E^n \\ -\phi_N^n & \phi_E^n & 0 \end{bmatrix}$是由失准角组成的反对称矩阵；$\boldsymbol{C}_b^n$ 为姿态捷联矩阵。由于 $\boldsymbol{\phi}^n \times$ 和 δK 均为小量，展开式（3－38），忽略高阶小量可得

$$\hat{\boldsymbol{v}}_{\mathrm{OD}}^n = \boldsymbol{C}_b^n \boldsymbol{C}_m^b \boldsymbol{v}_{\mathrm{OD}}^m + \boldsymbol{\phi}^n \times \boldsymbol{C}_b^n \boldsymbol{C}_m^b \boldsymbol{v}_{\mathrm{OD}}^m + \delta K \boldsymbol{C}_b^n \boldsymbol{C}_m^b \boldsymbol{v}_{\mathrm{OD}}^m = \boldsymbol{v}_{\mathrm{OD}}^n + \boldsymbol{\phi}^n \times \boldsymbol{v}_{\mathrm{OD}}^n + \delta K \boldsymbol{v}_{\mathrm{OD}}^n \tag{3-39}$$

里程计速度误差方程为

$$\delta \boldsymbol{v}_{\mathrm{OD}}^n = \hat{\boldsymbol{v}}_{\mathrm{OD}}^n - \boldsymbol{v}_{\mathrm{OD}}^n = -\boldsymbol{\phi}^n \times \boldsymbol{v}_{\mathrm{OD}}^n + \delta K \boldsymbol{v}_{\mathrm{OD}}^n \tag{3-40}$$

将式（3－40）展开可得

$$\begin{cases} \delta v_{\mathrm{ODE}}^n = -v_{\mathrm{ODU}}^n \phi_N^n + v_{\mathrm{ODN}}^n \phi_U^n + v_{\mathrm{ODE}}^n \delta K \\ \delta v_{\mathrm{ODN}}^n = v_{\mathrm{ODU}}^n \phi_E^n - v_{\mathrm{ODE}}^n \phi_U^n + v_{\mathrm{ODN}}^n \delta K \\ \delta v_{\mathrm{ODU}}^n = -v_{\mathrm{ODN}}^n \phi_E^n + v_{\mathrm{ODE}}^n \phi_N^n + v_{\mathrm{ODU}}^n \delta K \end{cases} \tag{3-41}$$

在得到里程计速度误差之后，可建立第一组观测量，即里程计速度和惯组速度之差，如下：

$$\boldsymbol{Z}_1 = [\hat{\boldsymbol{v}}_E^n - \hat{\boldsymbol{v}}_{\mathrm{ODE}}^n,\ \hat{\boldsymbol{v}}_N^n - \hat{\boldsymbol{v}}_{\mathrm{ODN}}^n,\ \hat{\boldsymbol{v}}_U^n - \hat{\boldsymbol{v}}_{\mathrm{ODU}}^n]^{\mathrm{T}} \tag{3-42}$$

式中，$\hat{\boldsymbol{v}}_E^n$，$\hat{\boldsymbol{v}}_N^n$，$\hat{\boldsymbol{v}}_U^n$ 为惯导解算的速度；$\hat{\boldsymbol{v}}_{\mathrm{ODE}}^n$，$\hat{\boldsymbol{v}}_{\mathrm{ODN}}^n$，$\hat{\boldsymbol{v}}_{\mathrm{ODU}}^n$ 为里程计解算的速度。考虑到上述两种速度输出均包含解算误差，式（3－42）可写为

$$\boldsymbol{Z}_1 = [\delta v_E^n - \delta v_{\mathrm{ODE}}^n,\ \delta v_N^n - \delta v_{\mathrm{ODN}}^n,\ \delta v_U^n - \delta v_{\mathrm{ODU}}^n]^{\mathrm{T}} \tag{3-43}$$

将式（3－41）代入式（3－43），可得

$$\boldsymbol{Z}_1 = \begin{bmatrix} \delta v_E^n + v_{\mathrm{ODU}}^n \phi_N^n - v_{\mathrm{ODN}}^n \phi_U^n - v_{\mathrm{ODE}}^n \delta K \\ \delta v_N^n - v_{\mathrm{ODU}}^n \phi_E^n + v_{\mathrm{ODE}}^n \phi_U^n - v_{\mathrm{ODN}}^n \delta K \\ \delta v_U^n + v_{\mathrm{ODN}}^n \phi_E^n - v_{\mathrm{ODE}}^n \phi_N^n - v_{\mathrm{ODU}}^n \delta K \end{bmatrix} \tag{3-44}$$

$$\boldsymbol{Z}_1 = \boldsymbol{H}_1 \boldsymbol{X}_1 + \boldsymbol{V}_1 \tag{3-45}$$

式（3－45）为建立的观测方程，结合式（3－37）可得观测矩阵：

$$\boldsymbol{H}_1 = [-(\boldsymbol{v}_{\mathrm{OD}}^n \times) \quad \boldsymbol{I}_{3\times3} \quad \boldsymbol{O}_{3\times8} \quad \boldsymbol{v}_{\mathrm{OD}}^n] \tag{3-46}$$

下面建立第二组观测量，即两个方向上的速度约束。

惯导解算速度 $\hat{\boldsymbol{v}}_I^n$ 在 m 系内的投影为

$$\hat{\boldsymbol{v}}_I^m = \hat{\boldsymbol{C}}_b^m \hat{\boldsymbol{C}}_n^b \hat{\boldsymbol{v}}_I^n \tag{3-47}$$

式中，$\hat{\boldsymbol{C}}_n^b=\boldsymbol{C}_n^b[\boldsymbol{I}+(\boldsymbol{\phi}^n\times)]$ 为计算姿态矩阵；$\hat{\boldsymbol{C}}_b^m=\boldsymbol{C}_b^m[\boldsymbol{I}+(\delta\boldsymbol{\alpha}\times)]$ 为安装误差造成的转换矩阵，$\delta\boldsymbol{\alpha}=[\delta\alpha_\theta\quad 0\quad \delta\alpha_\psi]^{\mathrm{T}}$，$\delta\alpha_\theta$ 为俯仰安装误差角，$\delta\alpha_\psi$ 为方位安装误差角。

将式（3－47）展开，忽略高阶小量可得

$$\begin{aligned}\hat{\boldsymbol{v}}_I^m&=\boldsymbol{C}_b^m[\boldsymbol{I}+(\delta\boldsymbol{\alpha}\times)]\boldsymbol{C}_n^b[\boldsymbol{I}+(\boldsymbol{\phi}^n\times)](\boldsymbol{v}^n+\delta\boldsymbol{v}_I^n)\\&\approx\boldsymbol{C}_b^m\boldsymbol{C}_m^b\boldsymbol{v}^n+\boldsymbol{C}_b^m\boldsymbol{C}_n^b\delta\boldsymbol{v}_I^n+\boldsymbol{C}_b^m\boldsymbol{C}_n^b(\boldsymbol{\phi}^n\times)\boldsymbol{v}^n+\boldsymbol{C}_b^m(\delta\boldsymbol{\alpha}\times)\boldsymbol{C}_n^b\boldsymbol{v}^n\\&=\boldsymbol{v}^m+\boldsymbol{M}_1\delta\boldsymbol{v}_I^n+\boldsymbol{M}_2\boldsymbol{\phi}^n+\boldsymbol{M}_3\delta\boldsymbol{\alpha}\end{aligned}\tag{3-48}$$

$$\begin{cases}\boldsymbol{M}_1=\boldsymbol{C}_b^m\boldsymbol{C}_n^b\\\boldsymbol{M}_2=-\boldsymbol{C}_b^m\boldsymbol{C}_n^b(\boldsymbol{v}^n\times)\\\boldsymbol{M}_3=-\boldsymbol{C}_b^m(\boldsymbol{C}_n^b\boldsymbol{v}^n)\times\end{cases}\tag{3-49}$$

构造观测量为

$$\begin{cases}v_x^m=0\\v_z^m=0\end{cases}\tag{3-50}$$

$$\boldsymbol{Z}_2=\hat{\boldsymbol{v}}_I^m-\boldsymbol{v}^m=\hat{\boldsymbol{v}}_I^m=\delta\boldsymbol{v}^m=\begin{bmatrix}\delta v_x^m\\\delta v_z^m\end{bmatrix}\tag{3-51}$$

式中，$\boldsymbol{v}_x^m$、$\delta\boldsymbol{v}_z^m$ 分别为计算速度在车体系 m 内投影的两个分量。

结合式（3－49），构造观测方程为

$$\boldsymbol{Z}_2=\boldsymbol{H}_2\boldsymbol{X}_2+\boldsymbol{V}_2\tag{3-52}$$

$$\boldsymbol{H}_2=\begin{bmatrix}\boldsymbol{M}_2(1,:)&\boldsymbol{M}_1(1,:)&\boldsymbol{O}_{2\times9}&\boldsymbol{M}_3(1,1)&\boldsymbol{M}_3(1,3)\\\boldsymbol{M}_2(3,:)&\boldsymbol{M}_1(3,:)&&\boldsymbol{M}_3(3,1)&\boldsymbol{M}_3(3,3)\end{bmatrix}\tag{3-53}$$

下面建立第三组观测量，即两个方向上的姿态约束：

$$\boldsymbol{Z}_3=\begin{bmatrix}\hat{\phi}_x^m\\\hat{\phi}_y^m\end{bmatrix}=\begin{bmatrix}\Phi_x^m-\alpha\\\Phi_y^m-\gamma\end{bmatrix}\tag{3-54}$$

式中，Φ_x^m、Φ_y^m 分别为惯导解算的当前姿态值；α、γ 分别为利用加速度计信息推导出的两个方向的姿态信息。

当前惯导解算姿态角在车体系 m 内的投影为

$$\hat{\boldsymbol{\Phi}}^m=\hat{\boldsymbol{C}}_b^m\hat{\boldsymbol{C}}_n^b\hat{\boldsymbol{\Phi}}^n=\boldsymbol{C}_b^m[\boldsymbol{I}+(\delta\boldsymbol{\alpha}\times)]\boldsymbol{C}_n^b\{\boldsymbol{I}+(\boldsymbol{\phi}^n\times)\}(\boldsymbol{\Phi}^n+\boldsymbol{\phi}^n)\tag{3-55}$$

式中，$\boldsymbol{\Phi}^n$ 为姿态角；$\boldsymbol{\phi}^n$ 为失准角；$\hat{\boldsymbol{C}}_n^b=\boldsymbol{C}_n^b[\boldsymbol{I}+(\boldsymbol{\phi}^n\times)]$ 为计算姿态矩阵；$\hat{\boldsymbol{C}}_b^m=\boldsymbol{C}_b^m[\boldsymbol{I}+(\delta\boldsymbol{\alpha}\times)]$ 为安装误差造成的转换矩阵。

将式（3－55）展开，忽略二阶小量可得

$$
\begin{aligned}
\hat{\boldsymbol{\Phi}}^m &= [\hat{\Phi}_x^m \quad \hat{\Phi}_y^m \quad \hat{\Phi}_z^m]^{\mathrm{T}} = \boldsymbol{C}_b^m[\boldsymbol{I} + (\delta\boldsymbol{\alpha}\times)]\boldsymbol{C}_n^b\{\boldsymbol{I} + (\phi^n\times)\}(\Phi^n + \phi^n) \\
&= \boldsymbol{\Phi}^m + [\boldsymbol{C}_b^m\boldsymbol{C}_n^b - \boldsymbol{C}_b^m\boldsymbol{C}_n^b(\Phi^n\times)]\phi^n - \boldsymbol{C}_b^m[(\boldsymbol{C}_n^b\Phi^n)\times]\delta\boldsymbol{\alpha}
\end{aligned}
\tag{3-56}
$$

令

$$
\begin{cases}
\boldsymbol{M}_5 = \boldsymbol{C}_b^m\boldsymbol{C}_n^b - \boldsymbol{C}_b^m\boldsymbol{C}_n^b(\boldsymbol{\Phi}^n\times) \\
\boldsymbol{M}_6 = -\boldsymbol{C}_b^m[(\boldsymbol{C}_n^b\boldsymbol{\Phi}^n)\times]
\end{cases}
\tag{3-57}
$$

综上，结合式（3－54）、式（3－56）、式（3－57）可得观测矩阵 $\boldsymbol{H}_3$：

$$
\boldsymbol{H}_3 = \begin{bmatrix}
\boldsymbol{M}_5(1,:) & \boldsymbol{0}_{1\times3} & \multirow{2}{*}{$\boldsymbol{O}_{2\times9}$} & \boldsymbol{M}_6(1,1) & \boldsymbol{M}_6(1,3) & \boldsymbol{0}_{1\times3} \\
\boldsymbol{M}_5(2,:) & \boldsymbol{0}_{1\times3} & & \boldsymbol{M}_6(2,1) & \boldsymbol{M}_6(2,3) & \boldsymbol{0}_{1\times3}
\end{bmatrix}
\tag{3-58}
$$

至此，所有观测量建立完毕。

将 $\boldsymbol{Z}_1$、$\boldsymbol{Z}_2$、$\boldsymbol{Z}_3$ 合并，建立观测方程：

$$
\boldsymbol{Z} = \boldsymbol{H}\boldsymbol{X} + \boldsymbol{V}
\tag{3-59}
$$

式中，观测量 $\boldsymbol{Z} = [\boldsymbol{Z}_1^{\mathrm{T}} \quad \boldsymbol{Z}_2^{\mathrm{T}} \quad \boldsymbol{Z}_3^{\mathrm{T}}]^{\mathrm{T}}$；观测矩阵为 $\boldsymbol{H} = [\boldsymbol{H}_1^{\mathrm{T}} \quad \boldsymbol{H}_2^{\mathrm{T}} \quad \boldsymbol{H}_3^{\mathrm{T}}]^{\mathrm{T}}$；$\boldsymbol{V}$ 为量测噪声。

在得到状态空间方程后，利用 Kalman 滤波进行估计，得出系统状态变量 $\boldsymbol{X}$ 的最优值，其中包括失准角，进而完成动基座精对准的任务。

3.2.4　试验验证

3.2.1 小节中验证部分是在不考虑加速度计零偏的前提下进行的，但在实际应用过程中加速度计零偏不可能为零，且加入了惯性器件误差和车辆行驶过程中的方位角。为验证所提方法在实际应用中是否可行，特做以下试验。整个试验分为晃动补偿验证、Allan 方差分析、粗对准和精对准四个部分。

1. 晃动补偿验证

在场区内选择一条长约 1 km 的平直公路。试验开始前预热车载惯导，然后以 5 km/h 的速度匀速行驶不少于 120 s，实时记录三个方向的加速度和角速度信息。车载惯导加速度计零偏为 30 μg，陀螺常值漂移为 0.01°/h。当地坐标约为北纬 37°、东经 112°，道路偏离正北方向约 30°，车辆从东南向西北行驶。由于发动机振动会引起车体高频的线振动，从而影响加速度计信息。为消除线振动，利用多级低通 FIR（有限冲激响应）数字滤波器将高频的扰动加速度信息滤除，只保留低频重力加速度矢量。

利用晃动补偿方法对加速度信息进行解算，得到相应的角速度信息，并与陀螺信息进行对比，结果如图 3－9 和图 3－10 所示。图 3－9（a）和图 3－10（a）

中幅值较大曲线为试验过程中采集的两个方向陀螺信息，幅值较小曲线为利用加速度信息补偿后的陀螺信息；图 3－9（b）和图 3－10（b）为图 3－9（a）和图 3－10（a）中补偿后陀螺信息的放大图。

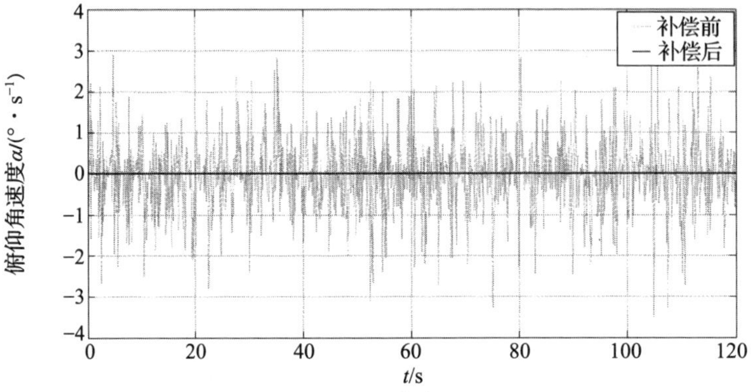

（a）

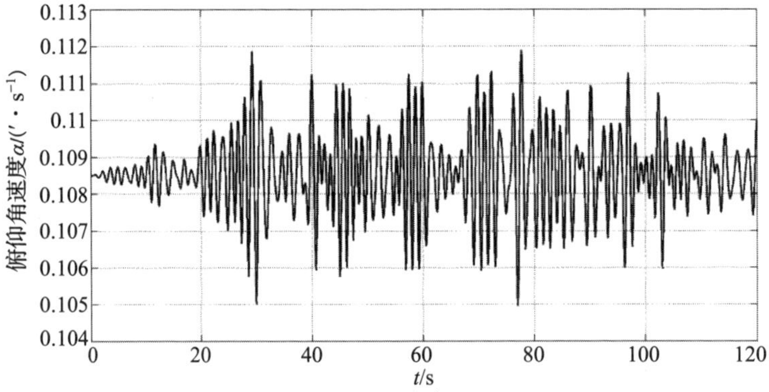

（b）

图 3－9　补偿前后俯仰角速度 2

（a）补偿前后俯仰角速度对比；（b）补偿后俯仰角速度

试验结果表明，在匀速直线行驶时，俯仰角速度的变化范围是 －4 ~ 3°/s，经过补偿后，俯仰角速度的大致范围变为 0.106 ~ 0.111′/s（6.36 ~ 6.66°/h）。相比俯仰角速度，横滚角速度的曲线起伏更大，经过补偿横滚角速度的范围由 －5 ~ 4°/s 变为 0.184 ~ 0.191′/s（11.04 ~ 11.46°/h）。

补偿后两个方向的角速度的平均值分别为 0.108 5′/s（6.51°/h）和 0.188 0′/s（11.28°/h）。结合试验条件中的位置信息，不难看出上述平均角速度是地球自转角速度在载体系内的投影量。将补偿后两个方向的角速度变化范围减去上述两个平均角速度，可得到晃动误差变化范围 －0.15 ~ 0.15°/h、－0.24 ~ 0.18°/h，晃动误差的绝对值均小于 0.25°/h。与 3.2.1 小节 1. 中的

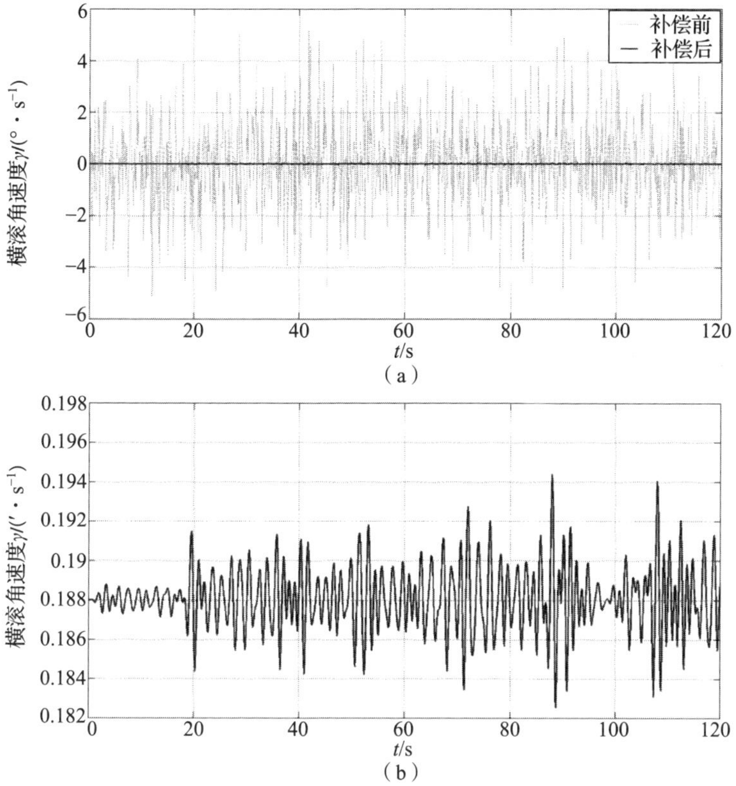

图 3-10 补偿前后横滚角速度 2

(a) 补偿前后俯仰角速度对比；(b) 补偿后俯仰角速度

结论进行对比，说明在有小角度晃动的情况下，经过加速度计信息补偿过后的陀螺信息可用来进行传统解析式粗对准。

将试验结果与可行性验证结果进行对比，所得到的两个方向晃动误差幅值分别增大了 20 倍和 5 倍。造成这种结果的原因主要为：①试验过程中加速度计零偏不为零；②加入了惯性器件误差；③在车辆行驶过程中存在偏航误差等不确定性因素；④惯性器件的安装误差等。

2. Allan 方差分析

为进一步验证晃动补偿方法的有效性，通过 Allan 方差对 1. 中所采集的补偿前后陀螺数据进行分析。在图 3-11 中，左侧三幅图自上而下分别为补偿前 *X*、*Y*、*Z* 三个方向陀螺信号的双对数曲线，右侧为补偿后三个方向陀螺信号的双对数曲线。图中的虚线为通过 Allan 方差得到的双对数曲线，实线为相应的最小二乘拟合结果。

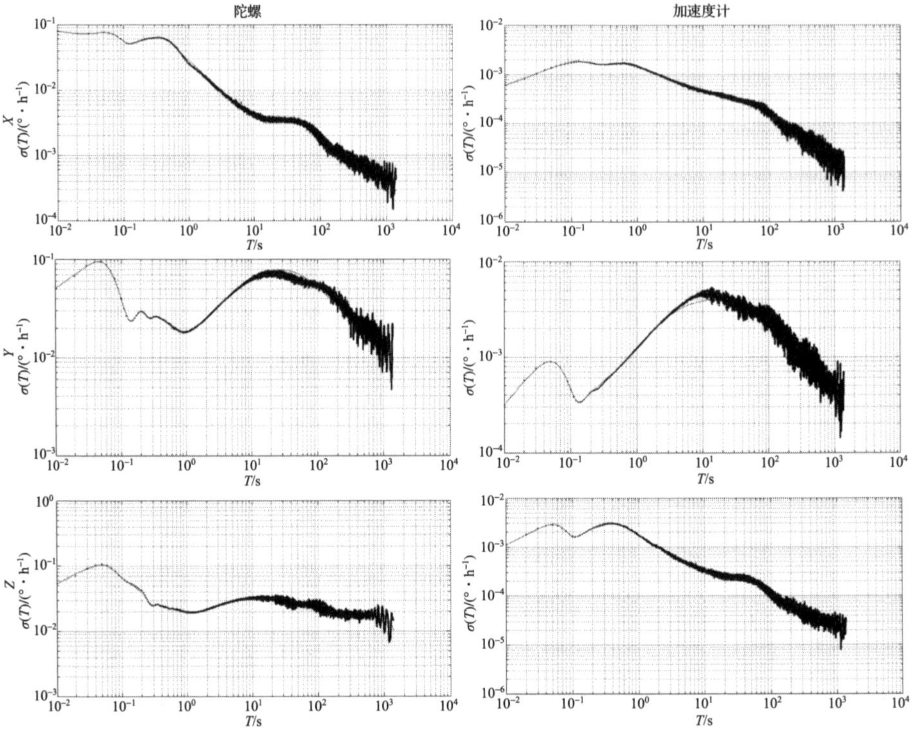

图 3－11　晃动补偿前后陀螺信号的双对数曲线

从图 3－11 可看出，*X* 方向的陀螺主要表现为斜率 －1/2 ~ 1/2（0.01 ~ 1 s）、斜率 －1（1 ~ 10 s）、斜率 －1/2（10 ~ 80 s）、斜率 －1（80 ~ 1 500 s），*Y* 方向的陀螺主要表现为斜率 1（1 ~ 20 s）、 －1（ >50 s），*Z* 方向的陀螺补偿前主要表现为斜率 0 ~ 1/2（1 ~ 1 000 s）、斜率 －1（ >1 000 s），而补偿后主要表现为斜率 －1 ~ －1/2（1 ~ 1 000 s）、斜率 －1（ >1 000 s）。结果表明，*X*、*Y* 方向上补偿前后两条双对数曲线的变化趋势相似，只是在幅值上有较大差别；*Z* 方向的主要影响因素由偏值不稳定性、角度随机游走、角速率随机游走和量化噪声变成了角度随机游走和量化噪声，幅值的降低和影响因素种类的减少说明了晃动补偿方法的有效性。

下面对具体数据进行分析，表 3－1 和表 3－2 分别为补偿前后的陀螺Allan 方差分析数据。

分析表 3－1 和表 3－2 中的数据，可看出三个方向陀螺的噪声系数普遍减小了两个到三个数量级，进一步说明了晃动补偿方法可以有效抑制晃动噪声对陀螺输出的影响。

表 3－1　补偿前的陀螺 Allan 方差分析数据

陀螺编号	Q/μrad	N/(°·$\sqrt{\text{h}}^{-1}$)	B/(°·h^{-1})	K/(°·h$^{-3/2}$)	R/(°·h^{-2})
X	0. 080 650 04	0. 000 974 36	0. 086 343 83	0. 780 096 73	0. 318 360 61
Y	0. 031 103 50	0. 001 335 87	0. 023 401 11	0. 513 262 67	0. 916 202 14
Z	0. 201 097 48	0. 005 323 27	0. 036 799 25	1. 084 906 55	1. 088 152 72

表 3－2　补偿后的陀螺 Allan 方差分析数据

陀螺编号	Q/μrad	N/(°·$\sqrt{\text{h}}^{-1}$)	B/(°·h^{-1})	K/(°·h$^{-3/2}$)	R/(°·h^{-2})
X	0. 000 033 96	0. 000 009 45	0. 000 413 88	0. 001 504 52	0. 001 793 01
Y	0. 000 034 67	0. 000 011 04	0. 004 421 65	0. 015 185 79	0. 017 678 06
Z	0. 000 049 42	0. 000 013 90	0. 000 336 40	0. 001 243 69	0. 001 494 87

3. 粗对准

开展实车试验，对该方法进行详细测试，图 3－12 是从卫星数据中获取的本次试验的经纬度数据。

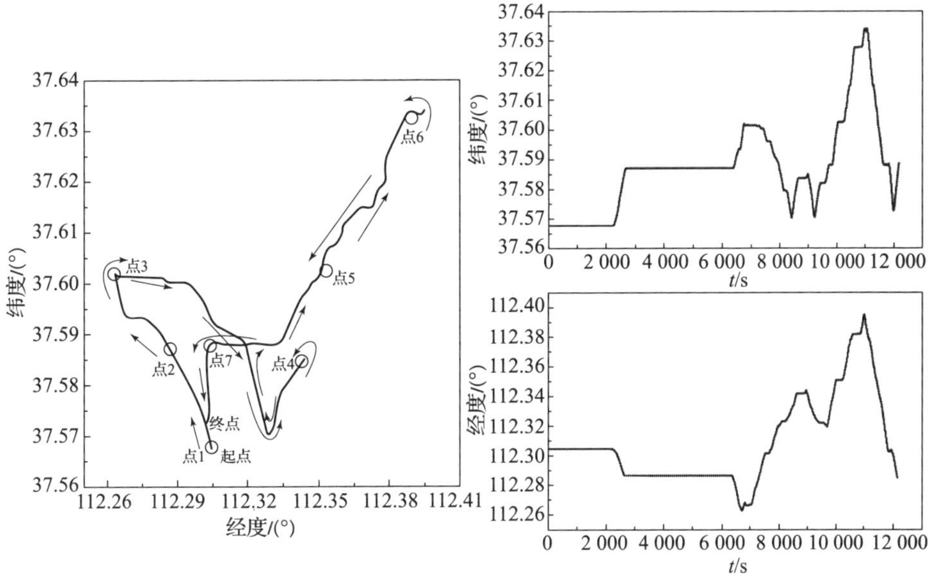

图 3－12　经纬度数据

经过对路径的提前挑选和设计，共 7 个停车点，每两点间隔 3 ~ 8 km，每段路程的开始阶段都有一段长度约为 1.5 km 的平直公路，试验过程如下：

（1）点 1 设定为车库，在点 1 到点 2 的过程中对车载设备进行预热。

（2）在经过预先选定的平直道路时，以 5 km/h 的速度行驶并进行十次粗对准。

（3）到达下一个点时，重启惯导系统。

（4）重复（2）~（3）五次。

（5）在对数据处理时，取每十次失准角的均方根作为每阶段对准的最终失准角，并将结果与动基座条件下惯性系粗对准的结果进行对比。

图 3 – 13 为平直公路的跑车过程，图 3 – 14 为便携式数据采集系统。

图 3 – 13　平直公路的跑车过程

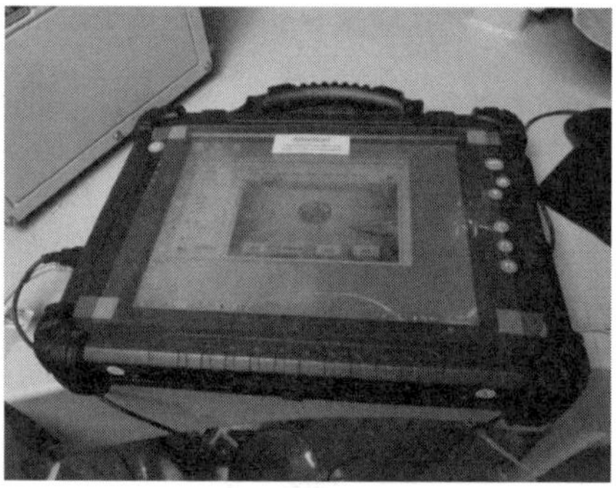

图 3 – 14　便携式数据采集系统

表 3 – 3 为车载惯导的直接输出转换在大地坐标系下的数据，利用经过补偿后的信息，进行解析式粗对准的结果的精度与惯性系对准结果精度基本相当，且部分高于惯性系对准，进一步说明晃动补偿方法隔离晃动干扰的有效性。另外，在有相同对准精度需求的情况下，惯性系对准对器件精度的要求要

高于解析式对准，所以方法二对器件精度的要求相对较低，这就降低了惯导系统的成本，提高了计算效率，使传统解析式粗对准在动基座条件下得到有效运用。

表 3－3　两种粗对准方法的误差对比

大地坐标系	经度/(°)	纬度/(°)	方法一：惯性系粗对准/mil			方法二：晃动补偿后解析式粗对准/mil		
			ϕ_E	ϕ_N	ϕ_U	ϕ_E	ϕ_N	ϕ_U
点 1	112.304	37.568						
点 2	112.287	37.587	0.458 7	0.146	1.768 3	1.021	0.27	3.498 4
点 3	112.263	37.601	0.469 5	0.581	1.379 5	0.695	0.876	2.880 8
点 4	112.342	37.584	1.064 4	0.372	3.803 0	1.097	0.297	**3.660 3**
点 5	112.350	37.602	1.4052	0.446	4.328 6	0.554	0.68	2.477 5
点 6	112.389	37.634	0.742 6	0.393	2.078 4	0.493	0.504	2.563 8
点 7	112.303	37.588	1.129 0	0.525	3.721 7	0.69	0.384	2.226 1

4. 精对准

精对准在粗对准之后进行，机动方式与粗对准相同。与之不同的是在精对准之前需要对加速度计信息进行滤波处理，过程如下。

晃动补偿方法是基于加速度计信息提出的，量测过程中加速度计必然受到外界噪声的干扰而产生高频振动，势必对算法的精度造成不利影响，而精对准需要通过加速度计推导出相对精确的加速度计信息，因此有必要在初始对准之前对加速度计信息进行预处理。通过第 2 章的分析结果可知，外界扰动的频率通常在 0.5 Hz 以上，所以只需利用低通滤波器便能将外界高频噪声去除，从而得到相对准确的加速度计信息。

考虑到 FIR 的时间延迟量可以通过精确的计算得到，弥补了其实时性不高的缺点，满足初始对准对数据准确性的要求，所以选用 FIR 滤波器对加速度计信号进行预处理。另外，FIR 滤波器具有单位抽样响应有限长的特点，稳定性可以得到保证，且过滤信号可以通过快速傅里叶变换方法实现，由此可以进一步提高算法运行效率。

由于多级抽取的级联滤波方案可以降低系统阶次，提高计算效率，但是分级滤波器在运行过程中会降低数据的输出频率，对分析过程产生不利影响，结合第 2 章中对晃动基座影响的分析结果，采用单级滤波器的形式进行滤波分析，具体指标如下：

设定阻带起始频率为 0.5 Hz；通带截止频率为 0.02 Hz；阻带衰减为 40 dB；通带波纹为 0.005 dB。利用 Matlab/fdatool 提供的设计工具，采用等波纹法进行滤波器设计，滤波器阶数为 660。

针对上述试验中三个方向的加速度信息，利用 FIR 滤波器进行预处理，处理结果如图 3－15 所示，其中实线为滤波前信号，虚线为滤波后信号。显然，滤波预处理有效提高了比力信号的信噪比。

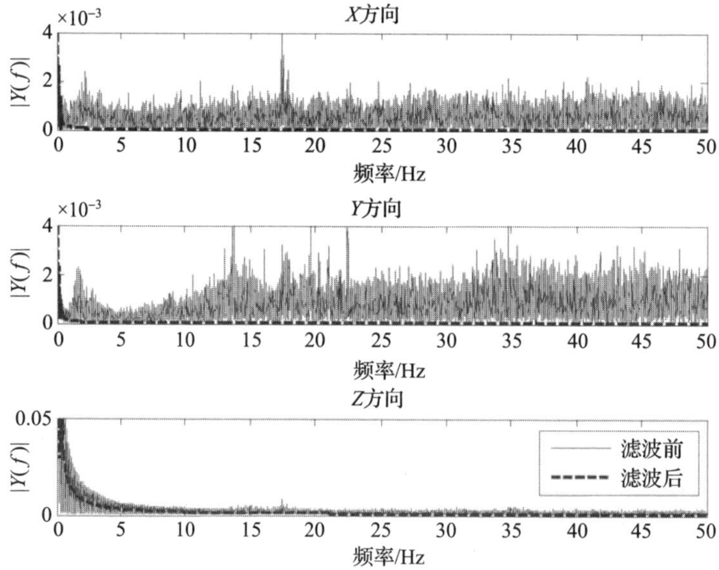

图 3－15　滤波前后比力信号频谱图

表 3－4 为精对准误差，相比粗对准精度有了较大提高，达到了精对准的目的。

总的来说，晃动补偿方法在粗对准和精对准过程中扮演着不同的角色。在粗对准过程中，晃动补偿方法将未知的扰动信息从陀螺信号中剔除，得到了较为准确的地球自转信息；在精对准过程中，晃动补偿方法借助 FIR 滤波得到了姿态基准，为精对准提供了姿态观测量，仿真和试验结果均验证了该方法的有效性。

表 3-4 精对准误差 单位：mil

姿态角	ϕ_E	ϕ_N	ϕ_U
误差	0.125 1	0.079 3	0.126 1
	0.209 4	0.074 5	0.527 8
	-0.153 2	0.083 6	**0.728 4**
	-0.067 7	0.062 6	0.423 1
	0.046 2	0.063 4	0.323 0
	0.052 1	0.054 2	0.925 1
RMS	0.124 1	0.070 4	0.572 2

3.3 基于晃动补偿的零速修正方法

在自主导航过程中，系统的精度会随时间的增长而急剧下降，当里程计信息不可采用时，零速修正技术可以有效抑制定位精度的下降，成为惯性导航领域不可或缺的一种误差抑制手段，已经广泛应用于各种军用车辆的导航过程中。目前，传统零速修正技术需要在载体停止时进行，频繁地停车对提高载体的机动性会造成很大影响，其效率已经不能满足现代化战争的需求。

传统的零速修正及其改进方法均以速度为观测量进行参数估计。而单一的观测量是不能同时满足滤波的精度和快速性的，在单一速度匹配模式下，参数的可观测度和收敛速度较组合匹配模式都相对较低，导致零速修正的精度和实时性不高。

本节在动态零速修正的基础上，利用晃动补偿方法获取载体两个方向的姿态角信息并作为基准，结合载体运动时两个方向的速度约束信息，组成了“速度+姿态”匹配模式，提出了一种改进量测的准动态零速修正方法，有效避免了频繁停车和观测量单一的问题。

3.3.1 传统零速修正方法

传统零速修正过程中，滤波的状态变量一般为姿态误差 $\boldsymbol{\phi}^n$、速度误差 $\delta\boldsymbol{v}_I^n$、位置误差 $\delta\boldsymbol{p}$、陀螺常值漂移 $\boldsymbol{\varepsilon}^b$ 和加速度计零偏∇^b，如下：

$$\boldsymbol{X}_1=[(\boldsymbol{\phi}^n)^{\mathrm{T}}\quad(\delta\boldsymbol{v}_I^n)^{\mathrm{T}}\quad(\delta\boldsymbol{p})^{\mathrm{T}}\quad(\boldsymbol{\varepsilon}^b)^{\mathrm{T}}\quad(\nabla^b)^{\mathrm{T}}]^{\mathrm{T}}\tag{3-60}$$

状态方程为

$$\dot{\boldsymbol{X}}_1=\boldsymbol{F}_1\boldsymbol{X}_1+\boldsymbol{W}_1 \tag{3-61}$$

式中，$\boldsymbol{F}_1$ 为根据误差方程建立的状态转移矩阵；$\boldsymbol{W}_1$ 为噪声。

在零速修正过程中，载体的实际速度为零，此时的惯导输出值为速度误差，所以观测方程可表达为

$$\boldsymbol{Z}_1=\delta\boldsymbol{v}_I^n=\boldsymbol{H}_1\boldsymbol{X}_1+\boldsymbol{V}_1 \tag{3-62}$$

式中，$\boldsymbol{H}_1$ 为观测方程；$\boldsymbol{V}_1$ 为观测噪声。$\boldsymbol{H}_1$ 可表达为

$$\boldsymbol{H}_1=[\boldsymbol{O}_{3\times3}\quad \boldsymbol{I}_{3\times3}\quad \boldsymbol{O}_{3\times9}] \tag{3-63}$$

传统的零速修正方法只能在载体静止的情况下进行。因为只有在载体静止时才能采集到观测值，进而进行 Kalman 滤波的量测更新，这与初始对准时采用的滤波方法类似。

由于捷联惯导系统缺少了机械稳定平台，所以载体在运动过程中会产生很多与载体振动相关的误差项。该类误差会使惯性器件误差以及对准误差随机变化，使得零速修正变得困难。另外传统的零速修正方法也极大地限制了载体的机动性。对于军用车辆而言，机动性是衡量其综合性能的重要指标之一。所以传统的零速修正方法并不能很好地适用于炮载定位定向系统的导航过程。

3.3.2 动态零速修正方法

利用车辆在行驶过程中右和上两个方向速度为零的特点，将上述两个方向上的速度输出作为观测量进行滤波估计：

$$\begin{cases}\boldsymbol{v}_x^m=0\\ \boldsymbol{v}_z^m=0\end{cases} \tag{3-64}$$

1. 模型建立

为保证算法的精度，在误差模型中考虑安装误差以及由安装误差带来的杆臂误差。重新定义 m 为车体坐标系，b 为惯组坐标系，则速度 $\hat{\boldsymbol{v}}_I^n$ 在 m 系内的投影为

$$\hat{\boldsymbol{v}}_I^m=\hat{\boldsymbol{C}}_b^m\hat{\boldsymbol{C}}_n^b\hat{\boldsymbol{v}}_I^n+\boldsymbol{\omega}_{eb}^b\times\boldsymbol{L}^b \tag{3-65}$$

式中，$\hat{\boldsymbol{C}}_n^b=\boldsymbol{C}_n^b[\boldsymbol{I}+(\boldsymbol{\phi}^n\times)]$ 为计算姿态矩阵；$\hat{\boldsymbol{C}}_b^m=\boldsymbol{C}_b^m[\boldsymbol{I}+(\delta\boldsymbol{\alpha}\times)]$ 为安装误差造成的转换矩阵，$\delta\boldsymbol{\alpha}=[\delta\alpha_\theta\quad 0\quad \delta\alpha_\psi]^{\mathrm{T}}$，$\delta\alpha_\theta$ 为俯仰安装误差角，$\delta\alpha_\psi$ 为方位安装误差角；$\boldsymbol{L}^b$ 为杆臂。

将式（3-65）展开，忽略高阶小量可得

$$\begin{aligned}\hat{\boldsymbol{v}}_I^m &= \boldsymbol{C}_b^m[\boldsymbol{I}+(\delta\boldsymbol{\alpha}\times)]\boldsymbol{C}_n^b[\boldsymbol{I}+(\boldsymbol{\phi}^n\times)](\boldsymbol{v}^n+\delta\boldsymbol{v}_I^n)+\boldsymbol{\omega}_{eb}^b\times\boldsymbol{L}^b \\ &\approx \boldsymbol{C}_b^m\boldsymbol{C}_m^b\boldsymbol{v}^n+\boldsymbol{C}_b^m\boldsymbol{C}_n^b\delta\boldsymbol{v}_I^n+\boldsymbol{C}_b^m\boldsymbol{C}_n^b(\boldsymbol{\phi}^n\times)\boldsymbol{v}^n+\boldsymbol{C}_b^m(\delta\boldsymbol{\alpha}\times)\boldsymbol{C}_n^b\boldsymbol{v}^n+\boldsymbol{\omega}_{eb}^b\times\boldsymbol{L}^b \\ &= \boldsymbol{v}^m+\boldsymbol{M}_1\delta\boldsymbol{v}_I^n+\boldsymbol{M}_2\boldsymbol{\phi}^n+\boldsymbol{M}_3\delta\boldsymbol{\alpha}+\boldsymbol{M}_4\boldsymbol{L}^b\end{aligned} \tag{3-66}$$

$$\begin{cases}\boldsymbol{M}_1=\boldsymbol{C}_b^m\boldsymbol{C}_n^b \\ \boldsymbol{M}_2=-\boldsymbol{C}_b^m\boldsymbol{C}_n^b(\boldsymbol{v}^n\times) \\ \boldsymbol{M}_3=-\boldsymbol{C}_b^m(\boldsymbol{C}_n^b\boldsymbol{v}^n)\times \\ \boldsymbol{M}_4=\boldsymbol{\omega}_{eb}^b\times\end{cases} \tag{3-67}$$

将 $\delta\alpha_\theta$、$\delta\alpha_\psi$、$\boldsymbol{L}^b$ 扩充为状态变量，式（3－20）变为

$$\boldsymbol{X}_2=[(\boldsymbol{X}_1)^{\mathrm{T}}\quad\delta\alpha_\theta\quad\delta\alpha_\psi\quad(\boldsymbol{L}^b)^{\mathrm{T}}]^{\mathrm{T}} \tag{3-68}$$

视 $\delta\alpha_\theta$、$\delta\alpha_\psi$、$\boldsymbol{L}^b$ 为常数，则由车辆动力学约束得到的扩充状态方程为

$$\dot{\boldsymbol{X}}_2=\boldsymbol{F}_2\boldsymbol{X}_2+\boldsymbol{W}_2 \tag{3-69}$$

$$\boldsymbol{F}_2=\begin{bmatrix}\boldsymbol{F}_1 & \boldsymbol{O}_{15\times5} \\ \boldsymbol{O}_{5\times15} & \boldsymbol{O}_{5\times5}\end{bmatrix} \tag{3-70}$$

式中，$\boldsymbol{F}_2$ 为状态转移矩阵；$\boldsymbol{W}_2$ 为系统噪声。

由此可见 $\boldsymbol{F}_2$ 只是扩充的维数，并没有改变原有状态转移矩阵 $\boldsymbol{F}_1$ 中的元素，为仿真实现带来了很大方便。

利用式（3－64）构造观测量：

$$\boldsymbol{Z}_2=\hat{\boldsymbol{v}}_I^m-\boldsymbol{v}^m=\hat{\boldsymbol{v}}_I^m=\delta\boldsymbol{v}^m=[\delta\boldsymbol{v}_x^m\quad\delta\boldsymbol{v}_z^m]^{\mathrm{T}} \tag{3-71}$$

式中，$\delta\boldsymbol{v}_x^m$、$\delta\boldsymbol{v}_z^m$ 分别为计算速度在车体系 m 内投影的两个分量。

结合式（3－67）构造观测方程：

$$\boldsymbol{Z}_2=\boldsymbol{H}_2\boldsymbol{X}_2+\boldsymbol{V}_2 \tag{3-72}$$

$$\boldsymbol{H}_2=\begin{bmatrix}\boldsymbol{M}_2(1,:) & \boldsymbol{M}_1(1,:) & \multirow{2}{*}{$\boldsymbol{O}_{2\times9}$} & \boldsymbol{M}_3(1,1) & \boldsymbol{M}_3(1,3) & \boldsymbol{M}_4(1,:) \\ \boldsymbol{M}_2(3,:) & \boldsymbol{M}_1(3,:) & & \boldsymbol{M}_3(3,1) & \boldsymbol{M}_3(3,3) & \boldsymbol{M}_4(3,:)\end{bmatrix} \tag{3-73}$$

式中，$\boldsymbol{H}_2$ 为观测方程；$\boldsymbol{V}_2$ 为观测噪声；$\boldsymbol{M}_1$、$\boldsymbol{M}_2$、$\boldsymbol{M}_3$、$\boldsymbol{M}_4$ 的定义与式（3－67）相同。

由于安装角 α_θ、α_ψ 可视为小角度，所以 $\boldsymbol{C}_b^m$ 为单位矩阵，进而可以直接将 b 系的速度输出当作观测量：

$$\boldsymbol{Z}_2=[\delta\boldsymbol{v}_x^b\quad\delta\boldsymbol{v}_z^b]^{\mathrm{T}} \tag{3-74}$$

上述方法利用两个方向上的速度约束，建立了状态空间方程，此种约束被

称为不完全约束，由于观测量较少，系统的可观测度不会很高，会对滤波精度产生不利影响。

2. 可观测性分析

可观测性分析的主要目的是分析状态变量在可观测的情况下系统所处的状态，以及确定状态变量的可观测程度。判断状态变量是否可观测，通常利用建立系统可观测矩阵并判断其是否满秩的方法进行。而对状态变量进行可观测度分析时，通常利用 Kalman 滤波得到的协方差阵所对应的特征值和特征向量来表示，但是这种方法需要在滤波后进行，导致可观测度分析的工作量巨大。另外还有一种方法用来进行可观测度分析，就是对可观测矩阵进行奇异值分解，该方法可以在滤波前就确定各个状态变量的可观测程度，但是不能体现出各个状态变量之间的耦合关系，会导致得到的奇异值被当作有耦合关系的几个状态变量中的一个变量的可观测度，带来不必要的误差。由于 SVD 方法操作简单，可以用来验证其他可观测度分析方法的分析结果。

全局可观测分析方法不需要任何仿真过程，只需对建立好的状态空间方程进行理论分析即可，立足状态方程、观测方程及其微分形式。该方法在分析过程中充分考虑了各个状态变量之间的耦合关系，利用各个变量之间的物理关系，客观分析出在不同状态下状态变量的可观测性。采用全局可观测性分析方法，依次对 1. 中零速修正误差模型所包含的各个状态变量进行可观测分析。

1）$\delta\boldsymbol{p}$、$\boldsymbol{L}^b$、$\delta\boldsymbol{v}_x^b$、$\delta\boldsymbol{v}_z^b$ 可观测性分析

由于零速修正实质上是在 b 系内进行的速度观测，显然通过航位推算得到的位置误差 $\delta\boldsymbol{p}$ 是不可观测的。故零速修正是不能直接消除位置误差的，只能通过对速度误差 $\delta\boldsymbol{v}_I^n$ 不断地修正，来间接地抑制位置误差的增长。

对其余三个参数进行分析，为简化分析过程，认为 m 系和 b 系重合，即 $\boldsymbol{C}_b^m$ 为单位矩阵，通过式（3－66）可得

$$\begin{aligned}\delta\boldsymbol{v}_I^b &= \boldsymbol{C}_n^b\delta\boldsymbol{v}_I^n - \boldsymbol{C}_n^b(\boldsymbol{v}^n\times)\boldsymbol{\phi}^n - (\boldsymbol{C}_n^b\boldsymbol{v}^n)\times\delta\boldsymbol{\alpha} + \boldsymbol{\omega}_{eb}^b\times\boldsymbol{L}^b \\ &= \boldsymbol{C}_n^b\delta\boldsymbol{v}_I^n - \boldsymbol{v}^b\times\boldsymbol{\phi}^b - \boldsymbol{v}^b\times\delta\boldsymbol{\alpha} + \boldsymbol{\omega}_{eb}^b\times\boldsymbol{L}^b\end{aligned} \tag{3-75}$$

式中，$\boldsymbol{\phi}^b = \boldsymbol{C}_n^b\boldsymbol{\phi}^n$；$\boldsymbol{v}^b = \boldsymbol{C}_n^b\boldsymbol{v}^n$。

根据式（3－75），将式（3－74）展开可得

$$\boldsymbol{Z}_2 = \begin{bmatrix}\delta v_x^b - (\phi_z^b + \delta\alpha_\psi)v_y^b - \omega_z L_y^b + \omega_y L_z^b \\ \delta v_z^b - (\phi_x^b + \delta\alpha_\theta)v_y^b - \omega_y L_x^b + \omega_x L_y^b\end{bmatrix} \tag{3-76}$$

从式（3－76）可看出，当载体静止，即 $v_y^b = 0$，且 $\boldsymbol{\omega}_{eb}^b \approx 0$ 时，δv_x^b、δv_z^b 可直接观测，而 δv_y^b 在式（3－76）中没有体现，故在载体静止时 δv_y^n 不可观

测；当载体进行机动时，δv_x^b、δv_z^b 依旧可观测，但是其可观测度会受到其他误差参数分离程度的影响，如 δv_x^b 受到 ϕ_z^b 的制约，δv_z^b 受到 ϕ_x^b 的制约等。在车辆行驶过程中，俯仰 ϕ_x^b 和横滚 ϕ_y^b 的幅度较小，偏航 ϕ_z^b 的幅度较大，δv_z^b 受到 ϕ_x^b 的制约程度不会很大，δv_x^b 受到 ϕ_z^b 的制约程度会相对大一些。

需要指出的是，当惯组 X 轴指向东向和北向时，δv_x^b 分别对应 δv_E 和 δv_N，说明可以通过载体的转向对水平方向的速度误差进行估计。

当载体进行如静止、直线运动等没有角运动的机动时，$\boldsymbol{\omega}_{eb}^b \approx 0$，杆臂 $\boldsymbol{L}^b$ 不可观测；当载体进行横滚运动时，ω_y 会产生变化，此时 L_x^b、L_z^b 可观测；当载体进行俯仰或偏航运动时，ω_x、ω_z 会产生变化，此时 L_y^b 可观测。在行车过程中主要进行的是偏航运动，因此 L_y^b 的可观测度要高于 L_x^b 和 L_z^b。

2）δv_y^b、$\delta\alpha_\theta$、$\delta\alpha_\psi$ 可观测性分析

通过式（3－76）可知，δv_y^b 不能直接观测，两个安装误差 $\delta\alpha_\theta$、$\delta\alpha_\psi$ 和两个失准角 ϕ_x^b、ϕ_z^b 的可观测与否都与载体速度 v_y^b 有关，且导致速度误差 δv_I^b 的直接原因是失准角 ϕ^b，因此通过直接分析状态空间方程得到 δv_y^b 的可观测性较为困难，故需要对状态空间方程进行变形。对式（3－75）进行求导，并忽略二阶小量和地球自转带来的影响可得

$$\begin{aligned}
\delta\dot{\boldsymbol{v}}_I^b &= \dot{\boldsymbol{C}}_n^b\delta\boldsymbol{v}_I^n + \boldsymbol{C}_n^b\delta\dot{\boldsymbol{v}}_I^n - \dot{\boldsymbol{v}}^b\times\boldsymbol{\phi}^b - \boldsymbol{v}^b\times\dot{\boldsymbol{\phi}}^b - \dot{\boldsymbol{v}}^b\times\delta\boldsymbol{\alpha} + \dot{\boldsymbol{\omega}}_{eb}^b\times\boldsymbol{L}^b \\
&\approx -\boldsymbol{\omega}_{nb}^b\times\delta\boldsymbol{v}_I^b + \boldsymbol{C}_n^b(\boldsymbol{f}^n\times\boldsymbol{\phi}^n + \nabla^n) - \boldsymbol{C}_n^b(\boldsymbol{a}^n\times\boldsymbol{\phi}^n) - \boldsymbol{v}^b\times\dot{\boldsymbol{\phi}}^b - \boldsymbol{a}^b\times\delta\boldsymbol{\alpha} + \dot{\boldsymbol{\omega}}_{eb}^b\times\boldsymbol{L}^b \\
&= -\boldsymbol{\omega}_{nb}^b\times\delta\boldsymbol{v}_I^b + \boldsymbol{C}_n^b[(\boldsymbol{f}^n - \boldsymbol{a}^n)\times\boldsymbol{\phi}^n + \nabla^n] - \boldsymbol{a}^b\times\delta\boldsymbol{\alpha} + \dot{\boldsymbol{\omega}}_{eb}^b\times\boldsymbol{L}^b - \boldsymbol{v}^b\times\dot{\boldsymbol{\phi}}^b \\
&= -\boldsymbol{\omega}_{nb}^b\times\delta\boldsymbol{v}_I^b - \boldsymbol{a}^b\times\delta\boldsymbol{\alpha} + \boldsymbol{C}_n^b(-\boldsymbol{g}^n\times\boldsymbol{\phi}^n + \nabla^n) + \dot{\boldsymbol{\omega}}_{eb}^b\times\boldsymbol{L}^b - \boldsymbol{v}^b\times\dot{\boldsymbol{\phi}}^b
\end{aligned} \tag{3-77}$$

式中，$\dot{\boldsymbol{v}}^b = \boldsymbol{a}^b$。

将式（3－77）展开可得

$$\dot{\boldsymbol{Z}}_2 = \begin{bmatrix} \omega_z\delta v_y^b - \omega_y\delta v_z^b - a_y^b\delta a_\psi \\ \omega_y\delta v_x^b - \omega_x\delta v_y^b - a_y^b\delta a_\theta \end{bmatrix} + \begin{bmatrix} \rho_1 \\ \rho_3 \end{bmatrix} \tag{3-78}$$

式中，$\boldsymbol{\rho} = [\rho_1 \quad \rho_2 \quad \rho_3]^{\mathrm{T}} = \boldsymbol{C}_n^b(-\boldsymbol{g}^n\times\boldsymbol{\phi}^n + \nabla^n) + \dot{\boldsymbol{\omega}}_{eb}^b\times\boldsymbol{L}^b - \boldsymbol{v}^b\times\dot{\boldsymbol{\phi}}^b$。

从式（3－78）可看出，当载体进行变速运动时，a_y^b 会产生变化，此时两个安装误差 $\delta\alpha_\theta$、$\delta\alpha_\psi$ 可观测；当载体进行俯仰或偏航运动时，ω_x、ω_z 产生变化，此时 δv_y^b 可观测；当载体进行横滚运动时，ω_y 会产生变化，此时两个方向上的速度误差 δv_x^b、δv_z^b 可观测。结合 1）中的分析，前向速度误差 δv_y^b 只有在载体发生俯仰或偏航运动时才可观测，所以相比 δv_x^b 和 δv_z^b，δv_y^b 的可观测性较弱。

3）$\boldsymbol{\phi}^n$、∇^b、$\boldsymbol{\varepsilon}^b$ 可观测性分析

假设 δv_l^b、$\delta\boldsymbol{\alpha}$ 和 $\boldsymbol{L}^b$ 都已准确估计，且忽略 $\dot{\boldsymbol{\phi}}^b$ 的影响，可对式（3－77）进行简化：

$$\delta\dot{\boldsymbol{v}}_l^b \approx -\boldsymbol{C}_n^b(\boldsymbol{g}^n \times \boldsymbol{\phi}^n) + \nabla^b \tag{3-79}$$

由于在载体平稳行驶时，除方位失准角 ϕ_U 以外，另外两个方向的失准角 ϕ_E、ϕ_N 可以忽略不计，将式（3－79）简化可得

$$\dot{\boldsymbol{Z}}_2 \approx \begin{bmatrix} -g\phi_y^b + \nabla_x^b \\ \nabla_z^b \end{bmatrix} \tag{3-80}$$

从式（3－80）可看出，当载体静止或进行匀速直线运动时，纵向加速度计零偏∇_z^b可观测，且在忽略右向加速度计零偏∇_x^b的前提下，前向姿态误差 ϕ_y^b 可观测，其余状态变量均不可直接观测；当载体在三个方向上均有角运动时，通过2）的分析可知纵向速度误差 δv_y^b 可观测，则 $\delta\dot{v}_y^b$ 可观测，并且式（3－79）中矩阵 $\boldsymbol{C}_n^b$ 产生变化，此时水平失准角 ϕ_E、ϕ_N 可观测，∇_x^b、∇_y^b变得可分离。

另外，当惯组的 Y 轴与地理北向重合时，前向姿态误差 ϕ_y^b 与北向失准角 ϕ_N 相同，当惯组的 Y 轴与地理东向重合时，ϕ_y^b 与东向失准角 ϕ_E 相同。说明当车辆转弯时，水平失准角 ϕ_E、ϕ_N 可观测。

在式（3－79）和式（3－80）中，方位失准角 ϕ_U 始终不可观测，只能在 $\dot{\phi}_E$、$\dot{\phi}_N$ 可观测的前提下，利用姿态误差方程 $\dot{\boldsymbol{\phi}}^n = -\boldsymbol{\omega}_m^n \times \boldsymbol{\phi}^n + \delta\boldsymbol{\omega}_m^n - \boldsymbol{\varepsilon}^n$ 对 ϕ_U 进行估计。显然方位失准角 ϕ_U 的可观测性较弱，且 ϕ_U 与陀螺的常值漂移会产生耦合关系，这对 ϕ_U 的估计会造成较大影响。

综上所述，载体在三个方向上的角运动对状态变量的可观测性影响很大，只有安装误差角的可观测性取决于车辆是否进行变速运动。

3.3.3 改进量测的准动态零速修正

相比传统零速修正方法，利用动力学约束的零速修正方法解决了频繁停车和模型非线性的问题，但是仍然存在缺陷：观测量过少，导致载体需要做复杂运动时部分误差参数才变得可观测；没有前向速度的约束，在方位角保持不变的时间内，导航位置误差会不断增大。

为解决上述问题，提出一种改进量测的准动态零速修正方法。该方法的思想是基于3.2.1小节中晃动补偿方法和车辆动力学约束提出的，将利用加速度计信息得到的两个方向的姿态信息作为姿态基准，将其加入滤波方程的观测量中，可以达到丰富观测量、改善误差参数可观测度的目的。

1. 模型建立

建立误差模型：

$$\begin{aligned}\dot{\boldsymbol{X}}_3 &= \boldsymbol{F}_3\boldsymbol{X} + \boldsymbol{W}\\ \boldsymbol{Z}_3 &= \boldsymbol{H}_3\boldsymbol{X} + \boldsymbol{V}\end{aligned} \tag{3-81}$$

式中，状态变量 $\boldsymbol{X}_3$ 与式（3－68）中 $\boldsymbol{X}_2$ 相同，共20维，包括速度误差 $\delta\boldsymbol{v}_I^n$、姿态误差 $\boldsymbol{\phi}^n$、位置误差 $\delta\boldsymbol{p}$、陀螺常值漂移 $\boldsymbol{\varepsilon}^b$、加速度计零偏$\nabla^b$、安装误差 $\delta\boldsymbol{\alpha}$ 和安装杆臂 $\boldsymbol{L}_b$；$\boldsymbol{W}$、$\boldsymbol{V}$ 为互不相关的高斯白噪声；状态转移矩阵 $\boldsymbol{F}_3$ 与式（3－70）中 $\boldsymbol{F}_2$ 相同。下面重点说明观测矩阵 $\boldsymbol{H}$ 的构造过程。

首先，观测量包含两个方向速度误差和两个方向姿态误差，共4维，即

$$\boldsymbol{Z}_3 = [\hat{v}_x^m \quad \hat{v}_z^m \quad \hat{\phi}_x^m \quad \hat{\phi}_y^m]^{\mathrm{T}} = [\hat{v}_x^m \quad \hat{v}_z^m \quad \Phi_x^m - \alpha \quad \Phi_y^m - \gamma]^{\mathrm{T}} \tag{3-82}$$

式中，两个方向的速度误差观测量为惯组在 X 和 Z 方向实时的速度输出，与3.3.2小节中 $\boldsymbol{Z}_2$ 相同。$\boldsymbol{Z}_3$ 中剩余的两个观测量为3.2节中推导的两个方向的姿态角 α、γ 与当前惯导解算姿态角 Φ_x^m、Φ_y^m 之差所构成的姿态误差。当前惯导解算姿态角在车体系 m 内的投影为

$$\hat{\boldsymbol{\Phi}}^m = \hat{\boldsymbol{C}}_b^m\hat{\boldsymbol{C}}_n^b\hat{\boldsymbol{\Phi}}^n = \boldsymbol{C}_b^m[\boldsymbol{I} + (\delta\boldsymbol{\alpha}\times)]\boldsymbol{C}_n^b\{\boldsymbol{I} + (\boldsymbol{\phi}^n\times)\}(\boldsymbol{\Phi}^n + \boldsymbol{\phi}^n) \tag{3-83}$$

式中，$\boldsymbol{\Phi}^n$ 为姿态角；$\boldsymbol{\phi}^n$ 为失准角；$\hat{\boldsymbol{C}}_n^b = \boldsymbol{C}_n^b[\boldsymbol{I} + (\boldsymbol{\phi}^n\times)]$ 为计算姿态矩阵；$\hat{\boldsymbol{C}}_b^m = \boldsymbol{C}_b^m[\boldsymbol{I} + (\delta\boldsymbol{\alpha}\times)]$ 为安装误差造成的转换矩阵。

将式（3－83）展开，忽略二阶小量可得

$$\begin{aligned}\hat{\boldsymbol{\Phi}}^m &= [\hat{\boldsymbol{\Phi}}_x^m \quad \hat{\boldsymbol{\Phi}}_y^m \quad \hat{\boldsymbol{\Phi}}_z^m]^{\mathrm{T}} = \boldsymbol{C}_b^m[\boldsymbol{I} + (\delta\boldsymbol{\alpha}\times)]\boldsymbol{C}_n^b\{\boldsymbol{I} + (\boldsymbol{\phi}^n\times)\}(\boldsymbol{\Phi}^n + \boldsymbol{\phi}^n)\\ &= \boldsymbol{\Phi}^m + [\boldsymbol{C}_b^m\boldsymbol{C}_n^b - \boldsymbol{C}_b^m\boldsymbol{C}_n^b(\boldsymbol{\Phi}^n\times)]\boldsymbol{\phi}^n - \boldsymbol{C}_b^m[(\boldsymbol{C}_n^b\boldsymbol{\Phi}^n)\times]\delta\boldsymbol{\alpha}\end{aligned} \tag{3-84}$$

令

$$\begin{cases}\boldsymbol{M}_5 = \boldsymbol{C}_b^m\boldsymbol{C}_n^b - \boldsymbol{C}_b^m\boldsymbol{C}_n^b(\boldsymbol{\Phi}^n\times)\\ \boldsymbol{M}_6 = -\boldsymbol{C}_b^m[(\boldsymbol{C}_n^b\boldsymbol{\Phi}^n)\times]\end{cases} \tag{3-85}$$

综上，结合式（3－73）、式（3－82）、式（3－85）可得观测矩阵 $\boldsymbol{H}_3$：

$$\boldsymbol{H}_3 = \begin{bmatrix}\boldsymbol{M}_2(1,:) & \boldsymbol{M}_1(1,:) & \multirow{2}{*}{$\boldsymbol{O}_{2\times9}$} & \boldsymbol{M}_3(1,1) & \boldsymbol{M}_3(1,3) & \boldsymbol{M}_4(1,:)\\ \boldsymbol{M}_2(3,:) & \boldsymbol{M}_1(3,:) & & \boldsymbol{M}_3(3,1) & \boldsymbol{M}_3(3,3) & \boldsymbol{M}_4(3,:)\\ \boldsymbol{M}_5(1,:) & \boldsymbol{0}_{1\times3} & \multirow{2}{*}{$\boldsymbol{O}_{2\times9}$} & \boldsymbol{M}_6(1,1) & \boldsymbol{M}_6(1,3) & \boldsymbol{0}_{1\times3}\\ \boldsymbol{M}_5(2,:) & \boldsymbol{0}_{1\times3} & & \boldsymbol{M}_6(2,1) & \boldsymbol{M}_6(2,3) & \boldsymbol{0}_{1\times3}\end{bmatrix} \tag{3-86}$$

式中，$\boldsymbol{M}_{1\sim6}$的定义参见式（3－67）和式（3－85）。

由于安装角 α_θ、α_ψ 可视为小角度，所以 $\boldsymbol{C}_b^m$ 为单位矩阵，进而可以直接将 b 系的速度输出当作观测量：

$$\boldsymbol{Z}_3=[\hat{v}_x^b \quad \hat{v}_z^b \quad \hat{\phi}_x^b \quad \hat{\phi}_y^b]^{\mathrm{T}}=[\hat{v}_x^b \quad \hat{v}_z^b \quad \Phi_x^b-\alpha \quad \Phi_y^b-\gamma]^{\mathrm{T}} \tag{3-87}$$

上述方法是利用了两个方向上的速度误差和姿态误差建立的状态空间方程。与3.3.2小节中方法相比，丰富了观测量，使得载体进行简单的机动就能激励更多的误差参数，改善了误差参数的可观测度，对提高参数估计精度将十分有利。

2. 可观测性分析

仍旧对系统进行全局可观测性分析，即系数变化越大，则相关变量的可观测度越高。

1）$\delta\boldsymbol{p}$、$\boldsymbol{L}^b$、δv_x^n、δv_z^n、ϕ_x^b、ϕ_y^b 可观测性分析

为简化分析过程，依旧认为 m 系和 b 系重合，即 $\boldsymbol{C}_b^m$ 为单位矩阵，式（3－84）可简化为

$$\begin{aligned}\hat{\boldsymbol{\phi}}^b&=[\boldsymbol{C}_b^m\boldsymbol{C}_n^b-\boldsymbol{C}_b^m\boldsymbol{C}_n^b(\boldsymbol{\Phi}^n\times)]\boldsymbol{\phi}^n-\boldsymbol{C}_b^m[(\boldsymbol{C}_n^b\boldsymbol{\Phi}^n)\times]\delta\boldsymbol{\alpha}\\&=\boldsymbol{C}_n^b\boldsymbol{\phi}^n-\boldsymbol{\Phi}^b\times\boldsymbol{\phi}^b-\boldsymbol{\Phi}^b\times\delta\boldsymbol{\alpha}\end{aligned} \tag{3-88}$$

为便于理解，将式（3－75）重新写为

$$\delta\boldsymbol{v}_I^b=\boldsymbol{C}_n^b\delta\boldsymbol{v}_I^n-\boldsymbol{v}^b\times\boldsymbol{\phi}^b-\boldsymbol{v}^b\times\delta\boldsymbol{\alpha}+\boldsymbol{\omega}_{eb}^b\times\boldsymbol{L}^b \tag{3-89}$$

根据式（3－88）、式（3－89），对式（3－87）进行展开可得

$$\boldsymbol{Z}_3=\begin{bmatrix}\hat{v}_x^b\\ \hat{v}_z^b\\ \hat{\phi}_x^b\\ \hat{\phi}_y^b\end{bmatrix}=\begin{bmatrix}\delta v_x^b+\phi_y^b v_z^b-(\phi_z^b+\delta\alpha_\psi)v_y^b-\omega_z L_y^b+\omega_y L_z^b\\ \delta v_z^b-\phi_y^b v_x^b+(\phi_x^b+\delta\alpha_\theta)v_y^b-\omega_y L_x^b+\omega_x L_y^b\\ \phi_x^b+\phi_y^b\Phi_z^b-(\phi_z^b+\delta\alpha_\psi)\Phi_y^b\\ \phi_y^b+(\phi_z^b+\delta\alpha_\psi)\Phi_x^b-(\phi_x^b+\delta\alpha_\theta)\Phi_z^b\end{bmatrix} \tag{3-90}$$

与3.3.2小节“$\delta\boldsymbol{p}$、$\boldsymbol{L}^b$、δv_x^b、δv_z^b 可观测性分析”中结论相同，位置误差 $\delta\boldsymbol{p}$ 是不可观测的。故零速修正是不能直接消除位置误差的，只能通过对速度误差 $\delta\boldsymbol{v}_I^n$ 不断地修正来间接地抑制位置误差的增长。

由式（3－90）可知，当载体停止时，三个方向的速度 v_x^b、v_y^b、v_z^b 均为零，三个方向的角速度 ω_x、ω_y、ω_z 也均为零，此时 δv_x^b、δv_z^b 可直接观测，δv_y^n 依旧不可直接观测；ϕ_x^b、ϕ_y^b 可观测，但是受到当前载体姿态角 Φ_x^b、Φ_y^b、Φ_z^b 的影响，Φ_x^b、Φ_y^b 可视为小角度，Φ_z^b 通常为大角度，故 ϕ_z^b 几乎不可观测；ϕ_x^b、ϕ_y^b 的可观测性与 Φ_x^b、Φ_y^b 的相关项耦合关系较小，与 Φ_z^b 的相关项

ϕ_y^b、($\phi_x^b+\delta\alpha_\theta$) 分别会对 ϕ_x^b、ϕ_y^b 的可观测性造成较大影响，即载体当前方位姿态角较大时，ϕ_x^b 和 ϕ_y^b 之间会产生较大耦合关系。当载体进行机动时，δv_x^b、δv_z^b 的可观测性与3.3.2小节中 ϕ_x^b、ϕ_y^b 的可观测性与载体静止时基本相同，但在 Φ_z^b 发生变化时，将会对分离 ϕ_x^b、ϕ_y^b 起到很大帮助。当载体进行爬坡或者进行使车辆侧倾的机动时，Φ_x^b、Φ_y^b 会产生变化，此时 ϕ_z^b 变得可观测。另外，通过载体的转向对水平方向的速度误差依旧可以进行估计。当载体静止或做直线运动等没有角运动的机动时，杆臂 L^b 的可观测性与3.3.2小节中描述的相同。

2）δv_y^n、∇^b 可观测性分析

δv_y^n、∇^b 的可观测性与3.3.2小节中的分析结论相同。

3）$\delta\alpha_\theta$、$\delta\alpha_\psi$、$\boldsymbol{\varepsilon}^b$

对式（3-88）两边进行求导，忽略地球自转和二阶小量，可得

$$\begin{aligned}\dot{\hat{\boldsymbol{\phi}}}^b &= \dot{\boldsymbol{C}}_n^b\boldsymbol{\phi}^n+\boldsymbol{C}_n^b\dot{\boldsymbol{\phi}}^n-\dot{\boldsymbol{\Phi}}^b\times\boldsymbol{\phi}^b-\boldsymbol{\Phi}^b\times\dot{\boldsymbol{\phi}}^b-\dot{\boldsymbol{\Phi}}^b\times\delta\boldsymbol{\alpha}\\&=\dot{\boldsymbol{C}}_n^b\boldsymbol{\phi}^n+\boldsymbol{C}_n^b\dot{\boldsymbol{\phi}}^n-\boldsymbol{\omega}_{ib}^b\times\boldsymbol{\phi}^b-\boldsymbol{\Phi}^b\times\dot{\boldsymbol{\phi}}^b-\boldsymbol{\omega}_{ib}^b\times\delta\boldsymbol{\alpha}\\&=-(\boldsymbol{\omega}_{nb}^b\times)\boldsymbol{\phi}^b+\boldsymbol{C}_n^b\dot{\boldsymbol{\phi}}^n-(\boldsymbol{\omega}_{ib}^b\times)\boldsymbol{\phi}^b-(\boldsymbol{\Phi}^b\times)\boldsymbol{\phi}^b-(\boldsymbol{\Phi}^b\times)\boldsymbol{C}_n^b\dot{\boldsymbol{\phi}}^n-(\boldsymbol{\omega}_{ib}^b\times)\delta\boldsymbol{\alpha}\\&\approx(-\boldsymbol{\omega}_{nb}^b-\boldsymbol{\omega}_{ib}^b-\boldsymbol{\Phi}^b)\times\boldsymbol{\phi}^b+[(\boldsymbol{\Phi}^b\times)-\boldsymbol{I}]\boldsymbol{\varepsilon}^b-(\boldsymbol{\omega}_{ib}^b\times)\delta\boldsymbol{\alpha}\end{aligned}\tag{3-91}$$

令

$$\boldsymbol{A}=(-\boldsymbol{\omega}_{nb}^b-\boldsymbol{\omega}_{ib}^b-\boldsymbol{\Phi}^b)\times\tag{3-92}$$

显然 $\boldsymbol{A}$ 的对角线元素为零，结合式（3-77）、式（3-91），对式（3-87）变化可得

$$\begin{cases}\dot{\boldsymbol{Z}}_3(1:2)=\dot{\boldsymbol{Z}}_2\\ \dot{\boldsymbol{Z}}_3(3:4)=\begin{bmatrix}A_{12}\phi_y^b+A_{13}\phi_z^b-\varepsilon_x^n+\Phi_z^b\varepsilon_y^n-\Phi_y^b\varepsilon_z^n-\omega_y^b\delta\alpha_\psi\\A_{21}\phi_x^b+A_{23}\phi_z^b-\Phi_z^b\varepsilon_x^n-\varepsilon_y^n+\Phi_x^b\varepsilon_z^n-\omega_z^b\delta\alpha_\theta+\omega_x^b\delta\alpha_\psi\end{bmatrix}\end{cases}\tag{3-93}$$

单独分析 $\dot{\boldsymbol{Z}}_3$（3:4）可看出，当载体静止或做直线运动时，ω_{nb}^b 为零，此时 ϕ^b 中的三个元素均可观测，但是相互之间存在耦合关系，且会受到陀螺常值漂移的影响；当载体进行俯仰或横滚机动时，$\delta\alpha_\psi$ 变得可观测，Φ_x^b、Φ_y^b 发生变化，此时 ε_z^n 可观测；当 Φ_z^b 发生变化时，ε_x^n、ε_y^n 将变得可观测，且此时 $\boldsymbol{A}$ 是不断变化的，所以 ϕ_x^b、ϕ_y^b、ϕ_z^b 均可观测。结合捷联矩阵 $\boldsymbol{C}_n^b$，即可估计出 ϕ_E、ϕ_N、ϕ_U，这与1）中的分析结果一致。

对比3.3.2小节和3.3.3小节中的可观测性分析结果可得如下结论：

（1）在3.3.2小节的分析结果中，方位失准角 ϕ_U 始终不可观测；在3.3.3小节中，ϕ_U 可以在载体爬坡或者进行能使车辆侧倾的机动时得到激励，从而变得可观测。

（2）在3.3.2小节的分析结果中，陀螺常值漂移 $\boldsymbol{\varepsilon}^b$ 是不可观测的；在3.3.3小节中，只需载体姿态发生变化即可获得估计。

综上所述，在3.3.3小节中，由于新加入了两个观测量，原本可观测参数的可观测程度加强，部分不可观测的参数变得可观测，充分说明了改进量测的准动态零速修正方法的优越性。

3.3.4 仿真对比

为进一步说明改进量测的准动态零速修正的优越性，利用奇异值分解的方法对以上两种零速修正方法的可观测度进行仿真对比。为对三个方向上的惯组进行充分激励，使对比结果更加客观，设定如下仿真条件。

载体首先加速，之后匀速直线行驶，同时进行俯仰运动和横滚运动，然后改变方位角，在进行变速直线运动的同时进行俯仰运动和横滚运动，最后减速停车。反复进行上述运动，总时间为1 800 s，俯仰和横滚角运动的频率均为π/25，幅度为π/18，方位角变化值为π/2，初始纬度为30°，初始经度为180°，状态变量的初值设定为0，杆臂 L^b 取［2 3 2］m。

图3－16和图3－17分别为两种零速修正方法得到的各个参数的可观测度。每幅图中从上至下依次为状态变量 $\boldsymbol{X} = [\ (\boldsymbol{\phi}^n)^{\mathrm{T}}\quad (\delta \boldsymbol{v}_I^n)^{\mathrm{T}}\quad (\delta \boldsymbol{p})^{\mathrm{T}}\quad (\boldsymbol{\varepsilon}^b)^{\mathrm{T}}\quad (\nabla^b)^{\mathrm{T}}\quad \delta\alpha_\theta \delta\alpha_\psi\quad (\boldsymbol{L}^b)^{\mathrm{T}}]^{\mathrm{T}}$ 中的子项。

表3－5中的方法一为动态零速修正方法，方法二为改进量测的准动态零速修正方法。分析仿真结果可知：

（1）在方法一中，三个方向的失准角以及安装误差角均可观测，但可观测的程度不高；相比之下方法二中的失准角的可观测度就高出许多，说明姿态误差观测量的加入有利于上述误差参数的估计。

（2）两种方法中，位置误差始终不可观测，进一步证明了零速修正是不能直接消除位置误差的。

（3）方法一不可观测陀螺常值漂移，方法二则可较好地对其进行估计，与上文中的可观测分析结论一致。

（4）两种方法均可以对速度误差、加速度计零偏和杆臂误差进行良好估计。

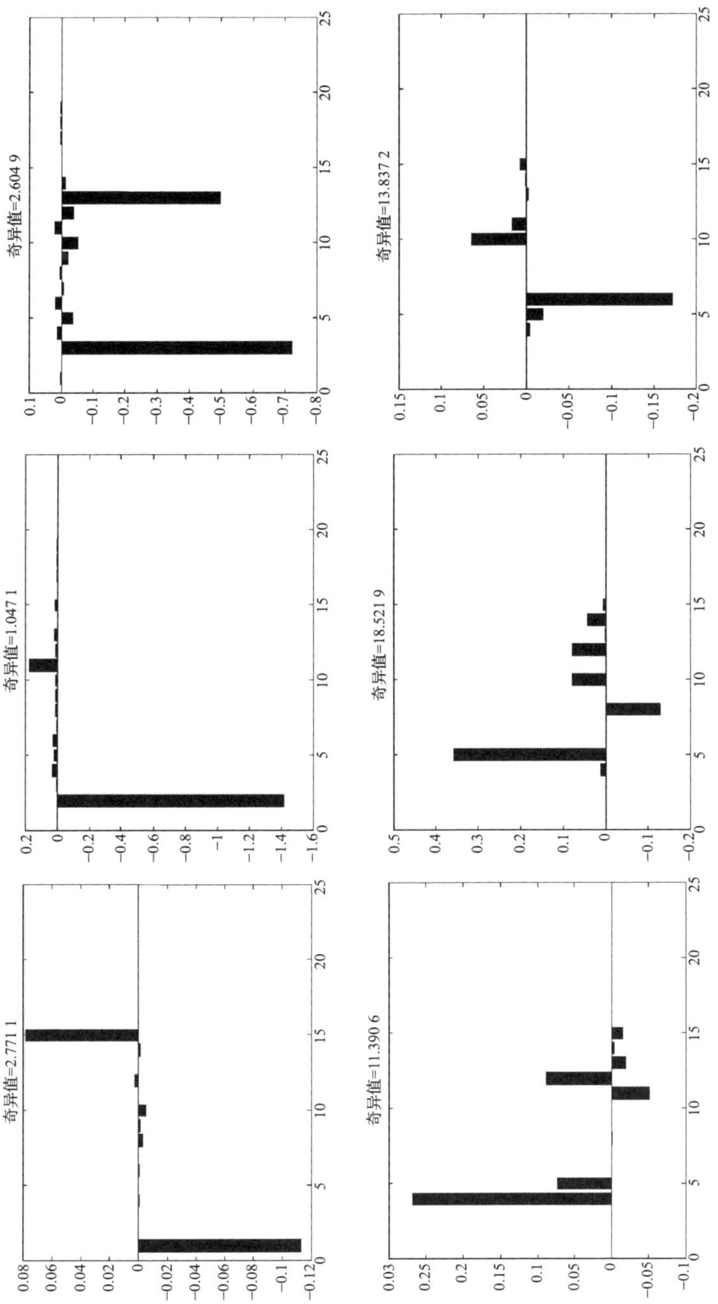

图 3-16　动态零速修正条件下各个参数的可观测度

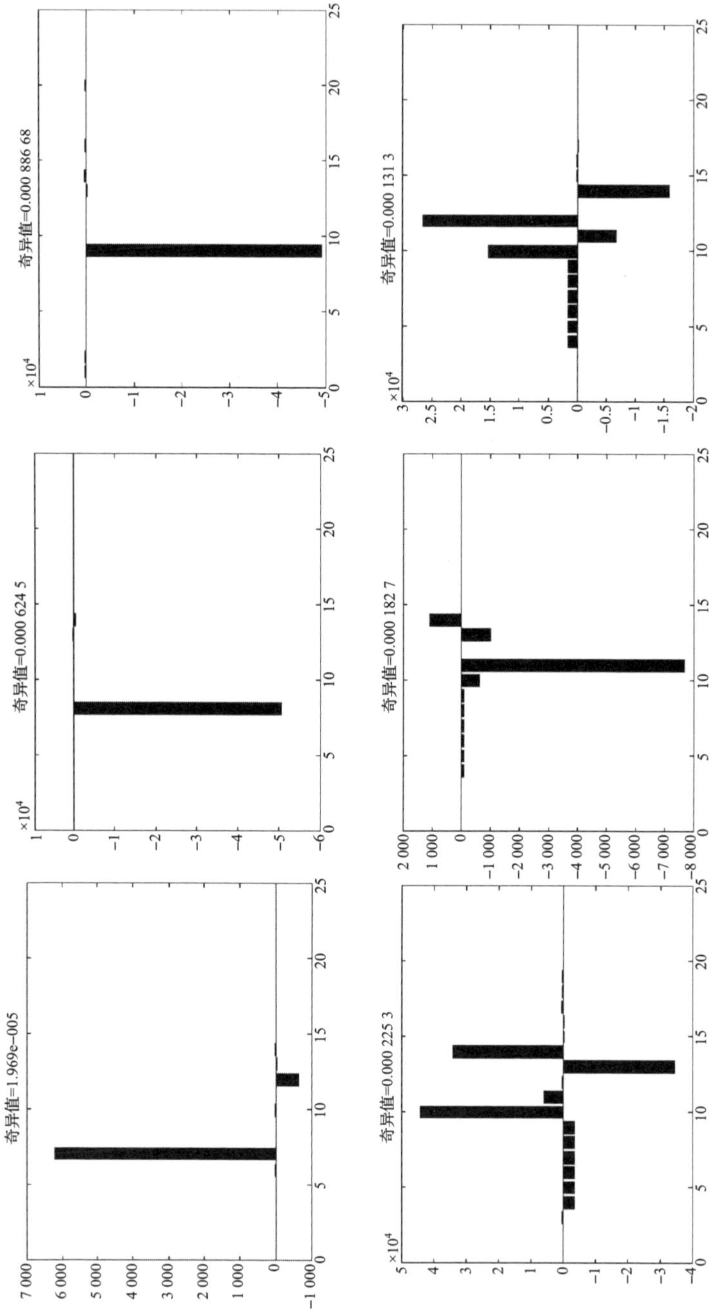

图 3-16 动态零速修正条件下各个参数的可观测度(续)

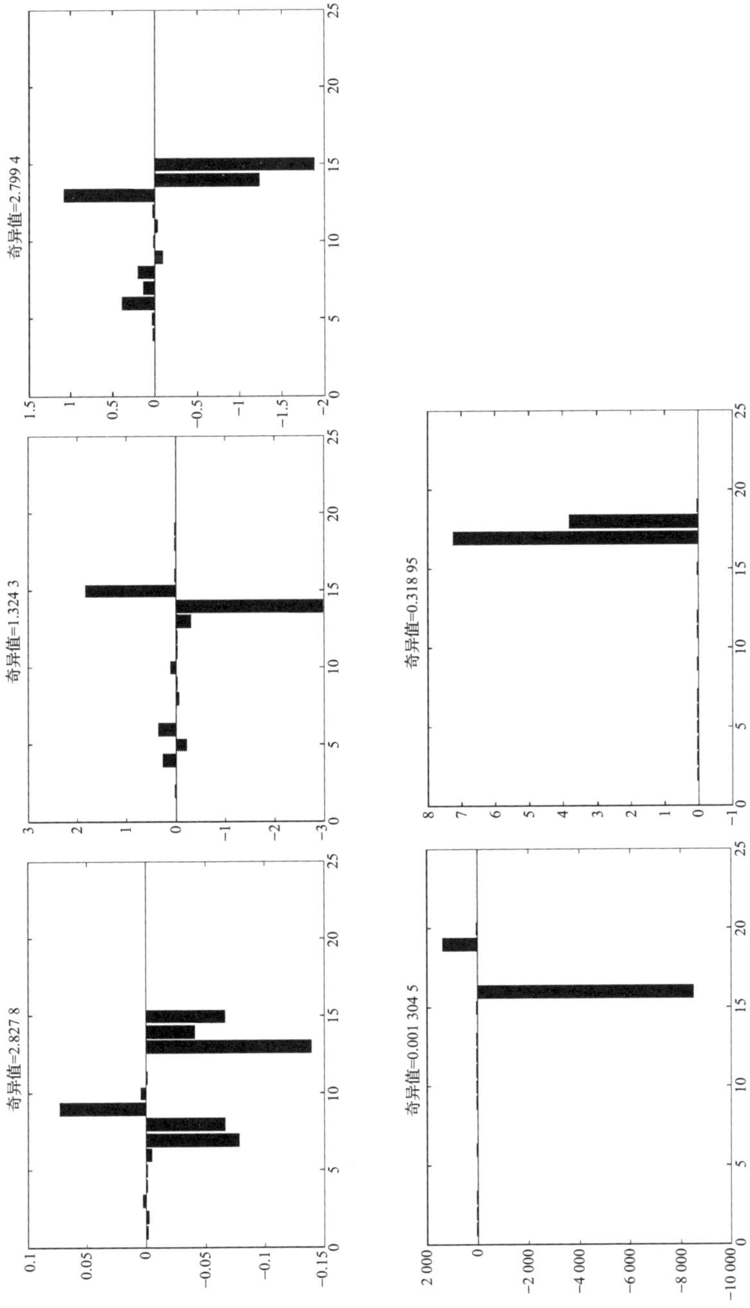

图 3 - 16　动态零速修正条件下各个参数的可观测度（续）

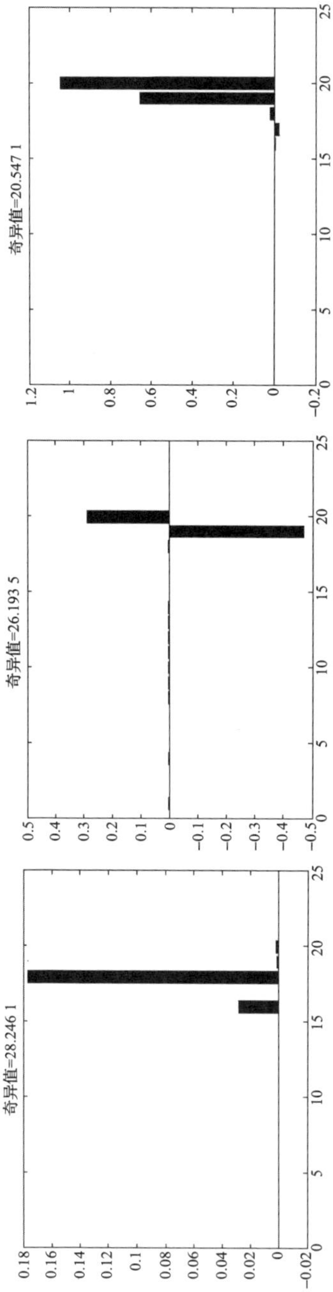

图 3-16 动态零速修正条件下各个参数的可观测度（续）

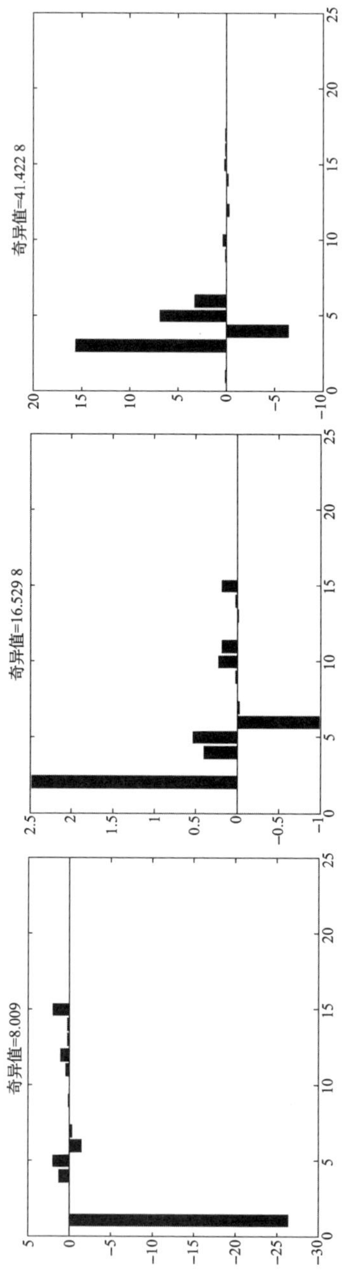

图 3-17 改进量测的准动态零速修正条件下各个参数的可观测度

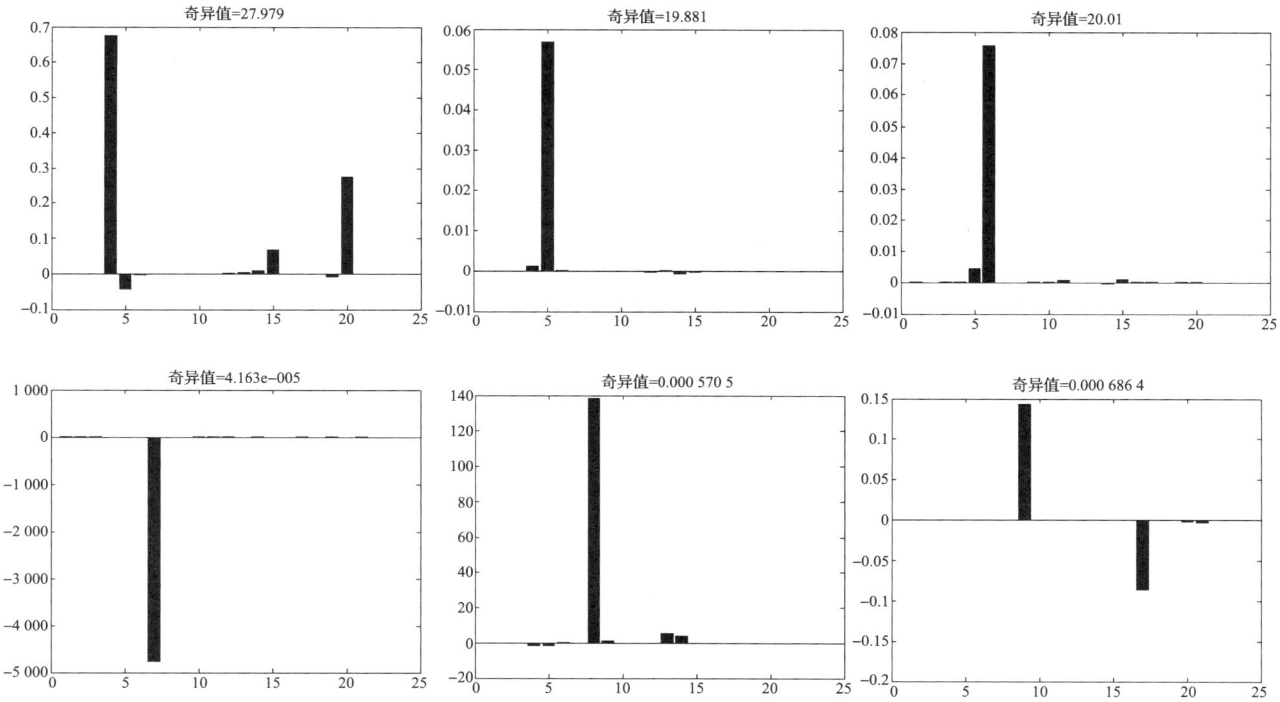

图 3-17　改进量测的准动态零速修正条件下各个参数的可观测度（续）

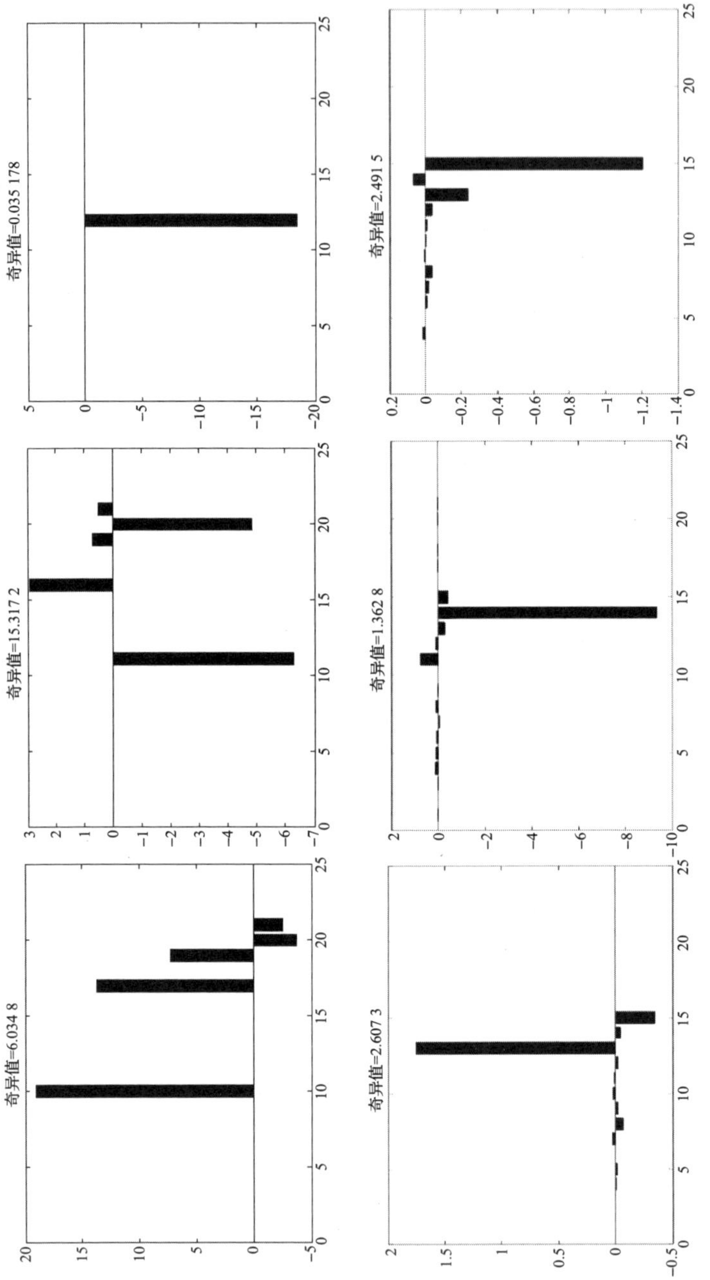

图 3-17 改进量测的准动态零速修正条件下各个参数的可观测度(续)

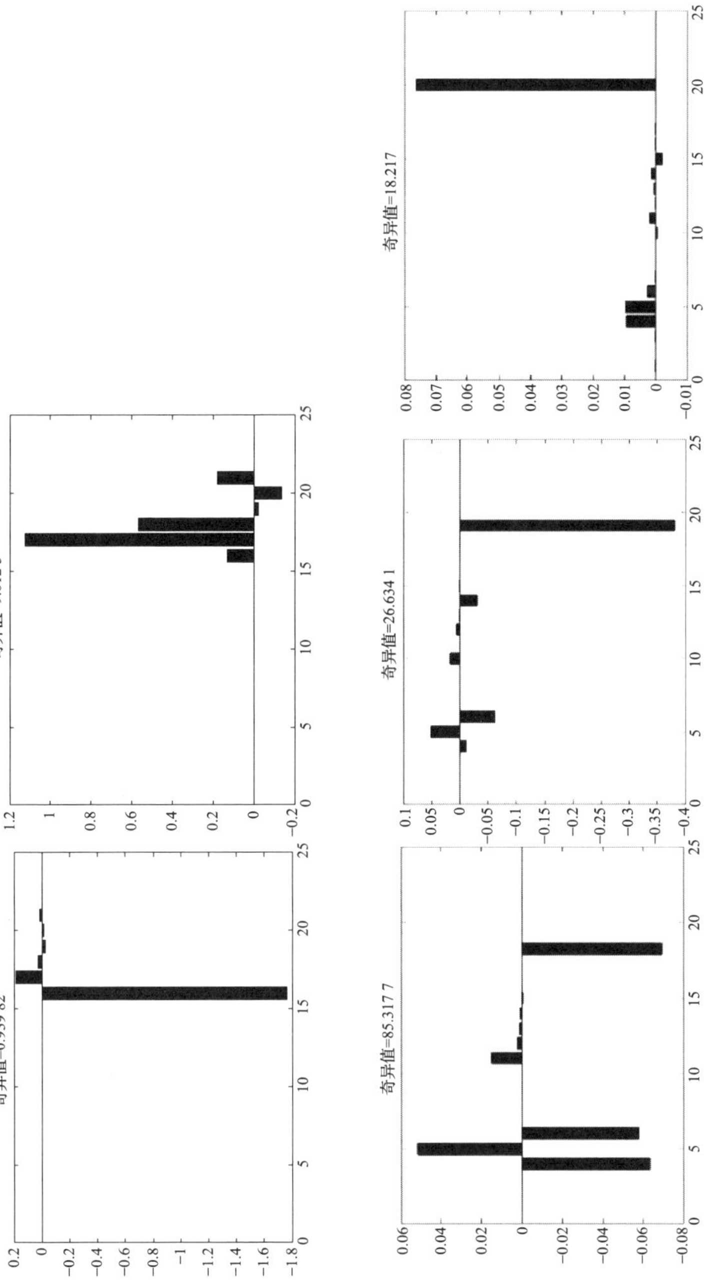

图 3-17　改进量测的准动态零速修正条件下各个参数的可观测度（续）

表 3-5　各参数奇异值

参数	ϕ_E	ϕ_N	ϕ_U	δv_E^n	δv_N^n	δv_U^n	δp_E	δp_N	δp_U	ε_x^b
方法一	2.771 1	1.047 1	2.604 9	11.390 6	18.521 9	13.837 2	1.969×10^{-5}	6.245×10^{-4}	8.867×10^{-4}	2.253×10^{-4}
方法二	8.009	16.529 8	41.422 8	27.979	19.881	20.01	4.163×10^{-5}	5.715×10^{-4}	6.864×10^{-4}	6.034 8
参数	ε_y^b	ε_z^b	∇_x^b	∇_y^b	∇_z^b	$\delta\alpha_\theta$	$\delta\alpha_\psi$	L_x^b	L_y^b	L_z^b
方法一	1.827×10^{-4}	1.313×10^{-4}	2.827 8	1.324 3	2.799 4	$1.304\ 5\times10^{-3}$	0.318 95	28.246 7	26.193 5	20.547 1
方法二	15.317 2	0.035 178	2.607 3	1.362 8	2.491 5	0.939 82	9.012 5	85.317 7	26.634 1	18.217

综上，改进量测的准动态零速修正方法可以通过增加观测量的方式来弥补动态零速修正方法对陀螺信息估计乏力的缺陷，从而有效提高动态行车过程中的定位精度。

3.3.5 试验验证

为验证所提方法在实际应用中的有效性，以某型自行火炮的炮载定位定向系统为对象，进行了以下对比试验。

跑车路径及详细信息如图 3－18 所示，跑车总时间为 1 h，数据采集时间为 2 137 s。

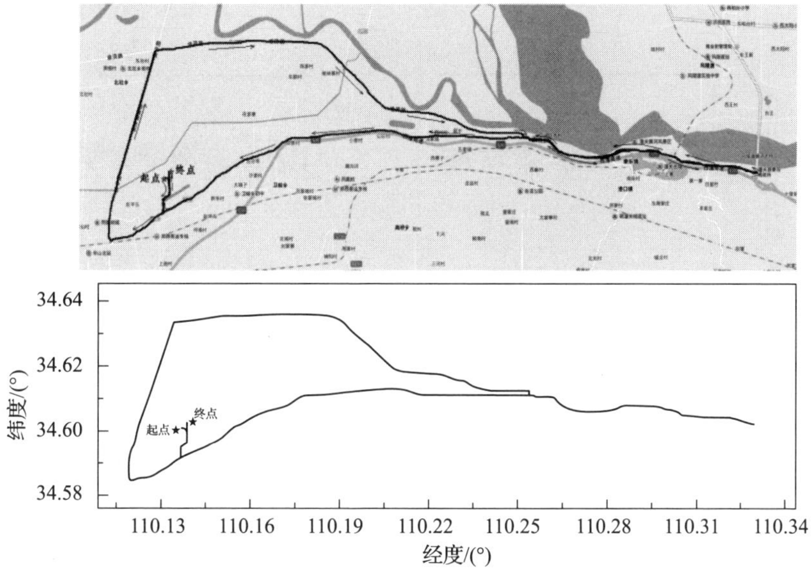

图 3－18 跑车路径及详细信息

为获取准确位置信息，在炮车外部搭载了卫星天线，如图 3－19 所示，数据记录和处理都由便携式数据采集系统进行，如图 3－20 所示。炮载惯导采用的是高精度惯导，陀螺漂移为 0.01°/h，加速度计零偏为 30 μ*g*。整个试验过程中不停车，载体在预先选定的路段里进行匀速直线运动。

由于发动机振动会引起车体高频的线振动，从而影响加速度计信息。所以为消除线振动，利用多级低通 FIR 数字滤波器将高频的扰动加速度信息滤除，结果如图 3－21 所示。数字滤波器的具体设计方案参考 3.2.4 小节。

图 3－21 为加速度计在导航系内的投影数据，其中 0～13 000 的部分为停车时的数据，其余部分为载体在做匀速直线运动时的加速度信息；可看出水平方向有部分数据稳定在零附近，天向数据则部分稳定在 9.800 803 附近。

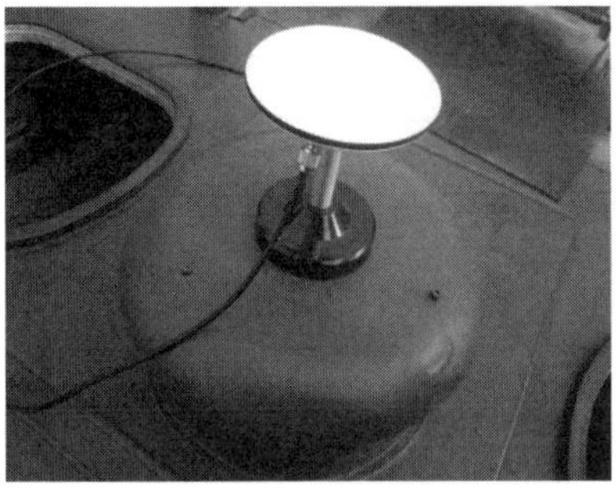

图 3-19　卫星天线

图 3-20　数据采集系统 1

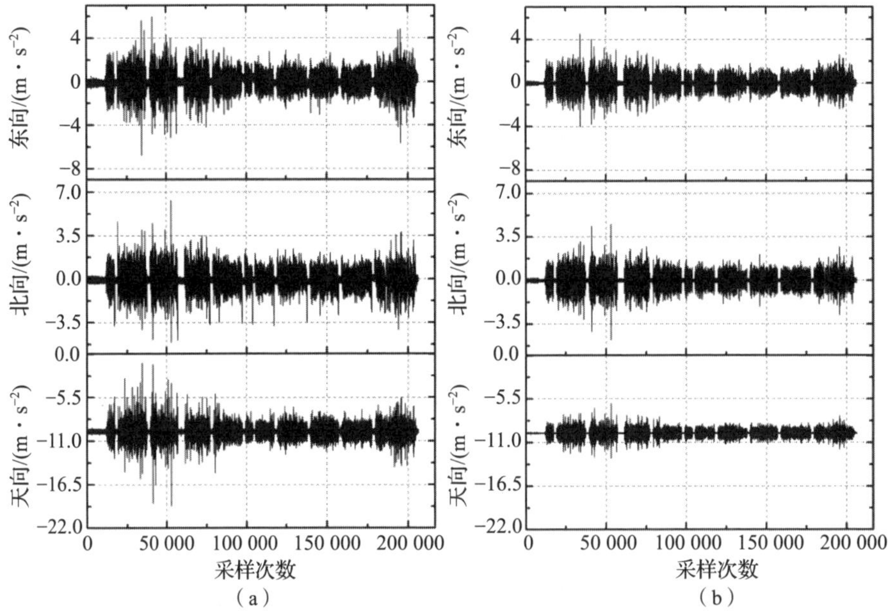

图 3-21　FIR 滤波前后加速度信息对比

(a) 滤波前；(b) 滤波后

为验证改进量测的准动态零速修正方法的有效性，将试验结果与动态零速修正方法所得结果进行对比。在图 3-22 和图 3-23 中，最上面为惯导系统单独导航时的位置误差，中间为加入动态零速修正后的位置误差，最下面为加入改进量测的准动态零速修正后的位置误差。

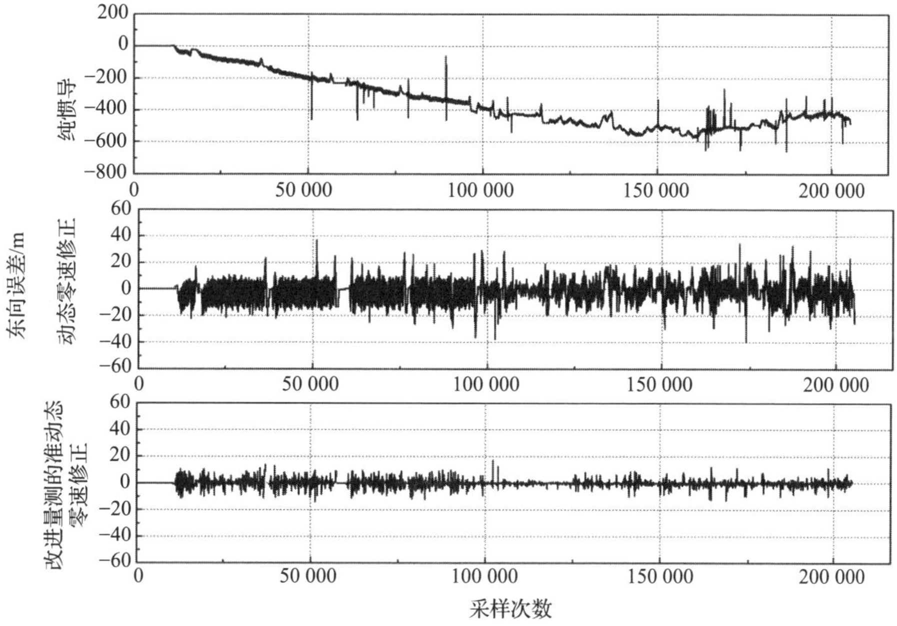

图 3－22　东向位置误差

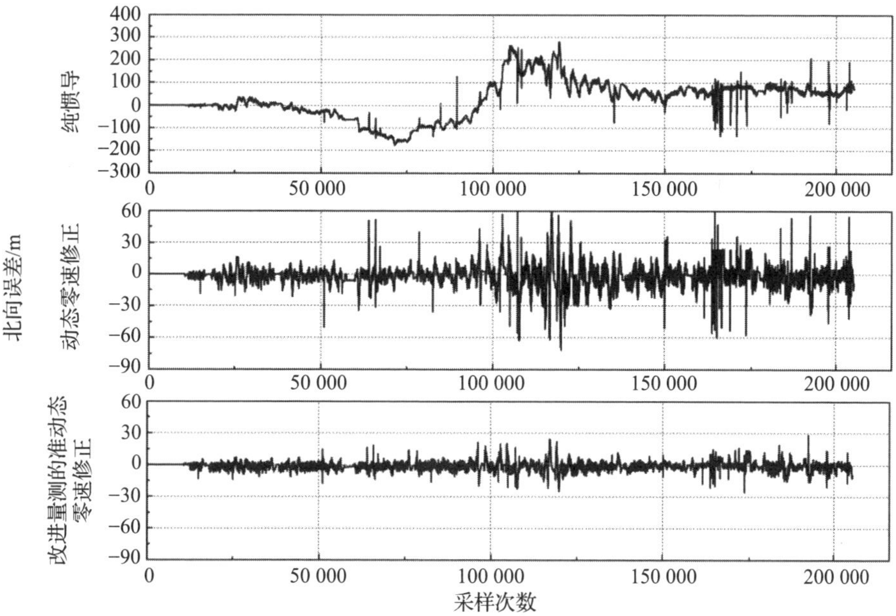

图 3－23　北向位置误差

对比不同方法下的导航位置误差，可看出在单独惯导条件下东向位置误差范围是 –600 ~ 0 m，北向位置误差范围是 –200 ~ 300 m。在加入动态零速修正技术后，两个方向的位置误差均减小到 ±50 m 以内，可见零速修正技术对提高定位精度起到至关重要的作用。当加入改进量测的准动态零速修正技术后，位置误差进一步减小，东向位置误差减小到 ±10 m 以内，北向位置误差减小到 ±20 m 以内。试验结果表明利用改进量测的准动态零速修正方法进行导航时的定位精度较动态零速修正有很大提高。

为进一步验证改进量测的准动态零速修正方法在定位定向过程中的优势，下面将两种零速修正方法对陀螺漂移和加速度计零偏的估计结果进行对比。

图 3 – 24、图 3 – 25 分别为加速度计零偏和陀螺常值漂移对比结果，每幅图中依次为 *X*、*Y*、*Z* 三个方向的估计结果，红线为动态零速修正方法估计结果，黑线为改进量测的准动态零速修正方法估计结果。对比估计结果，可看出两种方法在估计天向加速度计零偏时的精度和实时性相当，在利用改进量测的准动态零速修正方法估计剩余 5 个参数时，精度和实时性均有较大幅度提高。

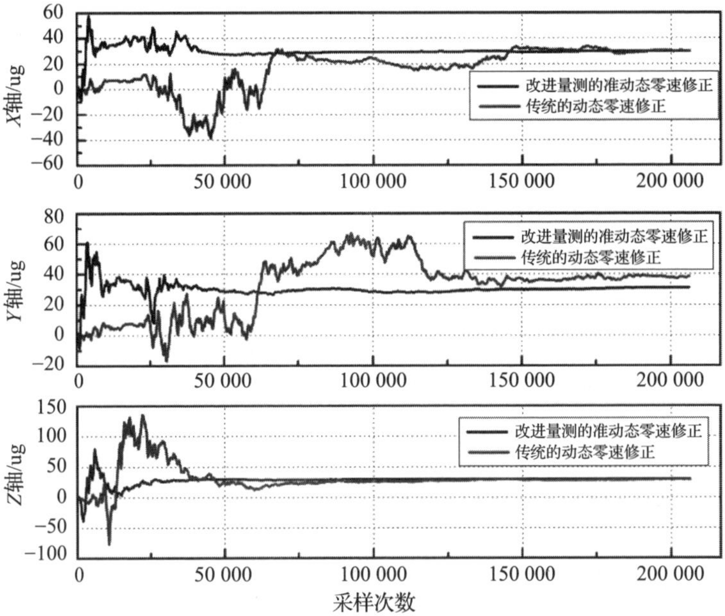

图 3 – 24　加速度计零偏

综上，相比传统的零速修正方法及其现有的改进方法，改进量测的准动态零速修正方法无论是在定位精度还是误差估计方面都具有更高的精度和速度，从本质上提高了零速修正的性能。

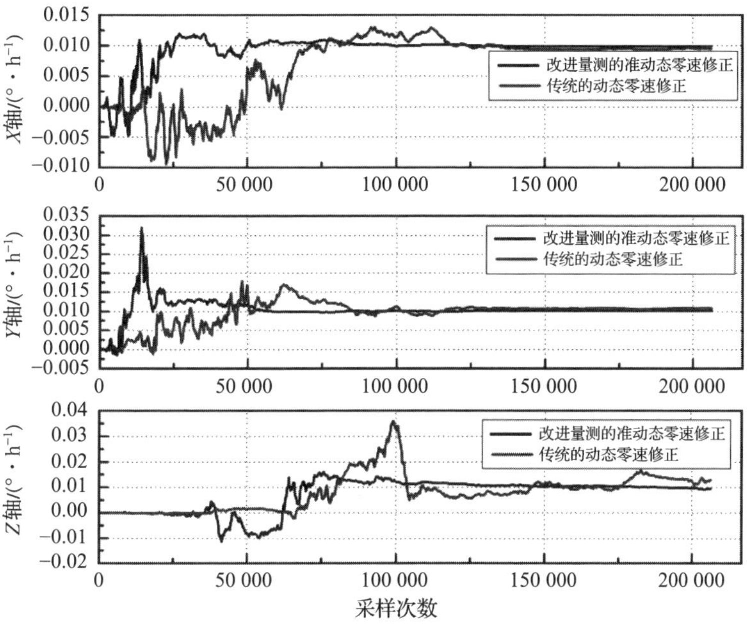

图3－25　陀螺常值漂移

3.4　里程计误差补偿

里程计作为车辆自主导航的重要组成部分，其输出信息通常作为惯导系统在初始对准和自主导航过程中的外部基准，所以里程计信息的准确与否对导航的精度有很大影响。随着各方面技术的不断革新，武器装备对定位精度的需求越来越高，这就对惯导/里程计组合导航系统提出了更高的要求。

3.4.1　里程计杆臂误差补偿

军用车辆的里程计通常安装在变速箱一侧的输出轴上，当车辆直线行驶时，里程计所测得的速度与真实数据相差不大。但是当车辆转弯时，内、外两侧车轮速度不一致，而里程计只能测得一侧车轮的速度，这时所测得的速度与车体质心（假设惯组安装在车体质心）的速度会有一定差别，如果该误差长时间得不到补偿，对定位精度会有不小的影响。另外，当车体航向出现大角度变化时，里程计校正将引起惯导系统姿态振荡。

1. 里程计杆臂误差

军用车辆的里程计一般安装在变速箱左侧的输出轴上，惯导系统一般安装在车辆中轴线上，安装位置如图 3 –26 所示。

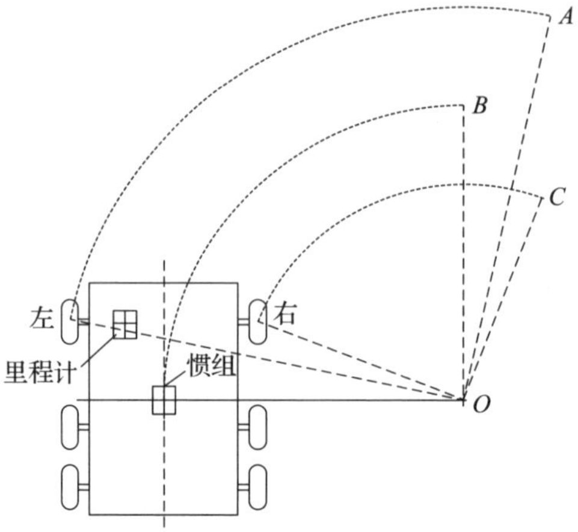

图 3 –26　车辆杆臂误差示意

如图 3 –26 所示，当车辆以 O 为圆心向右转时，B 曲线代表了惯组实测的行驶路程，A、C 曲线分别为左右两侧车轮的行驶路程，其中 A 曲线的长度为里程计的实际输出。很明显，A 曲线的长度和 B 曲线的长度（载车行驶路程）是不一样的，如果这时再用里程计的输出和惯导输出进行滤波补偿的话，不仅不能提高惯导精度，反而会使惯导误差进一步增大。同样，当载车向左转弯时，也会使里程计输出和惯导输出产生明显偏差。又考虑到军用车辆的轮胎（履带）一般较宽，故惯组和车轮之间的杆臂长度在不同的行驶环境下是变化的，量测杆臂的方案不可取，所以采用滤波估计的方法对变化的杆臂进行估计并补偿。

在建立状态空间模型之前，重申坐标系定义如下：m 为车体系（里程计坐标系）；b 为载体系；n 为导航系；n'为计算导航系；i 为惯性系。

由于里程计和惯组之间存在安装误差，在首次使用时会对该角度进行标定，所以剩余的安装误差可被视为小角度。设 $\delta\boldsymbol{\alpha}$ 为标定后里程计和惯组之间的剩余安装误差角。

另外，由于行驶条件在不断变化，如温度、速度、地面的软硬以及轮胎的磨损程度等，而里程计的刻度系数也随环境的变化而变化，从而刻度系数误差 δK 成为影响里程计量测精度的另一个重要误差参数。

2. SINS/OD 组合导航系统模型

根据第 2 章中的系统误差模型，构造状态空间方程：

$$\begin{aligned}\dot{\boldsymbol{X}}&=\boldsymbol{F}\times\boldsymbol{X}+\boldsymbol{W}\\ \boldsymbol{Z}&=\boldsymbol{H}\times\boldsymbol{X}+\boldsymbol{V}\end{aligned}\tag{3-94}$$

1）状态方程

状态变量 $\boldsymbol{X}$ 包含位置误差、速度误差、姿态误差、加速度计零偏、陀螺常值漂移、两个 SINS/OD 安装误差角、里程计刻度系数误差以及里程计杆臂，共 21 维，如下：

$$\boldsymbol{X}=[\boldsymbol{\phi}^n\quad \delta\boldsymbol{v}_I^n\quad \delta\boldsymbol{p}\quad \boldsymbol{\varepsilon}^b\quad \nabla^b\delta\alpha_\theta\quad \delta K\quad \delta\alpha_\psi\quad \boldsymbol{L}^b]^{\mathrm{T}}$$

式中，∇^b、$\boldsymbol{\varepsilon}^b$、$\delta K$、$\delta\alpha_\theta$、$\delta\alpha_\psi$、$\boldsymbol{L}^b$ 均视为常量。

令，$\boldsymbol{X}_{\mathrm{INS}}=[\boldsymbol{\phi}^n\quad \delta\boldsymbol{v}_I^n\quad \delta\boldsymbol{p}\quad \boldsymbol{\varepsilon}^b\quad \nabla^b]^{\mathrm{T}}$，$\boldsymbol{X}_{\mathrm{OD}}=[\delta\alpha_\theta\quad \delta K\quad \delta\alpha_\psi\quad \boldsymbol{L}^b]^{\mathrm{T}}$。可得状态方程：

$$\dot{\boldsymbol{X}}=\boldsymbol{F}\times\boldsymbol{X}+\boldsymbol{W}=\begin{bmatrix}\boldsymbol{F}_{\mathrm{INS}} & \boldsymbol{O}_{15\times6}\\ \boldsymbol{O}_{6\times15} & \boldsymbol{O}_{6\times6}\end{bmatrix}\begin{bmatrix}\boldsymbol{X}_{\mathrm{INS}}\\ \boldsymbol{X}_{\mathrm{OD}}\end{bmatrix}+\boldsymbol{W}\tag{3-95}$$

式中，$\boldsymbol{F}_{\mathrm{INS}}$为状态矩阵，参考第 2 章建立。

2）观测方程

在载体系内构建观测量，过程如下：

车辆在行驶过程中会受到路面等诸多不确定性因素的影响，并造成惯组输出误差的产生。惯组输出在载体系内的投影为

$$\begin{aligned}\boldsymbol{v}_{\mathrm{INS/OD}}^b&=\boldsymbol{C}_{n'}^b\boldsymbol{v}_{\mathrm{INS/OD}}^{n'}=\boldsymbol{C}_{n'}^b(\boldsymbol{v}_{\mathrm{INS}}^{n'}+\boldsymbol{C}_b^{n'}(\boldsymbol{\omega}_{ib}^b\times)\boldsymbol{L}^b)\\ &=\boldsymbol{C}_n^b\boldsymbol{C}_{n'}^n(\boldsymbol{v}_{\mathrm{INS}}^n+\delta\boldsymbol{v}_{\mathrm{INS}}^n+\boldsymbol{C}_n^{n'}\boldsymbol{C}_b^n(\boldsymbol{\omega}_{ib}^b\times)\boldsymbol{L}^b)\end{aligned}\tag{3-96}$$

式中，$\boldsymbol{v}_{\mathrm{INS/OD}}^b$为惯组在里程计位置的速度观测量在载体系内的投影；$\boldsymbol{v}_{\mathrm{INS/OD}}^{n'}$为惯组在里程计位置的速度观测量在计算导航系内的投影；$\boldsymbol{C}_{n'}^n$为 n 系到 n'系的转换矩阵；$(\boldsymbol{\omega}_{ib}^b\times)$ 为载体角速度 $\boldsymbol{\omega}_{ib}^b$的反对称阵；$(\boldsymbol{\phi}\times)$ 为失准角 $\boldsymbol{\phi}$ 的反对称阵；$\delta\boldsymbol{v}_{\mathrm{INS}}^n$为惯组速度误差在导航系内投影。

由于 $\boldsymbol{\phi}$ 为小角，故 $\boldsymbol{C}_{n'}^n\approx\boldsymbol{I}+(\boldsymbol{\phi}\times)$，代入式（3-96），忽略二阶小量可得

$$\begin{aligned}\boldsymbol{v}_{\mathrm{INS/OD}}^b&=\boldsymbol{C}_n^b(\boldsymbol{I}+(\boldsymbol{\phi}\times))(\boldsymbol{v}_{\mathrm{INS}}^n+\delta\boldsymbol{v}_{\mathrm{INS}}^n+(\boldsymbol{I}-(\boldsymbol{\phi}\times))\boldsymbol{C}_b^n(\boldsymbol{\omega}_{ib}^b\times)\boldsymbol{L}^b)\\ &=\boldsymbol{v}_{\mathrm{INS}}^b+\boldsymbol{C}_n^b(\boldsymbol{\phi}\times)\boldsymbol{v}_{\mathrm{INS}}^n+\boldsymbol{C}_n^b\delta\boldsymbol{v}_{\mathrm{INS}}^n+(\boldsymbol{\omega}_{ib}^b\times)\boldsymbol{L}^b\end{aligned}\tag{3-97}$$

在载体系下将里程计的输出速度与惯组的输出速度进行匹配，构建观测量：

$$\Delta\boldsymbol{v}=\boldsymbol{v}_{\mathrm{INS/OD}}^b-\hat{\boldsymbol{v}}_{\mathrm{OD}}^m\tag{3-98}$$

将式（3-96）和式（3-97）代入式（3-98）可得

$$\begin{aligned}\Delta\boldsymbol{v}&=\boldsymbol{v}_{\mathrm{INS}}^b+\boldsymbol{C}_n^b(\boldsymbol{\phi}\times)\boldsymbol{v}_{\mathrm{INS}}^n+\boldsymbol{C}_n^b\delta\boldsymbol{v}_{\mathrm{INS}}^n+(\boldsymbol{\omega}_{ib}^b\times)\boldsymbol{L}^b-(1+\delta K)\boldsymbol{v}_{\mathrm{OD}}^m\\ &=\boldsymbol{v}_{\mathrm{INS}}^b-\boldsymbol{v}_{\mathrm{OD}}^m+\boldsymbol{C}_n^b(\boldsymbol{\phi}\times)\boldsymbol{v}_{\mathrm{INS}}^n+\boldsymbol{C}_n^b\delta\boldsymbol{v}_{\mathrm{INS}}^n+(\boldsymbol{\omega}_{ib}^b\times)\boldsymbol{L}^b-\boldsymbol{v}_{\mathrm{OD}}^m\delta K\end{aligned}\tag{3-99}$$

另外，有 $\boldsymbol{v}_{\mathrm{OD}}^{m}=[\boldsymbol{I}+(\delta\boldsymbol{\alpha}\times)]\boldsymbol{v}_{\mathrm{INS}}^{b}$。

故，$\boldsymbol{v}_{\mathrm{INS}}^{b}-\boldsymbol{v}_{\mathrm{OD}}^{m}=-(\delta\boldsymbol{\alpha}\times)\boldsymbol{v}_{\mathrm{INS}}^{b}$，代入式（3－99）可得

$$\begin{aligned}\Delta\boldsymbol{v}&=-(\delta\boldsymbol{\alpha}\times)\boldsymbol{v}_{\mathrm{INS}}^{b}+\boldsymbol{C}_{n}^{b}(\boldsymbol{\phi}\times)\boldsymbol{v}_{\mathrm{INS}}^{n}+\boldsymbol{C}_{n}^{b}\delta\boldsymbol{v}_{\mathrm{INS}}^{n}+(\boldsymbol{\omega}_{ib}^{b}\times)\boldsymbol{L}^{b}-\boldsymbol{v}_{\mathrm{OD}}^{m}\delta K\\&=\boldsymbol{C}_{n}^{b}\delta\boldsymbol{v}_{\mathrm{INS}}^{n}-\boldsymbol{C}_{n}^{b}(\boldsymbol{v}_{\mathrm{INS}}^{n}\times)\boldsymbol{\phi}+(\boldsymbol{v}_{\mathrm{INS}}^{b}\times)\delta\boldsymbol{\alpha}-\boldsymbol{v}_{\mathrm{OD}}^{m}\delta K+(\boldsymbol{\omega}_{ib}^{b}\times)\boldsymbol{L}^{b}\end{aligned}\tag{3-100}$$

对式（3－100）进行简化，其中

$$\boldsymbol{v}_{\mathrm{INS}}^{n}=\begin{bmatrix}v_E^n\\v_N^n\\v_U^n\end{bmatrix},\quad \boldsymbol{v}_{\mathrm{INS}}^{b}=\boldsymbol{C}_{n}^{b}\boldsymbol{v}_{\mathrm{INS}}^{n}=\begin{bmatrix}v_x^b\\v_y^b\\v_z^b\end{bmatrix},\quad \boldsymbol{v}_{\mathrm{OD}}^{m}=\begin{bmatrix}0\\\boldsymbol{v}_{\mathrm{OD}}\\0\end{bmatrix},\quad \boldsymbol{\omega}_{ib}^{b}=\begin{bmatrix}\omega_x\\\omega_y\\\omega_z\end{bmatrix}。$$

式（3－100）右侧第三项和第四项分别为

$$(\boldsymbol{v}_{\mathrm{INS}}^{b}\times)\delta\boldsymbol{\alpha}=\begin{bmatrix}-v_z^b\delta\alpha_\gamma+v_y^b\delta\alpha_\psi\\v_z^b\delta\alpha_\theta-v_x^b\delta\alpha_\psi\\-v_y^b\delta\alpha_\theta+v_x^b\delta\alpha_\gamma\end{bmatrix}\tag{3-101}$$

$$-\boldsymbol{v}_{\mathrm{OD}}^{m}\delta K=\begin{bmatrix}0\\-\boldsymbol{v}_{\mathrm{OD}}\delta K\\0\end{bmatrix}\tag{3-102}$$

且有

$$\boldsymbol{v}_{\mathrm{INS}}^{b}=\begin{bmatrix}v_x^b\\v_y^b\\v_z^b\end{bmatrix}=\begin{bmatrix}-\cos\delta\alpha_\theta\sin\delta\alpha_\psi\\\cos\delta\alpha_\psi\cos\delta\alpha_\theta\\\sin\delta\alpha_\theta\end{bmatrix}\boldsymbol{v}_{\mathrm{OD}}\approx\begin{bmatrix}-\boldsymbol{v}_{\mathrm{OD}}\delta\alpha_\psi\\\boldsymbol{v}_{\mathrm{OD}}\\\boldsymbol{v}_{\mathrm{OD}}\delta\alpha_\theta\end{bmatrix}\tag{3-103}$$

从式（3－103）可看出，由于 $\delta\alpha_\psi$ 和 $\delta\alpha_\theta$ 均为小量，故 v_x^b 和 v_z^b 为小量，式（3－101）中的 $v_z^b\delta\alpha_\gamma$、$v_z^b\delta\alpha_\theta$、$v_x^b\delta\alpha_\psi$、$v_x^b\delta\alpha_\gamma$ 均为二阶小量。忽略二阶小量，式（3－101）可化简为

$$\boldsymbol{X}_{\mathrm{OD}}=[\delta\alpha_\theta\quad\delta\alpha_\psi\quad\delta K\quad\boldsymbol{L}^b]^{\mathrm{T}}$$

$$(\boldsymbol{v}_{\mathrm{INS}}^{b}\times)\delta\boldsymbol{\alpha}=\begin{bmatrix}v_y^b\delta\alpha_\psi\\0\\-v_y^b\delta\alpha_\theta\end{bmatrix}\tag{3-104}$$

合并式（3－102）和式（3－104），可得

$$(\boldsymbol{v}_{\mathrm{INS}}^{b}\times)\delta\boldsymbol{\alpha}-\boldsymbol{v}_{\mathrm{OD}}^{m}\delta K=\begin{bmatrix}0&0&v_y^b\\0&-v_{\mathrm{OD}}&0\\-v_y^b&0&0\end{bmatrix}\begin{bmatrix}\delta\alpha_\theta\\\delta K\\\delta\alpha_\psi\end{bmatrix}=\boldsymbol{M}\boldsymbol{\kappa}_{\mathrm{OD}}\tag{3-105}$$

综上，观测方程 $\boldsymbol{Z}=\boldsymbol{H}\times\boldsymbol{X}+\boldsymbol{V}$ 中的观测矩阵为

$$\boldsymbol{H}=\left[\ -\boldsymbol{C}_n^b(\boldsymbol{v}_{\text{INS}}^n\times)\quad \boldsymbol{C}_n^b\quad \boldsymbol{O}_{3\times3}\quad \boldsymbol{O}_{3\times3}\quad \boldsymbol{O}_{3\times3}\quad \boldsymbol{M}\quad (\boldsymbol{\omega}_{ib}^b\times)\ \right] \tag{3-106}$$

分析观测矩阵 $\boldsymbol{H}$ 可知，里程计和惯组之间的安装误差角 $\delta\alpha_\psi$ 和 $\delta\alpha_\theta$ 的量测系数为加速度计输出，里程计和惯组之间的杆臂 $\boldsymbol{L}^b$ 的量测系数为陀螺输出，这就避免了失准角对误差估计的影响；且当车辆侧滑、跳跃造成里程计产生输出误差时，只需隔离里程计输出即可，而且不影响安装误差角 $\delta\alpha_\psi$ 和 $\delta\alpha_\theta$ 的估计。

3.4.2 仿真对比

通过仿真的方式验证杆臂对导航定位的影响方式，以及滤波补偿的有效性。设定仿真时间为 966 s，水平姿态误差角为 1′，方位姿态误差角为 30′，陀螺常值漂移为 0.01°/h，加速度计零偏为 30 μg(1σ)，里程计刻度系数误差为 0.2%，惯组和主动轮之间的杆臂长度为 [−1.5　3　−0.5] m。

图 3－27 为采用轨迹发生器生成的机动路径以及三个方向的角度变化情况，可看出在载体机动到 200～300 s 之间时以及在 400 s 时，方位角都会发生较大变化。在上述两个时间段内里程计和惯组的速度输出应产生偏差。

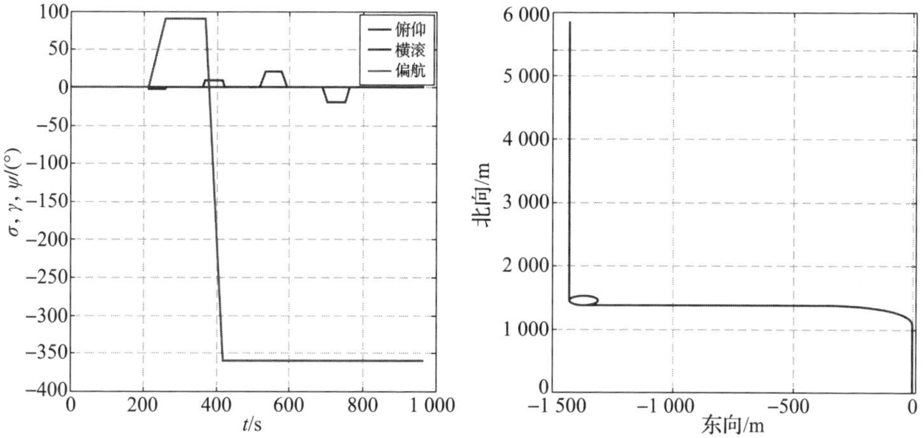

图 3－27　姿态角及机动路径

图 3－28 为惯组和里程计的输出之差，可看出两者的速度差值在 200～300 s之间时有小的波动，在 400 s 时有较大波动，对比仿真路径，印证了 3.4.1 小节中的分析结论。

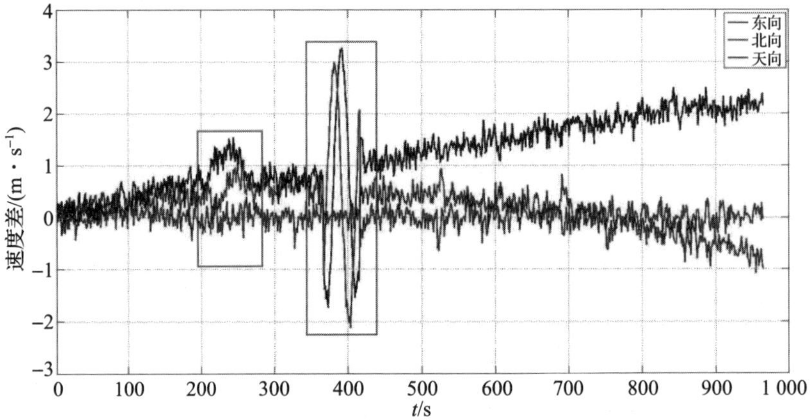

图 3－28　里程计和惯导输出速度差（补偿前）

图 3－29 为将惯组和主动轮之间的杆臂补偿后里程计和惯组的速度差值。对比图 3－28 和图 3－29 可看出，杆臂补偿前后天向速度误差变化不大，并且都在 0 m/s 左右小范围浮动；而其余两个方向上的突变信息得到了有效补偿。

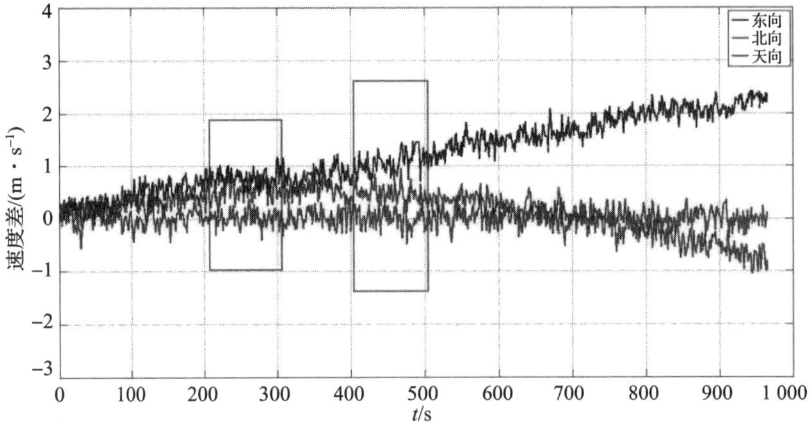

图 3－29　里程计和惯导输出速度差（补偿后）

图 3－30 为杆臂的估计值，三个方向的结果均能在 400 s 呈收敛趋势，唯独天向杆臂在 500～800 s 之间有小的波动，最后也收敛到 －0.5 m。造成波动的主要原因是俯仰和横滚运动少，天向速度误差一直保持在 0 m/s 左右，并且在杆臂补偿前后变化不大，导致天向杆臂得不到有效激励，收敛速度较慢。

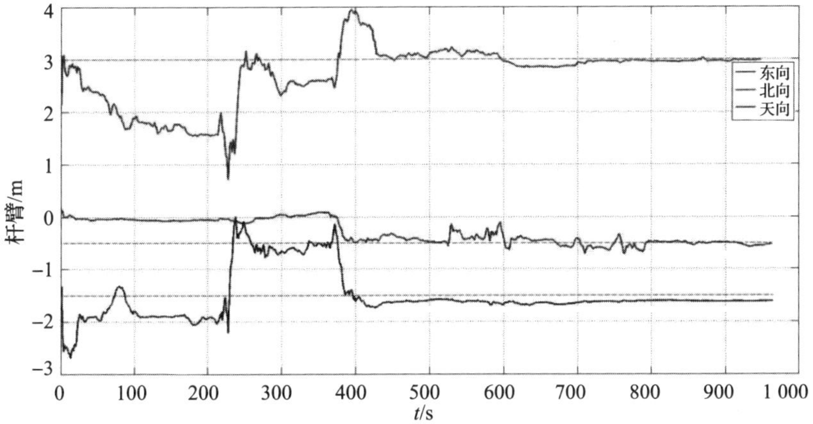

图 3-30　杆臂估计结果

图 3-31 为杆臂补偿前后的水平方向位置误差的绝对值，可看出杆臂对位置误差的影响较为明显，补偿前后水平方向位置误差的平均值分别为 1.499 m 和 0.799 m。

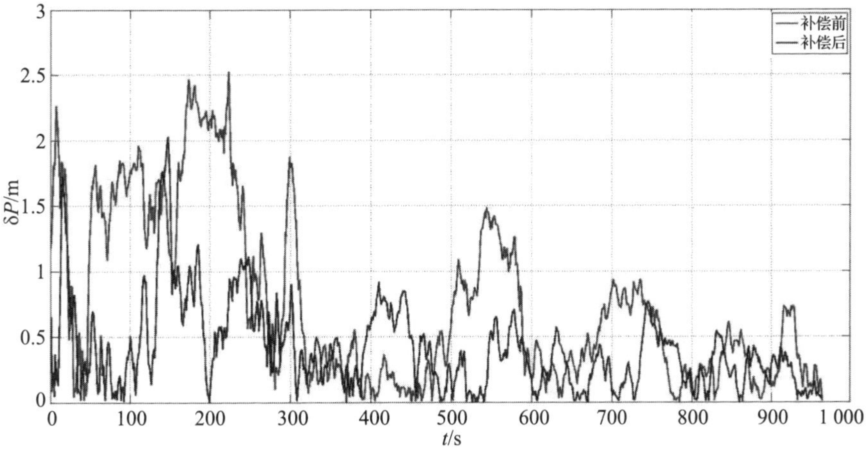

图 3-31　杆臂补偿前后的水平方向位置误差的绝对值

3.4.3　加速度计辅助的里程计量测误差补偿

目前，为获取当前速度信息，通常利用一阶差分对里程计脉冲信息进行处理。然而，在低频的情况下难以对速度信息进行准确的实时传输，尤其是当载体速度变化较大时。里程计传输速度信息的频率越高，在速度信息中夹杂的噪声成分越多。为了提高导航定位的精度，实时精确的里程计速度信息是必不可少的。

1. 时间间隔对速度信息的影响

目前，里程计的脉冲输出要经过一阶差分后才能得到速度信息，具体方法为

$$v(t)=\frac{1}{\Delta t}(s(t)-s(t-\Delta t))$$

式中，$v(t)$ 为 t 时刻的真实速度；Δt 为采样的时间间隔；$s(t)$ 为 t 时刻里程计输出的路程信息。显然，Δt 越小，$v(t)$ 越接近真实速度。当 Δt 未达到足够小时，$v(t)$ 往往会失真，尤其在速度变化较大的情况下。

以上分析是在假设没有量测误差的情况下进行的，但是在实际行车过程中量测误差是存在的，所以 $v(t)$ 应重新定义：

$$v(t)=\frac{1}{\Delta t}(s(t)-s(t-\Delta t))+\frac{1}{\Delta t}n(t) \tag{3-107}$$

式中，$n(t)$ 为 t 时刻和 $t-\Delta t$ 时刻的量测误差。

由式（3－107）可知，通过里程计信息计算出的速度不仅包含了速度信息，而且包含了噪声信息 $n(t)/\Delta t$。显然，采样时间间隔 Δt 越小，噪声信息越大。这就导致有用的速度信息会被噪声信息淹没，从而使速度基准产生较大偏差。

图 3－32～图 3－34 为通过一阶差分得到的详细速度信息。从图中可看出，当采样间隔为 0.01 s 时，相邻的速度信息样本的最大差值为 4.5 km/h（1.25 m/s）。当采样间隔为 1 s 时，最大差值变为 2.5 km/h（0.7 m/s），可见加大采样间隔会失去有用信息，导致输出产生失真。当采样间隔为 0.1 s 时，尽管采样间隔要比 0.01 s 长很多，但是速度曲线看上去要比前两种情况下都接近真实趋势。

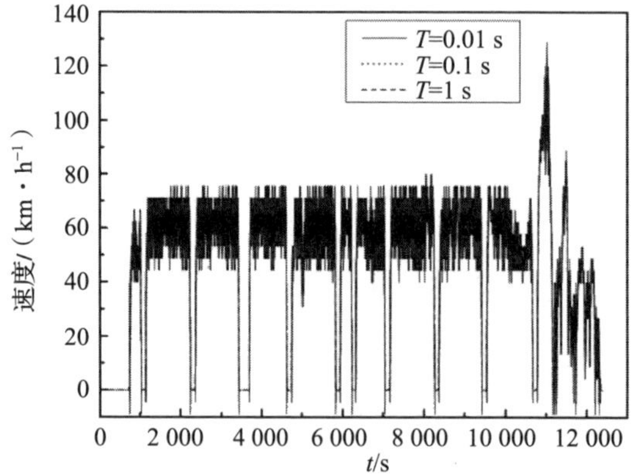

图 3－32　不同时间间隔下的一阶差分速度信息

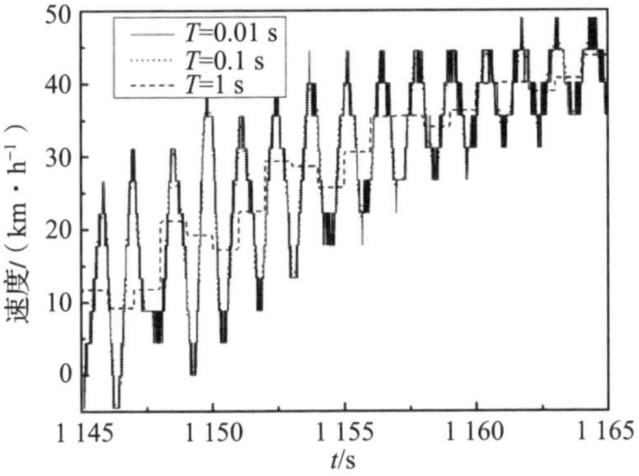

图 3-33　图 3-32 的放大图（1 145 ~ 1 165 s）

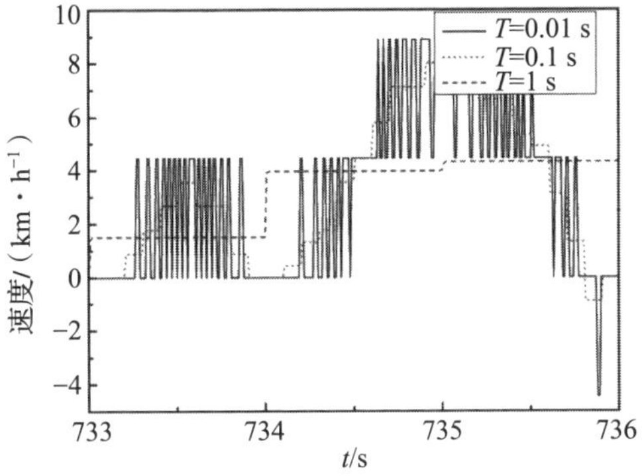

图 3-34　图 3-32 的放大图（733 ~ 736 s）

在用一阶差分计算速度的过程中，为取得较理想的计算结果，需要事先设定合理的采样时间间隔来平衡有用信号与噪声之间的关系，这就导致一阶差分难以得到高精度的速度信息。

2. 加速度计辅助的里程计速度估计

利用加速度计信息和里程计信息进行组合滤波，有效改善里程计输出信息的精度。滤波的状态方程为

$$\begin{bmatrix} \boldsymbol{v}(t) \\ \dot{\boldsymbol{v}}(t) \\ \ddot{\boldsymbol{v}}(t) \end{bmatrix} = \begin{bmatrix} 1 & \Delta t & 0 \\ 0 & 1 & \Delta t \\ 0 & 0 & 1 \end{bmatrix} \begin{bmatrix} \boldsymbol{v}(t-\Delta t) \\ \dot{\boldsymbol{v}}(t-\Delta t) \\ \ddot{\boldsymbol{v}}(t-\Delta t) \end{bmatrix} + \begin{bmatrix} 0 & 0 & 0 \\ 0 & 0 & 0 \\ 0 & 0 & w \end{bmatrix} \tag{3-108}$$

式中，w 为过程噪声。

观测量包含了通过里程计量测得到的速度信息和通过加速度计量测得到的加速度信息，具体表达式为

$$\begin{bmatrix} \boldsymbol{v}_{\mathrm{OD}}(t) \\ \dot{\boldsymbol{v}}_y^b(t) \end{bmatrix} = \begin{bmatrix} 1 & 0 & 0 \\ 0 & 1 & 0 \end{bmatrix} \begin{bmatrix} \boldsymbol{v}(t) \\ \dot{\boldsymbol{v}}(t) \\ \ddot{\boldsymbol{v}}(t) \end{bmatrix} + \begin{bmatrix} m_{\mathrm{OD}} \\ m_{\mathrm{acc}} \end{bmatrix} \tag{3-109}$$

式中，m_{OD}为里程计量测噪声；m_{acc}为加速度计量测噪声；$\boldsymbol{v}_{\mathrm{OD}}(t)$ 为利用里程计信息求取得到的 t 时刻的速度；$\dot{\boldsymbol{v}}_y^b(t)$ 为 t 时刻 Y 方向的加速度计输出。$\dot{\boldsymbol{v}}_y^b(t)$计算方法为

$$\dot{\boldsymbol{v}}^b = [\dot{\boldsymbol{v}}_x^b \quad \dot{\boldsymbol{v}}_y^b \quad \dot{\boldsymbol{v}}_z^b] \tag{3-110}$$

加速度计测得的比力在导航坐标系内的投影为$\boldsymbol{f}^n$:

$$\boldsymbol{f}^n = \dot{\boldsymbol{v}}^n + (2\boldsymbol{\omega}_{ie}^n + \boldsymbol{\omega}_{en}^n) \times \boldsymbol{v}^n - \boldsymbol{g} \tag{3-111}$$

式（3－111）又可表示为

$$\dot{\boldsymbol{v}}^n = \boldsymbol{f}^n - (2\boldsymbol{\omega}_{ie}^n + \boldsymbol{\omega}_{en}^n) \times \boldsymbol{v}^n + \boldsymbol{g} \tag{3-112}$$

式中，$\dot{\boldsymbol{v}}^n$ 为载体加速度在导航系内的投影；$\boldsymbol{\omega}_{ie}^n$为地球自转角速度在导航系内的投影，$\boldsymbol{\omega}_{en}^n$为地球系相对导航系的角速度在导航系内的投影；$\boldsymbol{g}$ 为重力加速度；$(\cdot)\times$为矩阵的反对称阵。

在考虑载体系和导航系之间存在相对运动的情况下，加速度在导航系和载体系内的投影关系为

$$\dot{\boldsymbol{v}}^n = \boldsymbol{C}_b^n(\dot{\boldsymbol{v}}^b + \boldsymbol{\omega}_{nb}^b \times \boldsymbol{v}^b) \tag{3-113}$$

式中，$\boldsymbol{\omega}_{nb}^b$为载体系相对导航系的角速度在载体系内的投影；$\boldsymbol{v}^b$、$\dot{\boldsymbol{v}}^b$ 分别为载体的速度和加速度在载体系内的投影。

载体速度和比力在各个坐标系下的关系为

$$\boldsymbol{v}^n = \boldsymbol{C}_b^n \boldsymbol{v}^b \tag{3-114}$$

$$\boldsymbol{f}^n = \boldsymbol{C}_b^n \boldsymbol{f}^b \tag{3-115}$$

将式（3－113）～式（3－115）代入式（3－112），可得

$$\boldsymbol{C}_b^n(\dot{\boldsymbol{v}}^b + \boldsymbol{\omega}_{nb}^b \times \boldsymbol{v}^b) = \boldsymbol{C}_b^n \boldsymbol{f}^b - (2\boldsymbol{\omega}_{ie}^n + \boldsymbol{\omega}_{en}^n) \times \boldsymbol{C}_b^n \boldsymbol{v}^b + \boldsymbol{g} \tag{3-116}$$

式（3－116）又可表示为

$$\dot{\boldsymbol{v}}^b = \boldsymbol{f}^b - \boldsymbol{C}_n^b(2\boldsymbol{\omega}_{ie}^n + \boldsymbol{\omega}_{en}^n) \times \boldsymbol{C}_b^n \boldsymbol{v}^b + \boldsymbol{C}_n^b \boldsymbol{g} - \boldsymbol{\omega}_{nb}^b \times \boldsymbol{v}^b \tag{3-117}$$

由式（3－117）可看出，载体加速度 $\dot{\boldsymbol{v}}^b$ 由四部分组成。由于载体为地面车辆，所以行驶速度不会太快，通常不大于41 m/s。另外，地球自转角速度为15°/h，所以式（3－117）右边第二部分 $(2\boldsymbol{\omega}_{ie}^n + \boldsymbol{\omega}_{en}^n) \times \boldsymbol{C}_b^n \boldsymbol{v}^b$ 小于0.000 6 m/s，将其忽略，可得

$$\dot{\boldsymbol{v}}^b = \boldsymbol{f}^b + \boldsymbol{C}_n^b \boldsymbol{g} - \boldsymbol{\omega}_{nb}^b \times \boldsymbol{v}^b \tag{3-118}$$

同样，忽略 $\boldsymbol{\omega}_{in}^b \times \boldsymbol{v}^b$ 可得

$$\dot{\boldsymbol{v}}^b = \boldsymbol{f}^b + \boldsymbol{C}_n^b \boldsymbol{g} - \boldsymbol{\omega}_{ib}^b \times \boldsymbol{v}^b \tag{3-119}$$

通过式（3－119）可看出，载体加速度 $\dot{\boldsymbol{v}}^b$ 可以由陀螺信息 $\boldsymbol{\omega}_{ib}^b$、加速度计信息 $\boldsymbol{f}^b$、里程计信息 $\boldsymbol{v}^b=\boldsymbol{v}_{\mathrm{OD}}$ 得到，$\boldsymbol{C}_n^b$ 为初始对准所得的捷联矩阵。通过式（3－119）可以建立系统状态方程，结合建立好的观测方程就可以进行 Kalman 滤波了。

3.4.4　试验验证

为验证所提方法有效性，进行实车试验。试验所采用的惯导系统为某型炮载捷联惯导，陀螺常值漂移为 0.01°/h，加速度计零偏为 30 μg，惯组的采样频率为 100 Hz。在开始试验前，需要进行初始对准，大约 5～10 min，数据采集 12 385 s。

试验方法分为三种，分别是：①利用一阶差分的方法对里程计输出进行处理，得到速度；②在不利用加速度计信息辅助的条件下，利用 Kalman 滤波对里程计信息进行平滑处理；③利用加速度计信息修正里程计信息，并进行 Kalman滤波实时估计当前速度。

图 3－35 和图 3－36 分别为载车外部和数据采集系统。

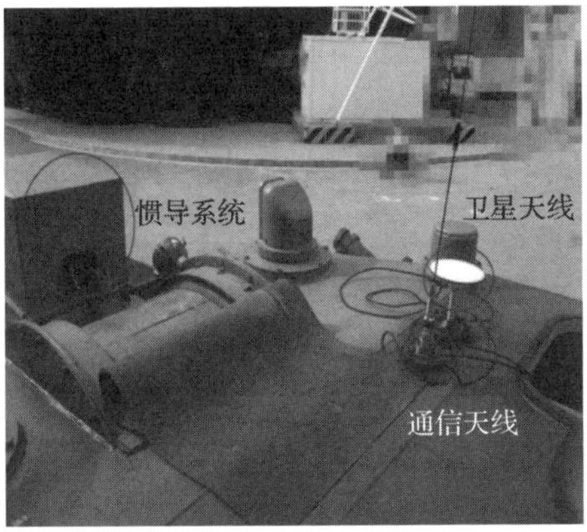

图 3－35　载车外部

图 3－36　数据采集系统 2

图 3－37 为三种方法所得里程计速度对比，图 3－38 为图 3－37 的局部放大图。图 3－39 为三种方法所得速度的微分，时间间隔为 0.01 s。

从图 3－37 和图 3－38 可看出，利用第三种方法得到的速度曲线要比前两种更加平滑。从图 3－39 可看出，在低速状态下，方法三的量测效果也优于方法一和方法二。造成这种现象的原因是，加速度计可以对很小的加速度信息敏感，而这种小加速度要低于里程计的分辨率，里程计会将其当作零速处理。

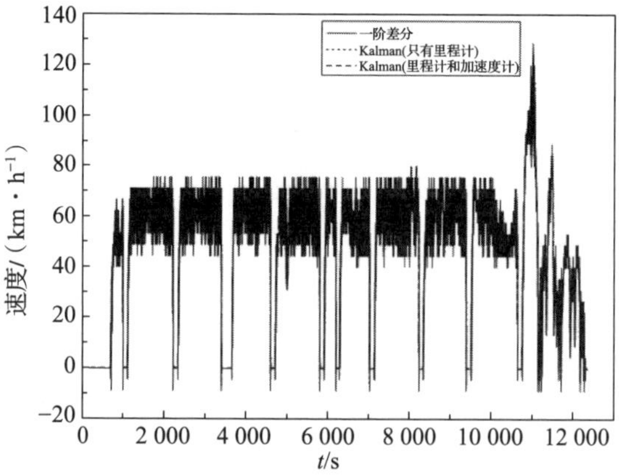

图 3-37　三种方法所得里程计速度对比

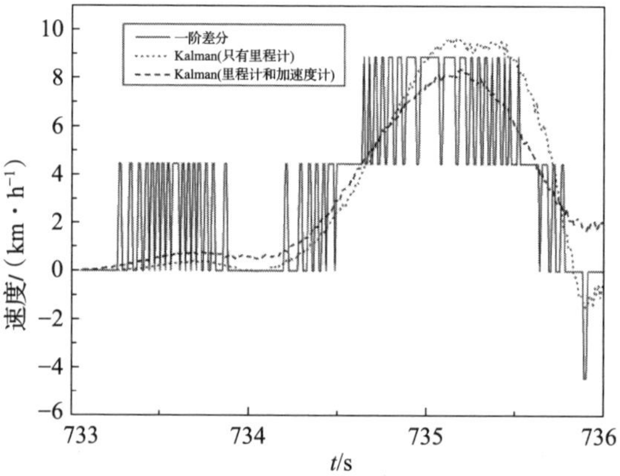

图 3-38　图 3-37 的局部放大图（733~736 s）

另外，方法三的结果要比其余两种方法平稳。通过计算可知，方法一的标准差为 0.835 m/s，方法二的标准差为 0.47 m/s，方法三的标准差为 0.15 m/s。显然，方法一的结果起伏很大，进一步验证了方法三的优越性。

通过分析噪声对速度量测的影响，验证了方法三具有降低噪声影响的作用，得到了较理想的验证效果。但是，除了噪声以外，里程计速度量测的漂移也是影响速度精度的重要因素，而且里程计速度量测漂移很难直接计算，主要是因为没有外部参考信息。由于载体行驶里程是由里程计速度计算而来，而里程计在短时间内测得的里程信息又较为准确（这里令持续时间为 300 s），所以以里程计测得的里程信息为真实值，间接地估计第二、三两种方法的速度量测误差。

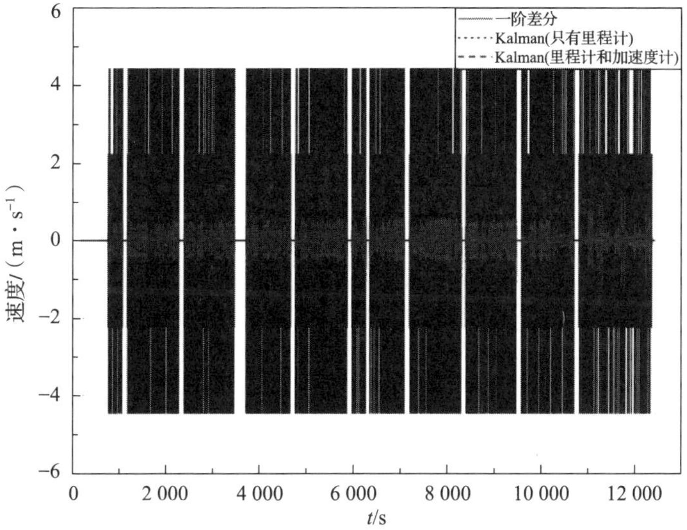

图 3－39　三种方法所得速度的微分

利用两种方法得到的速度积分后的里程信息，与里程计输出的里程信息的对比，如图 3－40 所示。在整个采集过程中，每 300 s 计算一次里程信息，一共 40 次。图 3－41 为里程误差对比，第二种方法计算得到的里程误差均小于 0. 125 m，第三种方法计算得到的里程误差最大为 1 m。换句话说，第二种方法计算速度的误差为（0. 125/300） m/s（0. 000 42 m/s），第三种方法计算速度的误差为（1/300） m/s（0. 003 3 m/s），虽然第三种方法的误差比第二种方法高出一个数量级，但是 0. 003 3 m/s 的速度量测误差完全满足陆用捷联惯导系统动基座对准及定位定向的需求。

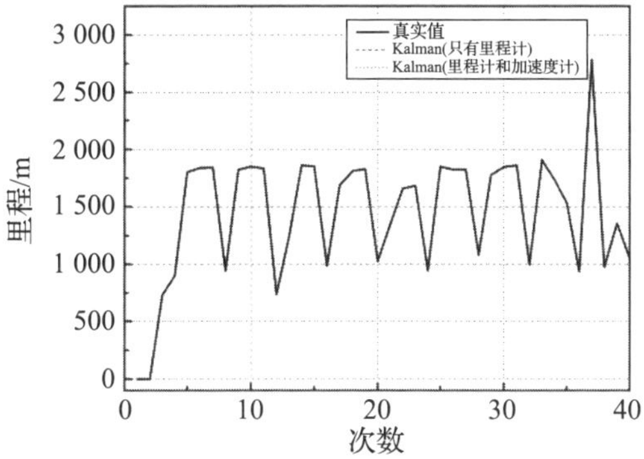

图 3－40　里程信息对比

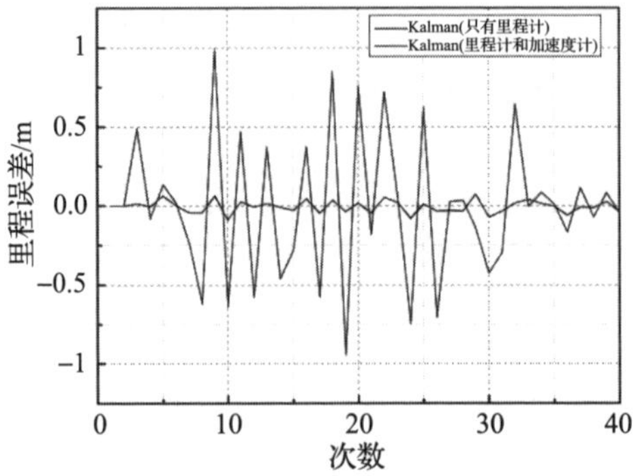

图 3－41　里程误差对比

综上所述，所提方法分析了里程计量测中的噪声对定位精度影响机理，建立了能体现载体速度、加速度及其牵连关系的状态模型，并以加速度计输出和里程计的一阶差分结果作为观测量，实时地估计出了载体速度，有效改善了里程计的测速精度。

第4章

基于卫星信息辅助的导航方法研究

单独的惯性导航很难达到高精度导航的目的，而卫星导航不仅稳定性好、精度高而且成本低，所以利用卫星信息辅助惯导导航的方式成为目前最常用的导航方式之一。

为进一步提高卫星辅助导航的精度，本章将从三个方面入手：首先，分析典型的大失准角条件下动基座对准方法的不足之处，并提出相应的解决方案。其次，为提高导航过程中参数估计的精度和实时性，将基于系统稳定性理论，设计出半全局一致指数稳定的非线性观测器（NOB），并将其应用到导航过程中。最后，为避免对固定基准点的依赖以及滤波带来的烦琐过程，将导航过程中的失准角误差、卫星天线的安装误差以及惯性器件安装误差统一归类为剩余非对准误差，进行初始粗量测和精确估计。

4.1 卫星辅助条件下的大失准角初始对准方法

与自主导航相同，卫星辅助导航事先也要进行初始对准，采用松组合的导航方式，在卫星辅助导航过程中，不考虑卫星数据误差对定位精度的影响。

4.1.1 典型的大失准角动基座初始对准方法的缺陷

为消除误差模型对初始对准的影响，Pham 提出了在游移坐标系下的

Kalman滤波算法，将方位失准角定义为游移角误差，在机载平台上完成了粗对准。Rogers 在游移坐标系下比较了两种大方位失准角对准方案的优劣，并给出了两种方案的机载试验数据对比。为避免大方位角误差引起的系统非线性，该方法不是直接将方位角误差加到误差模型中，而是将方位角的三角函数误差加入误差模型。在完成粗对准后，方位角误差为小角，可直接进行传统的精对准。

上述方法可以较好地解决初始对准过程中存在的问题，具有良好的工程应用价值。但是该方法在对准过程中也存在明显不足，即游移坐标系下的方位角误差可观测性较弱，影响对准的精度和实时性。

游移坐标系下的方位角误差的可观测性弱，是由于在对准过程中方位角误差与速度和位置信息之间的耦合关系不强，而动基座初始对准多以速度和位置为观测量，与观测量之间耦合关系强的参数会在估计过程中率先表露出来，而与观测量之间耦合关系弱的参数则有可能与系统中附加的噪声信息处于同一或者相近的数量级，这就会导致这些参数被混淆在噪声中难以分离，造成这部分参数的可观测性很弱或者不可观测。而可观测性弱的参数的估计精度和实时性都不如可观测性强的参数。

在粗对准和精对准过程中游移方位角的正余弦函数误差（$\delta\sin\alpha$、$\delta\cos\alpha$）与位置、速度信息之间的耦合关系，如式（4－1）和式（4－2）所示。

$$\frac{\mathrm{d}}{\mathrm{d}t}\begin{bmatrix}\delta\theta_x\\ \delta\theta_y\\ \delta h\\ \delta v_x^n\\ \delta v_y^n\\ \delta v_z^n\\ \phi_x\\ \phi_y\\ \delta\sin\alpha\\ \delta\cos\alpha\end{bmatrix}=\begin{bmatrix} & -\rho_e & -\rho_n\\ & \rho_n & -\rho_e\\ & 0 & 0\\ & 2v_z\omega_n & 0\\ *_{10\times 8} & 0 & 2v_z\omega_n\\ & -2v_x\omega_n & -2v_y\omega_n\\ & * & *\\ & * & *\\ & * & *\\ & * & *\end{bmatrix}\begin{bmatrix}\delta\theta_x\\ \delta\theta_y\\ \delta h\\ \delta v_x^n\\ \delta v_y^n\\ \delta v_z^n\\ \phi_x\\ \phi_y\\ \delta\sin\alpha\\ \delta\cos\alpha\end{bmatrix} \tag{4－1}$$

$$\frac{\mathrm{d}}{\mathrm{d}t}\begin{bmatrix}\delta\theta_x\\ \delta\theta_y\\ \delta h\\ \delta v_x^n\\ \delta v_y^n\\ \delta v_z^n\\ \phi_x\\ \phi_y\\ -\delta\cos\alpha\end{bmatrix}=\begin{bmatrix} & \rho_y\\ & -\rho_x\\ & 0\\ & -2v_z\omega_x\\ *_{9\times 8} & -2v_z\omega_y\\ & 2v_x\omega_x+2v_y\omega_y\\ & *\\ & *\\ & *\end{bmatrix}\begin{bmatrix}\delta\theta_x\\ \delta\theta_y\\ \delta h\\ \delta v_x^n\\ \delta v_y^n\\ \delta v_z^n\\ \phi_x\\ \phi_y\\ -\delta\cos\alpha\end{bmatrix} \tag{4-2}$$

式中，$\delta\theta$ 为水平位置误差；δh 为天向位置误差；δv 为速度误差；ϕ 为姿态误差；ω 为地球自转角速度；ρ 为导航系相对地球系的转动角速度在导航系内的投影；α 为游移方位角；$*$ 所代表的区域与本书分析过程无关。

由式（4-1）和式（4-2）可知，游移方位角的正余弦函数误差与三个方向速度误差的耦合系数均为速度与地球自转的组合。显然，ω 为小量，在初始对准过程中，载车的速度一般为低速，且天向速度几乎为零，所以游移方位角的正余弦函数误差与三个方向速度误差的耦合系数为高阶小量，可知游移方位角误差的可观测性很弱，会对方位角误差的估计精度造成很大影响。

4.1.2　改进的大失准角条件下的动基座对准方法

为了改进 4.1.1 小节中方法的不足，在游移坐标系的基础上，重新建立状态空间方程，选择不同的状态变量，分离出方位失准角，提高了方位角误差的可观测性，弥补了其对准方法方位角误差可观测性弱的缺点。

1. 状态方程

当失准角为大角度时，小失准角条件下的假设不再成立。

设定 h 系为水平游移坐标系，即在 h 系内不包含横滚和俯仰运动。水平游移坐标系 h 和载体坐标系 b 之间具有相同的方位失准角，但是 h 没有水平失准角。所以导航坐标系 n 与上述两个坐标系 h 和 b 之间的关系为

$$\boldsymbol{C}_n^b=\boldsymbol{C}_h^b\boldsymbol{C}_n^h \tag{4-3}$$

n 和 h 之间存在方位角误差，关系为

$$\boldsymbol{C}_n^h=\begin{bmatrix}\cos\phi_U & -\sin\phi_U & 0\\ \sin\phi_U & \cos\phi_U & 0\\ 0 & 0 & 1\end{bmatrix} \tag{4-4}$$

载体坐标系 b 与 h 之间存在的水平失准角为小角度，可得

$$C_h^b = \begin{bmatrix} 1 & 0 & -\phi_N \\ 0 & 1 & \phi_E \\ \phi_N & -\phi_E & 1 \end{bmatrix} \tag{4-5}$$

结合式（4－3）～式（4－5），可得

$$C_n^b = \begin{bmatrix} \cos\phi_U & \sin\phi_U & -\phi_N \\ -\sin\phi_U & \cos\phi_U & \phi_E \\ \phi_N\cos\phi_U + \phi_E\sin\phi_U & \phi_N\sin\phi_U - \phi_E\cos\phi_U & 1 \end{bmatrix} \tag{4-6}$$

若 ϕ_U 为小角度，则有

$$C_n^b = [I - (\phi\times)] \tag{4-7}$$

建立状态方程为

$$\dot{X} = FX + \tilde{N} + \delta g + \varepsilon \tag{4-8}$$

其中

$$X = [\delta p_E \quad \delta p_N \quad \delta p_U \quad \delta v_E^n \quad \delta v_N^n \quad \delta v_U^n \quad \phi_E \quad \phi_N \quad \sin\phi_U \quad \cos\phi_U - 1]$$

$$\tilde{N} = [0 \quad 0 \quad 0 \quad \nabla_E \quad \nabla_N \quad \nabla_U \quad 0 \quad 0 \quad 0 \quad 0]$$

$$\delta g = [0 \quad 0 \quad 0 \quad \delta g_E \quad \delta g_N \quad \delta g_U \quad 0 \quad 0 \quad 0 \quad 0]$$

$$\varepsilon = [0 \quad 0 \quad 0 \quad 0 \quad 0 \quad 0 \quad \varepsilon_E \quad \varepsilon_N \quad 0 \quad 0]$$

式中，δp 为位置误差；δv 为速度误差；ϕ 为姿态误差；$\tilde{N}$ 和 ε 分别为加速度计零偏和陀螺常值漂移；δg 为重力量测误差。下面对姿态和速度误差进行整理。

1）姿态误差

载体坐标系 b 相对于惯性系 i 的角速度如下：

$$\omega_{ib}^b = \omega_{in}^n - \varepsilon \tag{4-9}$$

式中，ε 为陀螺常值漂移。

载体坐标系 b 相对于导航系 n 的角速度为

$$\omega_{nb}^b = \omega_{ib}^b - \omega_{in}^b \tag{4-10}$$

将式（4－9）代入式（4－10），可得

$$\omega_{nb}^b = \omega_{in}^n - \omega_{in}^b - \varepsilon = \omega_{in}^n - C_n^b\omega_{in}^n - \varepsilon = (I - C_n^b)\omega_{in}^n - \varepsilon \tag{4-11}$$

将式（4－7）中的 C_n^b 代入式（4－11），可得

$$\begin{bmatrix}\omega_{nbx}^{b}\\ \omega_{nby}^{b}\\ \omega_{nbz}^{b}\end{bmatrix}=\begin{bmatrix}1-\cos\phi_U & -\sin\phi_U & \phi_N\\ \sin\phi_U & 1-\cos\phi_U & -\phi_E\\ -\phi_N\cos\phi_U-\phi_E\sin\phi_U & -\phi_N\sin\phi_U+\phi_E\cos\phi_U & 0\end{bmatrix}\begin{bmatrix}\omega_{inE}^{n}\\ \omega_{inN}^{n}\\ \omega_{inU}^{n}\end{bmatrix}-\begin{bmatrix}\varepsilon_E\\ \varepsilon_N\\ \varepsilon_U\end{bmatrix}\tag{4-12}$$

载体坐标系 b 与水平游移坐标系 h 之间存在的水平失准角为小角度，所以有

$$\begin{aligned}\dot{\phi}_E&=(1-\cos\phi_U)\omega_{inE}^{n}-\sin\phi_U\omega_{inN}^{n}+\phi_N\omega_{inU}^{n}-\varepsilon_E\\ \dot{\phi}_N&=\sin\phi_U\omega_{inE}^{n}+(1-\cos\phi_U)\omega_{inN}^{n}-\phi_E\omega_{inU}^{n}-\varepsilon_N\end{aligned}\tag{4-13}$$

设 ϕ_U 不随时间改变，$\sin\phi_U$ 和 $\cos\phi_U-1$ 为常数，姿态误差为

$$\frac{\mathrm{d}}{\mathrm{d}t}\begin{bmatrix}\phi_E\\ \phi_N\\ \sin\phi_U\\ \cos\phi_U-1\end{bmatrix}=\begin{bmatrix}0 & \omega_{inU}^{n} & -\omega_{inN}^{n} & \omega_{inE}^{n}\\ -\omega_{inU}^{n} & 0 & \omega_{inE}^{n} & \omega_{inN}^{n}\\ 0&0&0&0\\ 0&0&0&0\end{bmatrix}\begin{bmatrix}\phi_E\\ \phi_N\\ \sin\phi_U\\ \cos\phi_U-1\end{bmatrix}-\begin{bmatrix}\varepsilon_E\\ \varepsilon_N\\ 0\\ 0\end{bmatrix}\tag{4-14}$$

2）速度误差

速度误差方程为

$$\delta\dot{\boldsymbol{v}}^n=-(\boldsymbol{I}-\boldsymbol{C}_n^{h'})\boldsymbol{f}^n-(\boldsymbol{\omega}_{ie}^{n}+\boldsymbol{\omega}_{in}^{n})\times\delta\boldsymbol{v}^n+\tilde{\boldsymbol{N}}+\delta\boldsymbol{g}\tag{4-15}$$

将式（4-7）中的 $\boldsymbol{C}_n^b$ 代入式（4-15），可得

$$\frac{\mathrm{d}}{\mathrm{d}t}\begin{bmatrix}\delta v_E^n\\ \delta v_N^n\\ \delta v_U^n\end{bmatrix}=\begin{bmatrix}1-\cos\phi_U & -\sin\phi_U & \phi_N\\ \sin\phi_U & 1-\cos\phi_U & -\phi_E\\ -\phi_N\cos\phi_U-\phi_E\sin\phi_U & -\phi_N\sin\phi_U+\phi_E\cos\phi_U & 0\end{bmatrix}\begin{bmatrix}f_E^n\\ f_N^n\\ f_U^n\end{bmatrix}-$$

$$\begin{bmatrix}0 & -(\omega_{ie}^{n}+\omega_{in}^{n})_N & (\omega_{ie}^{n}+\omega_{in}^{n})_U\\ (\omega_{ie}^{n}+\omega_{in}^{n})_N & 0 & -(\omega_{ie}^{n}+\omega_{in}^{n})_E\\ -(\omega_{ie}^{n}+\omega_{in}^{n})_U & (\omega_{ie}^{n}+\omega_{in}^{n})_E & 0\end{bmatrix}\begin{bmatrix}\delta v_E^n\\ \delta v_N^n\\ \delta v_U^n\end{bmatrix}+\begin{bmatrix}\nabla_E\\ \nabla_N\\ \nabla_U\end{bmatrix}+\begin{bmatrix}\delta g_E\\ \delta g_N\\ \delta g_U\end{bmatrix}\tag{4-16}$$

由于 ϕ_E、ϕ_N 为小角度，所以将天向速度误差的微分项 $\delta\dot{v}_U^n$ 简化为

$$\delta\dot{v}_U^n\approx-\phi_N f_E^n+\phi_E f_N^n+(\omega_{ie}^{n}+\omega_{in}^{n})_U\delta v_E^n-(\omega_{ie}^{n}+\omega_{in}^{n})_E\delta v_N^n+\nabla_U+\delta g_U\tag{4-17}$$

其余两个方向上的速度误差微分为

$$
\begin{aligned}
\delta\dot{v}_E^n &= (\cos\phi_U - 1)f_E^n - \sin\phi_U f_N^n + \phi_N f_U^n + (\omega_{ie}^n + \omega_{in}^n)_N \delta v_N^n - \\
&\quad (\omega_{ie}^n + \omega_{in}^n)_U \delta v_U^n + \nabla_E + \delta g_E \\
\delta\dot{v}_N^n &= \sin\phi_U f_E^n + (\cos\phi_U - 1)f_N^n - \phi_E f_U^n - (\omega_{ie}^n + \omega_{in}^n)_N \delta v_E^n + \\
&\quad (\omega_{ie}^n + \omega_{in}^n)_E \delta v_U^n + \nabla_N + \delta g_N
\end{aligned} \tag{4-18}
$$

在方位失准角为大角度时的速度误差方程为

$$
\frac{\mathrm{d}}{\mathrm{d}t}[\delta v_E^n \quad \delta v_N^n \quad \delta v_U^n]^{\mathrm{T}} =
$$

$$
\begin{bmatrix}
0 & (\omega_{ie}^n + \omega_{in}^n)_N & -(\omega_{ie}^n + \omega_{in}^n)_U & 0 & f_U^n & -f_N^n & f_E^n \\
-(\omega_{ie}^n + \omega_{in}^n)_N & 0 & (\omega_{ie}^n + \omega_{in}^n)_E & -f_U^n & 0 & f_E^n & f_N^n \\
(\omega_{ie}^n + \omega_{in}^n)_U & -(\omega_{ie}^n + \omega_{in}^n)_E & 0 & f_N^n & -f_E^n & 0 & 0
\end{bmatrix}
$$

$$
\begin{bmatrix}
\delta v_E^n \\ \delta v_N^n \\ \delta v_U^n \\ \phi_E \\ \phi_N \\ \sin\phi_U \\ \cos\phi_U - 1
\end{bmatrix}
- [\nabla_E + \delta g_E \quad \nabla_N + \delta g_N \quad \nabla_U + \delta g_U]^{\mathrm{T}} \tag{4-19}
$$

综上，状态转移矩阵 $\boldsymbol{F}$ 可写为

$$
\boldsymbol{F} = \begin{bmatrix}
\boldsymbol{F}_1 & \boldsymbol{I}_{3\times 3} & \boldsymbol{O}_{3\times 4} \\
\boldsymbol{O}_{3\times 3} & \boldsymbol{F}_2 & \boldsymbol{F}_4 \\
\boldsymbol{O}_{4\times 3} & \boldsymbol{O}_{4\times 3} & \boldsymbol{F}_3
\end{bmatrix} \tag{4-20}
$$

其中，$\boldsymbol{F}_1$、$\boldsymbol{F}_2$、$\boldsymbol{F}_3$、$\boldsymbol{F}_4$ 分别为

$$
\boldsymbol{F}_1 = \begin{bmatrix}
0 & \omega_{enU}^n & -\omega_{enN}^n \\
-\omega_{enU}^n & 0 & \omega_{enE}^n \\
\omega_{enN}^n & -\omega_{enRE}^n & 0
\end{bmatrix},
$$

$$
\boldsymbol{F}_2 = \begin{bmatrix}
0 & (\omega_{ie}^n + \omega_{in}^n)_N & -(\omega_{ie}^n + \omega_{in}^n)_U \\
-(\omega_{ie}^n + \omega_{in}^n)_N & 0 & (\omega_{ie}^n + \omega_{in}^n)_E \\
(\omega_{ie}^n + \omega_{in}^n)_U & -(\omega_{ie}^n + \omega_{in}^n)_E & 0
\end{bmatrix}
$$

$$\boldsymbol{F}_3=\begin{bmatrix}0 & \omega_{inU}^n & -\omega_{inN}^n & \omega_{inE}^n\\ -\omega_{inU}^n & 0 & \omega_{inE}^n & \omega_{inN}^n\\ 0 & 0 & 0 & 0\\ 0 & 0 & 0 & 0\end{bmatrix},\ \boldsymbol{F}_4=\begin{bmatrix}0 & f_U^n & -f_N^n & f_E^n\\ -f_U^n & 0 & f_E^n & f_N^n\\ f_N^n & -f_E^n & 0 & 0\end{bmatrix}$$

由误差模型可以看出，与4.1.1小节中对准方法不同的是，本小节采用游移方位失准角的正余弦函数 $\sin\phi_U$ 和 $\cos\phi_U-1$ 为状态变量，$\sin\phi_U$ 和 $\cos\phi_U-1$ 与速度误差的相关系数分别为 f_E^n 和 f_N^n。显而易见，在跑车过程中的载体水平加速度 f_E^n 和 f_N^n 不为小量，该系数要比4.1.1小节中的耦合系数高出四五个数量级，可知该对准方法对游移方位角误差可观测性的提高有很大帮助，较好地克服了方位角误差可观测性弱的问题。

2. 观测方程

大失准角条件下的观测方程与一般的观测方程会有一定差别，主要是由卫星天线到惯导之间的杆臂造成的。两者之间的位置关系为

$$\boldsymbol{p}_{\mathrm{INS}}=\boldsymbol{p}_{\mathrm{GPS}}-\boldsymbol{C}_b^n\boldsymbol{L}^b \tag{4-21}$$

式中，$\boldsymbol{L}^b$ 为载体系中的杆臂。

忽略式（4-21）中的高阶小量，建立位置观测量

$$\begin{aligned}\Delta\boldsymbol{p}&=\hat{\boldsymbol{p}}_{\mathrm{INS}}+\hat{\boldsymbol{C}}_b^n\hat{\boldsymbol{L}}^b-\boldsymbol{p}_{\mathrm{GPS}}=\delta\boldsymbol{p}_{\mathrm{INS}}+\boldsymbol{p}_{\mathrm{INS}}-\boldsymbol{p}_{\mathrm{GPS}}+(\delta\boldsymbol{C}_b^n+\boldsymbol{C}_b^n)(\delta\boldsymbol{L}^b+\boldsymbol{L}^b)\\&\approx\delta\boldsymbol{p}_{\mathrm{INS}}+\delta\boldsymbol{C}_b^n\boldsymbol{L}^b+\boldsymbol{C}_b^n\delta\boldsymbol{L}^b\end{aligned} \tag{4-22}$$

式中，$\boldsymbol{C}_b^n$ 为真实捷联矩阵；$\hat{\boldsymbol{C}}_b^n$ 为计算捷联矩阵。

分析式（4-22）可知，在杆臂 $\boldsymbol{L}^b$ 不为零的情况下，大方位失准角可以被直接观测，其可观测度大小与杆臂的长度有着直接关系。从理论上讲，如果使用错误的杆臂信息或将其直接忽略，会导致滤波发散。

对比式（4-22）与超短基线（super short baseline，SSBL）量测，可看出在大失准角的情况下，利用卫星量测的方位角估计结果明显优于利用SSBL量测的结果。这是因为SSBL在滤波过程中提供的是直接位置信息，而卫星提供的是带有杆臂补偿的位置信息，这对提高方位角误差的可观测度有很大帮助。

卫星所提供的速度和位置观测量使得大的方位失准角可被估计，且可以在较少的机动条件下完成对准任务。另外，加长杆臂对提高滤波收敛速度和对准效率将会有一定帮助。

在粗对准完成后，方位失准角变为小角，在接下来的精对准过程中有

$$\sin\phi_U\approx\phi_U,\ \cos\phi_U\approx 1 \tag{4-23}$$

所以，状态变量由式（4-8）变为

$$X = [\delta p_E \quad \delta p_N \quad \delta p_U \quad \delta v_E^n \quad \delta v_N^n \quad \delta v_U^n \quad \phi_E \quad \phi_N \quad \phi_U] \tag{4-24}$$

姿态误差方程中的天向变为

$$\dot{\phi}_U = -\phi_N \omega_{inE}^n + \phi_E \omega_{inN}^n - \varepsilon_U \tag{4-25}$$

精对准过程和普通的滤波对准过程无异，具体过程这里不再赘述。

4.1.3 试验验证

通过试验的方式将典型和改进的两种初始对准方法进行对比。试验对象为某型自行火炮的炮载定位定向系统。试验要求天气状况良好，整个跑车过程包括匀速、转弯、加减速、上下坡等阶段，目的是保证充足的外部激励，总的试验时间为1 932 s，惯导和卫星的采集频率之比为100：1。图4－1为试验火炮所搭载的卫星天线以及车内用于数据采集和处理的便携设备。

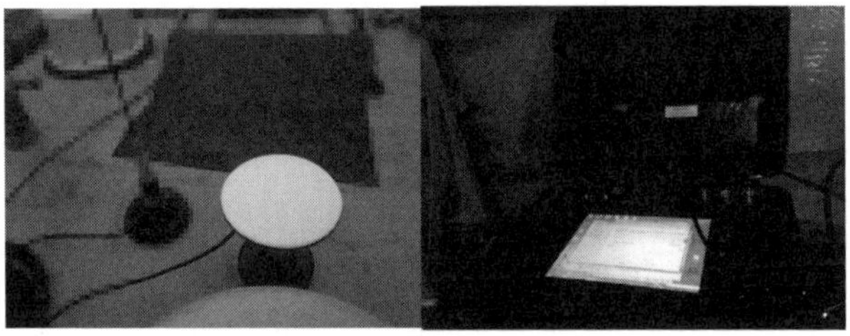

图4－1　卫星天线和便携式数据处理设备

图4－2～图4－4分别为方位失准角为1 000′、1 800′、2 500′时典型对准方法与改进方法的方位角对准结果对比。

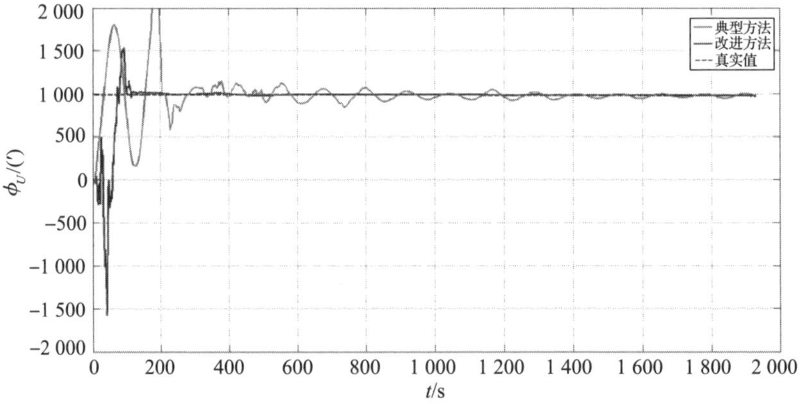

图4－2　方位失准角为1 000′的结果对比

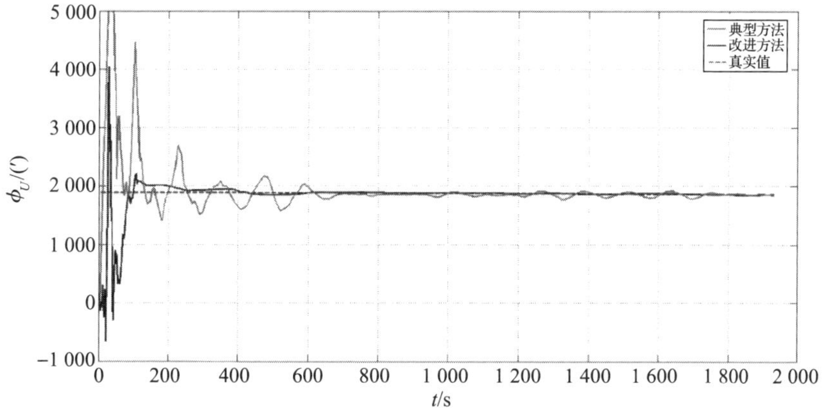

图 4－3　方位失准角为 1 800′的结果对比

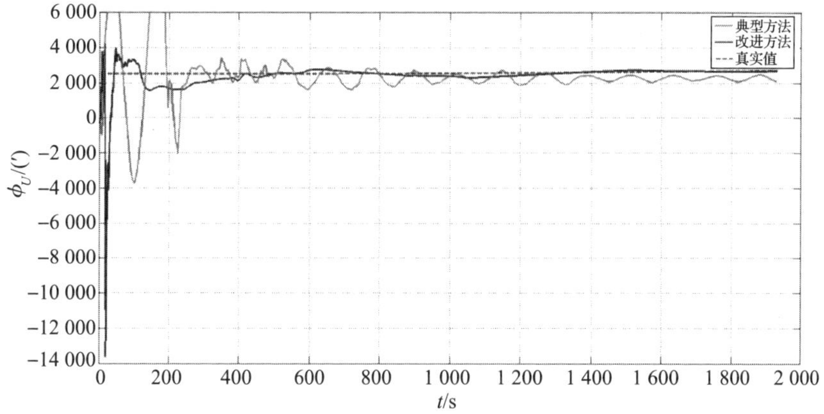

图 4－4　方位失准角为 2 500′的结果对比

由图 4－2～图 4－4 可看出，在大失准角的情况下，典型对准方法和本节提出的对准方法均可完成对准任务，但是后者的收敛过程平稳、实时性好；在 100 s 时收敛，且最终收敛到 1°以内，效果明显优于典型对准方法，足以证明改进对准方法可以提高方位失准角的观测度的结论。

图 4－5 为方位失准角为 2 500′时的位置误差。从图 4－5 中可看出，水平方向的两个位置误差可以控制在 ±2 m 以内，而且 400 s 之后，可减少到 ±1 m 以内；而天向的位置误差在 400 s 之前较大，在 400 s 之后也可收敛到 ±2 m，达到了较高的定位精度。

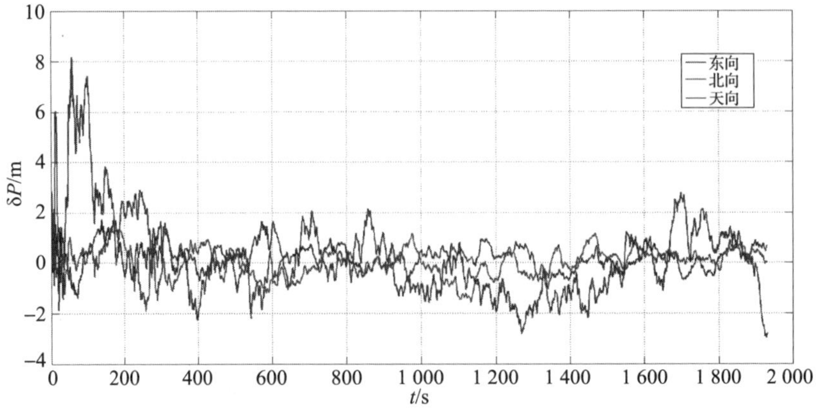

图 4－5　方位失准角为 2 500′时的位置误差

综上，在建立了大失准角误差模型的基础上，将失准角的正余弦函数作为状态变量。试验结果表明所提方法可以有效改善方位失准角的可观测性，使导航可以在大失准角的情况下直接进行。所提对准方案不仅给大失准角对准的问题提供了解决方案，而且对提高导航效率有很大帮助。

4.2　基于非线性观测器的参数估计方法

恶劣的行驶环境以及射击时产生的巨大冲击，会导致炮载定位定向系统在使用过程中产生严重的非线性，再加上硬件和算法上存在的不足，给自行火炮定位精度带来了严峻挑战。本节将构造具有稳定性的非线性观测器。相比扩展卡尔曼滤波等非线性估计算法，这类观测器占用的计算空间更小，大大降低了使用过程中时间成本。

在低动态的应用中，重力矢量可以用作固定参考向量，但通常真实的参考向量是时变的，这时可将 GNSS（全球导航卫星系统）速度的导数作为参考向量。在姿态和漂移量的估计问题上，首先考虑 Hamel 和 Mahony 等人提出的观测器，当参考向量静止，或者参考向量是时变但陀螺测量是无偏差时，该观测器是稳定的。在非线性观测器的构造过程中，将一种参数投影关系添加到误差估计过程中，并证明所建立的观测器是半全局指数稳定的。提出一种指数级收敛算法，通过使用无偏差参考向量来估计载体系中的量测误差。

整个非线性观测器分为姿态估计器、组合观测器和时间延迟补偿器三个部分，下面将逐一介绍。

4.2.1　非线性观测器设计

在提出非线性观测器之前，首先介绍以下预备知识。

符号 $\|\cdot\|$ 为向量的欧式范数和与之对应矩阵的诱导范数。符号（$\cdot\times$）为向量的反对称阵。对称正定矩阵 $\boldsymbol{P}$ 的最小和最大特征值分别为 $\lambda_{\min}(\boldsymbol{P})$ 和 $\lambda_{\max}(\boldsymbol{P})$。所有动态系统的初始时间均为 $t=0$。

设有四元数 $q=[s_q;\ \boldsymbol{r}_q]$，$s_q\in\mathbf{R}$ 和 $\boldsymbol{r}_q\in\mathbf{R}^3$ 分别为 q 的实部和虚部，四元数乘法法则为 $q\otimes p=\begin{bmatrix} s_q s_p-\boldsymbol{r}'_q\boldsymbol{r}_p \\ s_q\boldsymbol{r}_p+s_p\boldsymbol{r}_q+\boldsymbol{r}_q\times\boldsymbol{r}_p\end{bmatrix}$。$\tilde{q}$ 的共轭为 $q^*=[s_q;\ -\boldsymbol{r}_q]$。对于实部为零，只包含虚部的四元数可表示为，$\bar{x}=[0;\ \boldsymbol{x}]$，$\boldsymbol{x}\in\mathbf{R}^3$。

定义惯性系为 i，地球系为 e，导航系为 n，载体系为 b。$q_b^n=[s;\ \boldsymbol{r}]$ 为 b 系到 n 系的旋转四元数，与之对应的方向余弦矩阵为 $\boldsymbol{C}_b^n=\boldsymbol{I}+2s(\boldsymbol{r}\times)+2(s\times)^2$。

假设1：存在常数 $c_{\mathrm{obs}}>0$，满足 $t>0$ 时，有 j，$k\in 1$，…，n，使得 $\|m_j^i\times m_k^i\|\geqslant c_{\mathrm{obs}}$。

假设2：陀螺常值漂移 b 为常值，且存在常数 $M_b>0$，使得 $\|b\|\leqslant M_b$。

陀螺量测为 $\omega_m=\omega+b$，利用如下观测器对方向余弦矩阵 $\boldsymbol{C}_b^n$ 和陀螺常值漂移 b 进行估计：

$$\begin{cases}\dot{\hat{\boldsymbol{C}}}{}_b^n=\hat{\boldsymbol{C}}_b^n(\tilde{\omega}_m-b+\tilde{\sigma}) \\ \dot{\hat{b}}=-k_I\sigma,\quad \sigma=\sum\limits_{j=1}^{n}k_j\bar{m}_j^b\times\hat{\boldsymbol{C}}_n^b\bar{m}_j^n\end{cases}\tag{4-26}$$

式中，k 为观测器的增益；$k_j\geqslant k_P>0$，$j=1$，…，n；m 为外部参考信息（如里程计、磁力计等），$\bar{m}=m/\|m\|$，且通过假设条件可知外部参考信息是稳定的。易证明以上两个观测器的误差动态特性是局部指数稳定的，即几乎在所有初始条件下，观测器状态都可以收敛于初始状态。当外部参考信息为时变量时，若忽略陀螺常值漂移，上述收敛状况依旧可以得到证明。

真实方向余弦矩阵为 $\boldsymbol{C}_b^n$，计算方向余弦矩阵为 $\hat{\boldsymbol{C}}_b^n$，则计算误差可表示为 $\delta\boldsymbol{C}_b^n=\boldsymbol{C}_b^n\hat{\boldsymbol{C}}_b^{n\mathrm{T}}$，对计算误差两边求导可得

$$\delta\dot{\boldsymbol{C}}_b^n=\dot{\boldsymbol{C}}_b^n\hat{\boldsymbol{C}}_b^{n\mathrm{T}}+\boldsymbol{C}_b^n\dot{\hat{\boldsymbol{C}}}{}_b^{n\mathrm{T}}=\boldsymbol{C}_b^n(\omega\times)\hat{\boldsymbol{C}}_b^{n\mathrm{T}}-\boldsymbol{C}_b^n[(\omega_m+b_g)\times]\hat{\boldsymbol{C}}_b^{n\mathrm{T}}=-[(\boldsymbol{C}_b^n b_g)\times]\delta\boldsymbol{C}_b^n\tag{4-27}$$

式中，$(\cdot\times)^{\mathrm{T}}=-(\cdot\times)$；$\boldsymbol{C}(\cdot\times)\hat{\boldsymbol{C}}^{\mathrm{T}}=(\boldsymbol{C}\cdot)\times$。

式（4－27）可等效为如下四元数表达方式：

$$\begin{cases}\dot{\delta s}=\dfrac{1}{2}\delta\boldsymbol{r}^{\mathrm{T}}\boldsymbol{C}_b^n\sigma\\ \dot{\delta\boldsymbol{r}}=-\dfrac{1}{2}(\delta s\boldsymbol{I}-(\delta\boldsymbol{r}\times))\boldsymbol{C}_b^n\sigma\end{cases}\tag{4-28}$$

上述四元数的实部和虚部满足 $\bar{s}^2+\|\bar{\boldsymbol{r}}\|^2=1$。

另外

$$\begin{aligned}\boldsymbol{C}_b^n\sigma&=\sum_{j=1}^{n}k_j\boldsymbol{C}_b^n(\bar{m}_j^b\times)\hat{\boldsymbol{C}}_n^b\bar{m}_j^n=\sum_{j=1}^{n}k_j(\boldsymbol{C}_b^n\bar{m}_j^b\times)\delta\boldsymbol{C}_b^n\bar{m}_j^n\\&=\sum_{j=1}^{n}k_j(\bar{m}_j^n\times)(\boldsymbol{I}+2\delta s(\delta\boldsymbol{r}\times)+2(\delta\boldsymbol{r}\times)^2)\bar{m}_j^n\\&=2\sum_{j=1}^{n}k_j(\bar{m}_j^n\times)(\delta s(\delta\boldsymbol{r}\times)+(\delta\boldsymbol{r}\times)^2)\bar{m}_j^n\end{aligned}\tag{4-29}$$

定义类李雅普诺夫函数 $V(\delta s)=1-\delta s^2=\|\delta\boldsymbol{r}\|^2$，两边求导可得

$$\begin{aligned}\dot{V}&=-2\delta s\cdot\delta\boldsymbol{r}^{\mathrm{T}}\sum_{j=1}^{n}k_j(\bar{m}_j^n\times)(\delta s(\delta\boldsymbol{r}\times)+(\delta\boldsymbol{r}\times)^2)\bar{m}_j^n\\&=-2\delta s\sum_{j=1}^{n}k_j(\delta\boldsymbol{r}\times\bar{m}_j^n)^{\mathrm{T}}(\delta s\boldsymbol{I}+(\delta\boldsymbol{r}\times)^2)(\delta\boldsymbol{r}\times\bar{m}_j^n)\\&\leqslant-2k_P\sum_{j=1}^{n}\delta s^2\|\delta\boldsymbol{r}\times\bar{m}_j^n\|^2\end{aligned}\tag{4-30}$$

式中，在推导过程中有 $\boldsymbol{x}^{\mathrm{T}}(\boldsymbol{y}\times)\boldsymbol{x}=\boldsymbol{0}$。

通过式（4－30）可看出，当 $\delta s\neq0$ 并且 $|\delta s|\neq1$ 时，$\dot{V}$ 是负定的。即 $|\delta s|$ 是单调递增的，说明在任何初始条件下，姿态误差均呈现收敛趋势。

1. 理想姿态估计器

研究对象是由 IMU 和 GNSS 组成的松组合导航定位系统，主要目的是建立状态观测器进行实时的高精度卫星辅助导航，且为提高定位精度，还考虑了卫星定位系统的时间延迟。将卫星提供的位置和速度信息中存在的时间延迟分别记作 τ_p 和 τ_v，在大多数系统中，上述两类时间延迟往往相同，所以在下面的分析和讨论过程中将时间统一记为 $\tau=\max(\tau_p,\tau_v)$，且在本章中时间延迟视为已知量，通过 U－blox 芯片获取。

在考虑时间延迟 τ 的情况下，速度 v^n、姿态 q_b^n、位置 p^n 和陀螺漂移 b^b 分别为

$$\begin{cases}\dot{v}^n(t-\tau) = -2(\omega_{ie}^e\times)v^n(t-\tau)+C_b^n(t-\tau)f^b(t-\tau)+g\\ \dot{q}_b^n(t-\tau)=\frac{1}{2}q_b^n(t-\tau)\otimes\bar{\omega}_{ib}^b(t-\tau)-\frac{1}{2}\bar{\omega}_{in}^n\otimes q_b^n(t-\tau)\\ \dot{p}^n(t-\tau)=v^n(t-\tau)\\ \dot{b}^b(t-\tau)=0\end{cases}\tag{4-31}$$

式中，f^b 为量测所得的比力；g 为当地的重力加速度。

下面将详细介绍非线性观测器的设计过程。

为估计姿态四元数和陀螺常值漂移，建立姿态估计器为

$$\begin{aligned}\dot{\hat{q}}_b^n(t-\tau)&=\frac{1}{2}\hat{q}_b^n(t-\tau)\otimes(\bar{\omega}_{ib,\mathrm{IMU}}^b(t-\tau)-\bar{\hat{b}}^b(t-\tau)+\bar{\sigma}(t-\tau))-\\&\quad\frac{1}{2}\bar{\omega}_{in}^n\otimes\hat{q}_b^n(t-\tau)\\ \dot{\hat{b}}^b(t-\tau)&=\mathrm{Proj}(\hat{b}^b(t-\tau),-k_I\sigma(t-\tau))\end{aligned}\tag{4-32}$$

式中，$k_I>0$ 且为常值；Proj(·,·) 为一种参数投影关系，表示陀螺漂移的估计值范围是以 M_b 为半径的球体，即 $\|\hat{\boldsymbol{b}}^b\|\leqslant M_b$。

Proj($\hat{\boldsymbol{b}}^b$, $\boldsymbol{y}$) 可表示为

$$\mathrm{Proj}(\hat{\boldsymbol{b}}^b,\boldsymbol{y})=\begin{cases}\left(\boldsymbol{I}_3-\dfrac{c(\hat{\boldsymbol{b}}^b)}{\|\hat{\boldsymbol{b}}^b\|^2}\hat{\boldsymbol{b}}^b\hat{\boldsymbol{b}}^{b\mathrm{T}}\right)y,\ \|\hat{\boldsymbol{b}}^b\|\geqslant M_b,\ \hat{\boldsymbol{b}}^{b\mathrm{T}}y>0\\ \boldsymbol{y},\ 其他\end{cases}\tag{4-33}$$

$$\sigma(t-\tau)=k_1m_1^b(t-\tau)\times\hat{\boldsymbol{C}}_n^b(t-\tau)m_1^n(t-\tau)+k_2m_2^b(t-\tau)\times\hat{\boldsymbol{C}}_n^b(t-\tau)m_2^n(t-\tau)\tag{4-34}$$

式中，k_1、k_2 为增益，且满足 $k_1>k_P$、$k_2>k_P$；$\boldsymbol{m}_1^b$、$\boldsymbol{m}_2^b$ 为载体坐标系下的参考向量；$\boldsymbol{m}_1^n$、$\boldsymbol{m}_2^n$ 为与之对应的导航坐标系下的参考向量。在理想姿态估计器中，上述四个参考向量均认为已知准确量（具体定义在下文“真实姿态估计器”中）。

定义姿态估计器误差为 $\delta q=q_b^n\otimes\hat{q}_b^{n*}$、$\delta\boldsymbol{b}=\boldsymbol{b}^b-\hat{\boldsymbol{b}}^b$。令 $\delta q=[\delta s;\ \delta\boldsymbol{r}]$，若 $|\delta s|=1$，则 $\delta\boldsymbol{r}=\boldsymbol{0}$，此时姿态估计误差为零；若 $|\delta s|=0$，则表示姿态估计误差在某个方向上为 180°。为证明观测器的稳定性，需要估计误差项 $\delta\chi=[\delta\boldsymbol{r},\ \delta\boldsymbol{b}]$ 可以在初始值任意大的情况下，呈指数形式收敛到零。

设 $\varepsilon\in\left(0,\ \frac{1}{2}\right)$，令 $\delta L(\varepsilon)=\{\delta q\,|\,|\delta s|>\varepsilon\}$，表示姿态估计误差与 180°保

持较大的距离。可得如下半全局指数稳定结论。

引理 4-1：对于每一个 $\varepsilon \in \left(0, \frac{1}{2}\right)$，都对应存在一个 $k_P^* > 0$，并且如果 $k_P > k_P^*$，则对于初始条件 $q(0) \in \delta L(\varepsilon)$ 和 $\|\hat{b}^b(0)\| \leqslant M_{\hat{b}}$ 可得

$$\|\delta\chi(t)\| \leqslant K\mathrm{e}^{-\lambda t}\|\delta\chi(0)\| \tag{4-35}$$

式中，K 和 λ 为大于零的常值。

证明：将姿态观测器中四元数拆分为实部和虚部，表达式为

$$\dot{\delta s}(t-\tau) = \frac{1}{2}\delta \boldsymbol{r}^{\mathrm{T}}(t-\tau)\boldsymbol{C}_b^n(t-\tau)(\delta b(t-\tau) + \sigma(t-\tau)) \tag{4-36}$$

$$\begin{aligned}\dot{\delta r}(t-\tau) = &-\frac{1}{2}(\boldsymbol{I}\delta s(t-\tau) - (\delta r(t-\tau)\times))\boldsymbol{C}_b^n(t-\tau)(\delta b(t-\tau) + \\ &\sigma(t-\tau)) + (\delta r(t-\tau)\times)\omega_{ie}^e\end{aligned} \tag{4-37}$$

$$\dot{\delta b}(t-\tau) = -\mathrm{Proj}(\hat{b}^b(t-\tau), -k_I\sigma(t-\tau)) \tag{4-38}$$

由于时延量 τ 对稳定性证明没有影响，所以在下面的证明过程中不考虑时延的影响。

定义 $M>0$，$\|\delta\boldsymbol{b}\| \leqslant M$；$l>0$，$l<\min\{1/(2k_I), c_{\mathrm{obs}}^2\varepsilon^2/(12nM+8k_In)\}$；$a = c_{\mathrm{obs}}^2\varepsilon^2 - l(12nM+8k_In)$；$k_P = \max\{M/(c_{\mathrm{obs}}^2\varepsilon^2(1-\varepsilon^2)), ((1+2l\overline{\omega})^2 + 4l^2M^2\varepsilon^2)/(4al\varepsilon^2)\}$。

因为有 $k_P > \bar{k}_P > M/(c_{\mathrm{obs}}^2\varepsilon^2(1-\varepsilon^2))$，所以将上文建立的李雅普诺夫函数的导数重写为

$$\dot{V} = -\delta s \cdot \delta\boldsymbol{r}^{\mathrm{T}}\boldsymbol{C}_b^n\delta\boldsymbol{b} - k_Pc_{\mathrm{obs}}^2\delta s^2(1-\delta s^2) \leqslant M - k_Pc_{\mathrm{obs}}^2\delta s^2(1-\delta s^2) \tag{4-39}$$

当 $|\delta s| = \varepsilon$ 时，有 $\dot{V} \leqslant M - k_Pc_{\mathrm{obs}}^2\varepsilon^2(1-\varepsilon^2) < M - M = 0$。即当 $|\delta s| = \varepsilon$ 时，$\dot{V}$ 递减，$|\delta s|$ 递增。这就意味着在有约束 $|\delta s| \geqslant \varepsilon$ 时，上述结论将始终成立。

下面针对三个误差项构建另一个类李雅普诺夫函数。

$$W(\delta\boldsymbol{r}, \delta s, \delta\boldsymbol{b}) = V(\delta s) + 2l\delta s\delta\boldsymbol{r}^{\mathrm{T}}\boldsymbol{C}_b^n\delta\boldsymbol{b} + \frac{l}{2k_I}\delta\boldsymbol{b}^{\mathrm{T}}\delta\boldsymbol{b} \tag{4-40}$$

由式（4-40）可知，$W \geqslant \|\delta\boldsymbol{r}\|^2 - 2l\|\delta\boldsymbol{r}\|\|\delta\boldsymbol{b}\| + (l/2k_I)\|\delta\boldsymbol{b}\|^2$，分析 l 的设置范围可知上述关于 $\bar{r}$、$\bar{b}$ 的二项式为正定的，从而存在正常数 κ_1、κ_2，使得 $\kappa_1\|(\delta\boldsymbol{r}, \delta\boldsymbol{b})\|^2 \leqslant W \leqslant \kappa_2\|(\delta\boldsymbol{r}, \delta\boldsymbol{b})\|^2$。由于 $\|\mathrm{Proj}(\hat{\boldsymbol{b}}^b, -k_I\boldsymbol{\sigma})\| \leqslant k_I\|\boldsymbol{\sigma}\|$、$-\delta\boldsymbol{b}^{\mathrm{T}}\mathrm{Proj}(\hat{\boldsymbol{b}}^b, -k_I\boldsymbol{\sigma}) \leqslant k_I\delta\boldsymbol{b}^{\mathrm{T}}\boldsymbol{\sigma}$，对式（4-40）求导，简化可得

$$\begin{aligned}\dot{W} \leqslant &-\delta s\delta\boldsymbol{r}^{\mathrm{T}}\boldsymbol{C}_b^n\delta\boldsymbol{b} - k_Pc_{\mathrm{obs}}^2\delta s^2(1-\delta s^2) + l\delta\boldsymbol{r}^{\mathrm{T}}\boldsymbol{C}_b^n\delta\boldsymbol{b}\delta\boldsymbol{r}^{\mathrm{T}}\boldsymbol{C}_b^n\delta\boldsymbol{b} + l\delta\boldsymbol{r}^{\mathrm{T}}\boldsymbol{C}_b^n\boldsymbol{\sigma}\delta\boldsymbol{r}^{\mathrm{T}}\boldsymbol{C}_b^n\delta\boldsymbol{b} - \\ &l\delta s^2\delta\boldsymbol{b}^{\mathrm{T}}\delta\boldsymbol{b} - l\boldsymbol{\sigma}^{\mathrm{T}}\boldsymbol{C}_b^{n\mathrm{T}}(\delta s^2\boldsymbol{I} + \delta s(\delta\boldsymbol{r}\times))\boldsymbol{C}_b^n\delta\boldsymbol{b} + 2l\delta s\delta\boldsymbol{r}^{\mathrm{T}}\boldsymbol{C}_b^n(\boldsymbol{\omega}\times)\delta\boldsymbol{b} -\end{aligned}$$

$$
\begin{aligned}
&2l\delta s\delta\boldsymbol{r}^{\mathrm{T}}\boldsymbol{C}_b^n\mathrm{Proj}(\hat{\boldsymbol{b}}^b,\ -k_I\boldsymbol{\sigma})-\frac{l}{k_I}\delta\boldsymbol{b}^{\mathrm{T}}\mathrm{Proj}(\hat{\boldsymbol{b}}^b,\ -k_I\boldsymbol{\sigma})-2l\delta s\boldsymbol{\omega}_{in}^{n\mathrm{T}}(\delta\boldsymbol{r}\times)\boldsymbol{C}_b^n\delta\boldsymbol{b}\\
\leqslant&\ \|\delta\boldsymbol{r}\|\ \|\delta\boldsymbol{b}\|-k_Pc_{\mathrm{obs}}^2\delta s^2\ \|\delta\boldsymbol{r}\|^2+l\ \|\delta\boldsymbol{r}\|^2\ \|\delta\boldsymbol{b}\|^2-l\delta s^2\ \|\delta\boldsymbol{b}\|^2-\\
&l\boldsymbol{\sigma}^{\mathrm{T}}\boldsymbol{C}_b^{n\mathrm{T}}((1-\|\delta\boldsymbol{r}\|^2)\boldsymbol{I}+\delta s(\delta\boldsymbol{r}\times)-\delta\boldsymbol{r}\delta\boldsymbol{r}^{\mathrm{T}})\boldsymbol{C}_b^n\delta\boldsymbol{b}+2l\bar{\omega}\ \|\delta\boldsymbol{r}\|\ \|\delta\boldsymbol{b}\|+\\
&2lk_I\ \|\delta\boldsymbol{r}\|\ \|\sigma\|+l\boldsymbol{\sigma}^{\mathrm{T}}\delta\boldsymbol{b}+2l\ \|\boldsymbol{\omega}_{in}^n\|\ \|\delta\boldsymbol{r}\|\ \|\delta\boldsymbol{b}\|\\
=&\ \|\delta\boldsymbol{r}\|\ \|\delta\boldsymbol{b}\|-k_Pc_{\mathrm{obs}}^2\delta s^2\ \|\delta\boldsymbol{r}\|^2+l\ \|\delta\boldsymbol{r}\|^2\ \|\delta\boldsymbol{b}\|^2-l\delta s^2\ \|\delta\boldsymbol{b}\|^2-\\
&l\boldsymbol{\sigma}^{\mathrm{T}}\boldsymbol{C}_b^{n\mathrm{T}}(-\|\delta\boldsymbol{r}\|^2\boldsymbol{I}+\delta s(\delta\boldsymbol{r}\times)-\delta\boldsymbol{r}\delta\boldsymbol{r}^{\mathrm{T}})\boldsymbol{C}_b^n\delta\boldsymbol{b}+2l\bar{\omega}\ \|\delta\boldsymbol{r}\|\ \|\delta\boldsymbol{b}\|+\\
&2lk_I\ \|\delta\boldsymbol{r}\|\ \|\boldsymbol{\sigma}\|+2l\ \|\boldsymbol{\omega}_{in}^n\|\ \|\delta\boldsymbol{r}\|\ \|\delta\boldsymbol{b}\|
\end{aligned}
\tag{4-41}
$$

式中，$\bar{\omega}\geqslant\|\boldsymbol{\omega}\|$，且有 $\|\boldsymbol{\sigma}\|=\|\boldsymbol{C}_b^n\boldsymbol{\sigma}\|=2\|\sum_{j=1}^n k_j(\bar{m}_j^i\times)(\delta s(\delta\boldsymbol{r}\times)+(\delta\boldsymbol{r}\times)^2)\bar{m}_j^i\|\leqslant 4k_Pn\|\delta\boldsymbol{r}\|$，利用边界条件$|s|\geqslant\varepsilon$，可得

$$
\begin{aligned}
\dot{W}\leqslant&\ \|\delta\boldsymbol{r}\|\ \|\delta\boldsymbol{b}\|-k_Pc_{\mathrm{obs}}^2\varepsilon^2\|\delta\boldsymbol{r}\|^2+l\|\delta\boldsymbol{r}\|^2\|\delta\boldsymbol{b}\|^2-l\varepsilon^2\|\delta\boldsymbol{b}\|^2+\\
&4lk_Pn\|\delta\boldsymbol{r}\|(2\delta\boldsymbol{r}^2+\|\delta\boldsymbol{r}\|)\|\delta\boldsymbol{b}\|+2l\bar{\omega}\|\delta\boldsymbol{r}\|\ \|\delta\boldsymbol{b}\|+\\
&8lk_Ik_Pn\ \|\delta\boldsymbol{r}\|^2+2l\|\boldsymbol{\omega}_{ie}^e\|\ \|\delta\boldsymbol{r}\|\ \|\delta\boldsymbol{b}\|\\
\leqslant&\ \|\delta\boldsymbol{r}\|\ \|\delta\boldsymbol{b}\|-k_Pc_{\mathrm{obs}}^2\varepsilon^2\ \|\delta\boldsymbol{r}\|^2+lM^2\ \|\delta\boldsymbol{r}\|^2-l\varepsilon^2\ \|\delta\boldsymbol{b}\|^2+\\
&12lk_PnM\ \|\delta\boldsymbol{r}\|^2+2l(\bar{\omega}+\|\boldsymbol{\omega}_{in}^n\|)\|\delta\boldsymbol{r}\|\ \|\delta\boldsymbol{b}\|+8lk_Ik_Pn\ \|\delta\boldsymbol{r}\|^2\\
=&-[\ \|\delta\boldsymbol{r}\|\quad\|\delta\boldsymbol{b}\|\ ]\begin{bmatrix}k_Pa-lM^2 & -\dfrac{1}{2}(1+2l\bar{\omega}_{bn}^n)\\ -\dfrac{1}{2}(1+2l\bar{\omega}_{bn}^n) & l\varepsilon^2\end{bmatrix}\begin{bmatrix}\|\delta\boldsymbol{r}\|\\ \|\delta\boldsymbol{b}\|\end{bmatrix}
\end{aligned}
\tag{4-42}
$$

令 $\boldsymbol{Q}=\begin{bmatrix}k_Pa-lM^2 & -\dfrac{1}{2}(1+2l\bar{\omega}_{bn}^n)\\ -\dfrac{1}{2}(1+2l\bar{\omega}_{bn}^n) & l\varepsilon^2\end{bmatrix}$

$\boldsymbol{Q}$ 的一阶子式为

$$
\begin{aligned}
&k_Pa-lM^2>\bar{k}_Pa-lM^2\geqslant((1+2l\bar{\omega}_{bn}^n)^2+4l^2M^2\varepsilon^2)a/(4al\varepsilon^2)-lM^2\\
&\geqslant 4l^2M^2\varepsilon^2a/(4al\varepsilon^2)-lM^2=lM^2-lM^2=0
\end{aligned}
\tag{4-43}
$$

二阶子式为

$$
\begin{aligned}
&(k_p a - lM^2) l\varepsilon^2 - \frac{1}{4}(1 + 2l\bar{\omega}_{bn}^n)^2 > (\bar{k}_p a - lM^2) l\varepsilon^2 - \frac{1}{4}(1 + 2l\bar{\omega}_{bn}^n)^2 \\
&\geqslant (((1 + 2l\bar{\omega}_{bn}^n)^2 + 4l^2 M^2 \varepsilon^2) a/(4al\varepsilon^2) - lM^2) l\varepsilon^2 - \frac{1}{4}(1 + 2l\bar{\omega}_{bn}^n)^2 \\
&= ((1 + 2l\bar{\omega}_{bn}^n)^2 a/(4al\varepsilon^2) + lM^2 - lM^2) l\varepsilon^2 - \frac{1}{4}(1 + 2l\bar{\omega}_{bn}^n)^2 \\
&= \frac{1}{4}(1 + 2l\bar{\omega}_{bn}^n)^2 - \frac{1}{4}(1 + 2l\bar{\omega}_{bn}^n)^2 = 0
\end{aligned}
\tag{4-44}
$$

从而 Q 是正定的，$\dot{W}$ 是负定的。存在正常数 κ_3，使得 $\dot{W} \leqslant -\kappa_3 \|(\delta \boldsymbol{r}, \delta \boldsymbol{b})\|^2 = -\kappa_3 \|\delta \boldsymbol{\chi}\|^2$；进而存在正常数 κ 使得 $\dot{W} \leqslant -\kappa W$。利用文献 *Nonlinear Systems*（Khalil H K）中的引理 3.4，可知在 $t > 0$ 时，存在正常数 K 和 λ 满足 $\|(\delta r(t), \delta b(t))\| \leqslant K\mathrm{e}^{-\lambda t} \|(\delta r(0), \delta b(0))\|$。因而，证明了姿态观测器是稳定的。

2. 真实姿态估计器

“理想姿态估计器”中的姿态估计器，是在四个外部参考向量（$\boldsymbol{m}_1^b$、$\boldsymbol{m}_2^b$、$\boldsymbol{m}_1^n$、$\boldsymbol{m}_2^n$）均已知的情况下建立的。在现实应用过程中，上述参考向量并不能完全已知，如下

$$
\boldsymbol{m}_1^b = \frac{\boldsymbol{f}^b}{\|\boldsymbol{f}^b\|}, \boldsymbol{m}_2^b = \frac{\boldsymbol{v}_{\mathrm{OD}}^b}{\|\boldsymbol{v}_{\mathrm{OD}}^b\|} \times \boldsymbol{m}_1^b, \boldsymbol{m}_1^n = \frac{\hat{\boldsymbol{f}}^n}{\|\hat{\boldsymbol{f}}^n\|}, \boldsymbol{m}_2^n = \frac{\hat{\boldsymbol{v}}_{\mathrm{OD}}^n}{\|\hat{\boldsymbol{v}}_{\mathrm{OD}}^n\|} \times \boldsymbol{m}_1^n \tag{4-45}
$$

式中，$\boldsymbol{f}^b$ 为通过加速度计量测得到的比力信息；$\boldsymbol{v}_{\mathrm{OD}}^b$ 为通过里程计量测得到的速度信息；$\hat{\boldsymbol{f}}^n$ 和 $\hat{\boldsymbol{v}}_{\mathrm{OD}}^n$ 分别为与 $\boldsymbol{f}^b$ 和 $\boldsymbol{v}_{\mathrm{OD}}^b$ 对应的在导航坐标系下的估计值。

建立真实姿态估计器为

$$
\begin{aligned}
\dot{\hat{q}}_b^n(t-\tau) &= \frac{1}{2}\hat{q}_b^n(t-\tau) \otimes (\bar{\omega}_{ib,\mathrm{IMU}}^b(t-\tau) - \bar{\hat{b}}^b(t-\tau) + \bar{\hat{\sigma}}(t-\tau)) - \\
&\quad \frac{1}{2}\bar{\omega}_{in}^n \otimes \hat{q}_b^n(t-\tau) \\
&\quad \dot{\hat{b}}^b(t-\tau) = \mathrm{Proj}(\hat{b}^b(t-\tau), -k_I \hat{\sigma}(t-\tau)) \\
\hat{\sigma}(t-\tau) &= k_1 m_1^b(t-\tau) \times \hat{C}_e^b(t-\tau) m_1^n(t-\tau) + k_2 m_2^b(t-\tau) \times \\
&\quad \hat{C}_n^b(t-\tau) m_2^n(t-\tau)
\end{aligned}
\tag{4-46}
$$

与理想估计器不同的是，$\hat{\sigma}$ 是通过估计所得。真实姿态观测器的稳定性证明将与下节的组合观测器一起进行。

3. 组合观测器

利用“真实姿态估计器”中真实姿态观测器估计所得的结果，建立组合观测器为

$$\begin{cases}\dot{\hat{p}}^n(t-\tau)=\hat{v}^n(t-\tau)+\theta\boldsymbol{K}_{pp}(p^n_{\mathrm{GNSS}}(t-\tau)-\hat{p}^n(t-\tau))+\\ \qquad\boldsymbol{K}_{pv}(v^n_{\mathrm{GNSS}}(t-\tau)-\boldsymbol{C}_v\hat{v}^n(t-\tau))\\ \dot{\hat{v}}^n(t-\tau)=-2(\omega^n_{in}\times)\hat{v}^n(t-\tau)+\hat{f}^b(t-\tau)+g+\\ \qquad\theta^2\boldsymbol{K}_{vp}(p^n_{\mathrm{GNSS}}(t-\tau)-\hat{p}^n(t-\tau))+\theta\boldsymbol{K}_{vv}(v^n_{\mathrm{GNSS}}(t-\tau)-\boldsymbol{C}_v\hat{v}^n(t-\tau))\\ \hat{f}^n(t-\tau)=\hat{C}^n_b(t-\tau)f^b(t-\tau)+\xi(t-\tau)\\ \dot{\xi}(t-\tau)=-\hat{C}^n_b(t-\tau)(\hat{\sigma}(t-\tau)\times)f^b(t-\tau)+\theta^3\boldsymbol{K}_{\xi p}(p^n_{\mathrm{GNSS}}(t-\tau)-\hat{p}^n(t-\tau))+\\ \qquad\theta^2\boldsymbol{K}_{\xi v}(v^n_{\mathrm{GNSS}}(t-\tau)-\boldsymbol{C}_v\hat{v}^n(t-\tau))\end{cases} \tag{4-47}$$

式中，$v^n_{\mathrm{GNSS}}(t-\tau)=\boldsymbol{C}_v v^n(t-\tau)$；$p^n_{\mathrm{GNSS}}(t-\tau)=p^n(t-\tau)$；$\boldsymbol{K}_{pp}$、$\boldsymbol{K}_{pv}$、$\boldsymbol{K}_{vp}$、$\boldsymbol{K}_{vv}$、$\boldsymbol{K}_{\xi p}$、$\boldsymbol{K}_{\xi v}$为增益矩阵；$\xi$ 是为估计比力信息临时建立的观测器；$\theta>0$ 为微调参数，目的是确保观测器的稳定性。

增益矩阵的选取原则是要确保 $\boldsymbol{A}-\boldsymbol{KC}$ 为赫尔威茨矩阵，其具体构成为 $\boldsymbol{A}=\begin{bmatrix}\boldsymbol{O}&\boldsymbol{I}_3&\boldsymbol{O}\\ \boldsymbol{O}&\boldsymbol{O}&\boldsymbol{I}_3\\ \boldsymbol{O}&\boldsymbol{O}&\boldsymbol{O}\end{bmatrix}$，$\boldsymbol{K}=\begin{bmatrix}\boldsymbol{K}_{pp}&\boldsymbol{K}_{pv}\\ \boldsymbol{K}_{vp}&\boldsymbol{K}_{vv}\\ \boldsymbol{K}_{\xi p}&\boldsymbol{K}_{\xi v}\end{bmatrix}$，$\boldsymbol{C}=\begin{bmatrix}\boldsymbol{I}_3&\boldsymbol{O}&\boldsymbol{O}\\ \boldsymbol{O}&\boldsymbol{C}_v&\boldsymbol{O}\end{bmatrix}$。分别为各个观测量建立估计误差为 $\delta p=p-\hat{p}$、$\delta v=v-\hat{v}$、$\delta f=f-\hat{f}$，令 $\delta x=[\delta p;\delta v;\delta f]$。

下面证明所建立的观测器是半全局一致指数稳定的。

定理 4-1：定义 $K\in\mathbf{R}^9$，令 $\bar{\varepsilon}\in(0,\ 1/2)$ 为常数，依据引理 4-1 选取 k_P 来确保观测器的稳定性（其中，$\varepsilon<\bar{\varepsilon}$）。此时存在 $\theta^*>1$，使得 $\theta\geqslant\theta^*$，对于所有初始条件$(\delta p(0)\times\delta v(0)\times\delta\xi(0))\in K$，$\delta q(0)\in\delta L(\bar{\varepsilon})$以及 $\|\hat{b}^b(0)\|\leqslant M_{\hat{b}}$，可得如下结论：

$$\sqrt{\|\delta x(t)\|^2+\|\delta\chi(t)\|^2}\leqslant K\mathrm{e}^{-\lambda t}\sqrt{\|\delta x(0)\|^2+\|\delta\chi(0)\|^2} \tag{4-48}$$

式中，K 和 λ 为大于零的常值，使得所建立的观测器是半全局一致指数稳定的。

同样，由于时延量 τ 对稳定性证明没有影响，在下面的证明过程中不考虑时延的影响。

证明：首先求得位置和速度误差的动态表达式为

$$\delta\dot{p} = \delta v - \theta \boldsymbol{K}_{pp}\delta p - \boldsymbol{K}_{pv}\boldsymbol{C}_v\delta v \tag{4-49}$$

$$\delta\dot{v} = -2(\boldsymbol{\omega}_{in}^n \times)\delta v + \delta f - \theta^2 \boldsymbol{K}_{vp}\delta p - \theta \boldsymbol{K}_{vv}\boldsymbol{C}_v\delta v \tag{4-50}$$

由于有 $\dot{\boldsymbol{C}}_b^n = \boldsymbol{C}_b^n(\boldsymbol{\omega}_{ib}^b \times) - (\boldsymbol{\omega}_{in}^n \times)\boldsymbol{C}_b^n$，以及 $\dot{\hat{\boldsymbol{C}}}_b^n = \hat{\boldsymbol{C}}_b^n((\boldsymbol{\omega}_{ib}^b + \delta\boldsymbol{b} + \hat{\boldsymbol{\sigma}})\times) - (\boldsymbol{\omega}_{in}^n \times)\hat{\boldsymbol{C}}_b^n$，且令 $\delta f = f^n - \hat{f}^n = \boldsymbol{C}_b^n f^b - \hat{\boldsymbol{C}}_b^n f^b - \xi$，所以有

$$\begin{aligned}
\delta\dot{f} &= \dot{\boldsymbol{C}}_b^n f^b + \boldsymbol{C}_b^n \dot{f}^b - \dot{\hat{\boldsymbol{C}}}_b^n f^b - \hat{\boldsymbol{C}}_b^n \dot{f}^b - \dot{\xi} \\
&= \boldsymbol{C}_b^n(\boldsymbol{\omega}_{ib}^b \times)f^b - (\boldsymbol{\omega}_{in}^n \times)\boldsymbol{C}_b^n f^b + \boldsymbol{C}_b^n \dot{f}^b - \hat{\boldsymbol{C}}_b^n((\boldsymbol{\omega}_{ib}^b + \delta b + \hat{\boldsymbol{\sigma}})\times)f^b + \\
&\quad (\boldsymbol{\omega}_{in}^n \times)\hat{\boldsymbol{C}}_b^n f^b - \hat{\boldsymbol{C}}_b^n \dot{f}^b + \hat{\boldsymbol{C}}_b^n(\hat{\boldsymbol{\sigma}} \times)f^b - \theta^3 \boldsymbol{K}_{\xi p}\delta p - \theta^2 \boldsymbol{K}_{\xi v}\delta v \\
&= \delta d - \theta^3 \boldsymbol{K}_{\xi p}\delta p - \theta^2 \boldsymbol{K}_{\xi v}\delta v
\end{aligned} \tag{4-51}$$

式中，$\delta d = (\boldsymbol{I} - \delta\boldsymbol{C}_b^{n\mathrm{T}})\boldsymbol{C}_b^n((\boldsymbol{\omega}_{ib}^b \times)f^b + \dot{f}^b) - (\boldsymbol{\omega}_{in}^n \times)(\boldsymbol{I} - \delta\boldsymbol{C}_b^{n\mathrm{T}})\boldsymbol{C}_b^n f^b - \delta\boldsymbol{C}_b^{n\mathrm{T}}\boldsymbol{C}_b^n(\delta\boldsymbol{b} \times)f^b$。

令，$\eta_1 = \delta p$，$\eta_2 = \delta v/\theta$，$\eta_3 = \delta f/\theta^2$，$\boldsymbol{\eta} = [\eta_1;\ \eta_2;\ \eta_3]$，将上述各式整理，可得

$$\dot{\eta}/\theta = (\boldsymbol{AK} - \boldsymbol{C})\boldsymbol{\eta} + \rho_1(t,\boldsymbol{\eta}) + \rho_2(t,\delta\chi) \tag{4-52}$$

式中，$\rho_1(t,\ \boldsymbol{\eta}) = \left[0 \quad -\frac{1}{\theta}2(\boldsymbol{\omega}_{in}^n \times)\eta_2 \quad 0\right]^{\mathrm{T}}$；$\rho_2(t,\delta\chi) = \left[0;0;\frac{1}{\theta^3}\delta d\right]$。

令 $\|\rho_1(t,\boldsymbol{\eta})\| \leqslant \frac{1}{\theta}\gamma_1\|\boldsymbol{\eta}\|$，其中 $\gamma_1 > 0$。此外，$\|\boldsymbol{I} - \delta\boldsymbol{C}_b^{n\mathrm{T}}\| = \|\delta s(\delta\boldsymbol{r}\times) - (\delta\boldsymbol{r}\times)^2\| \leqslant 2\|\delta\boldsymbol{r}\|$，容易证明 $\|\rho_2(t,\delta\chi)\| \leqslant \frac{1}{\theta^3}\gamma_2\|\delta\chi\|$，其中 $\gamma_2 > 0$。

令 $\boldsymbol{P} = \boldsymbol{P}^{\mathrm{T}} > 0$ 为李雅普诺夫函数 $\boldsymbol{P}(\boldsymbol{AK} - \boldsymbol{C}) + (\boldsymbol{AK} - \boldsymbol{C})^{\mathrm{T}}\boldsymbol{P} = -\boldsymbol{I}$ 的解，并定义 $U = \boldsymbol{\eta}^{\mathrm{T}}\boldsymbol{P\eta}/\theta$，对上式两边求导，可得

$$\begin{aligned}
\dot{U} &= -\|\boldsymbol{\eta}\|^2 + 2\boldsymbol{\eta}^{\mathrm{T}}\boldsymbol{P}(\rho_1(t,\boldsymbol{\eta}) + \rho_2(t,\delta\chi)) \\
&\leqslant -\left(1 - \frac{2\|\boldsymbol{P}\|\gamma_1}{\theta}\right)\|\boldsymbol{\eta}\|^2 + \frac{2\|\boldsymbol{P}\|\gamma_2}{\theta^3}\|\boldsymbol{\eta}\|\ \|\delta\chi\|
\end{aligned} \tag{4-53}$$

利用式（4-53）可得如下引理。

引理 4-2：对于任意 $\mu > 0$ 和 $T > 0$，存在 $\theta_1^* \geqslant 1$，若 $\theta \geqslant \theta_1^*$，则在定理 4-1 中的所有初始条件下有 $t > T$，$\|\delta x\| \leqslant \mu$。

证明：由于参数投影关系的存在，所以有 $\|\delta\boldsymbol{b}\| \leqslant M$，另外由于 $\|\delta\boldsymbol{r}\| \leqslant 1$，可知 $\|\delta\chi\| \leqslant \sqrt{M^2 + 1}$。

定义水平集 $\Omega_\theta=\{\boldsymbol{\eta}|U\leqslant\frac{\mu^2}{\theta^5}\lambda_{\min}(\boldsymbol{P})\}$，且有 $\eta\in\Omega_\theta\rightarrow\|\boldsymbol{\eta}\|\leqslant\frac{\mu}{\theta^2}\rightarrow\|\delta x\|\leqslant\mu$，在 Ω_θ 范围之外，有 $\|\boldsymbol{\eta}\|\geqslant\frac{\mu}{\theta^2}\sqrt{\lambda_{\min}(\boldsymbol{P})/\lambda_{\max}(\boldsymbol{P})}$，化简 $\dot{U}$ 可得

$$\dot{U}=-\left(\frac{1}{2}-\frac{2\|\boldsymbol{P}\|\gamma_1}{\theta}\right)\|\boldsymbol{\eta}\|^2-\left(\frac{\mu\sqrt{\lambda_{\min}(\boldsymbol{P})}}{2\theta^2\sqrt{\lambda_{\max}(\boldsymbol{P})}}-\frac{2\|\boldsymbol{P}\|\gamma_2}{\theta^3}\sqrt{M^2+1}\right)\|\boldsymbol{\eta}\| \tag{4-54}$$

式中，$\lambda_{\max}(\boldsymbol{P})$ 和 $\lambda_{\min}(\boldsymbol{P})$ 为 $\boldsymbol{P}$ 的最大和最小特征值。对于足够大的 θ，式（4－54）右侧的第一项可以小于 $-\frac{1}{4}\|\boldsymbol{\eta}\|^2$，右侧第二项为负定的，即 $\dot{U}\leqslant\lambda_{\max}(\boldsymbol{P})\leqslant-\frac{\theta}{4\lambda_{\max}(\boldsymbol{P})}U$。

对比两条引理有 $U(t)\leqslant U(0)\exp(-\theta t/(4\lambda_{\max}(\boldsymbol{P})))$。在定理4－1指定的初始条件下，令 $L>\mu$ 为 $\|\delta x(0)\|$ 的界限。此时 L 也是 $\|\eta(0)\|$ 的界限，而且在 Ω_θ 范围之外有 $U(t)\leqslant\frac{1}{\theta}\lambda_{\max}(\boldsymbol{P})L^2\exp(-\theta t/(4\lambda_{\max}(\boldsymbol{P})))$。这就意味着 $\boldsymbol{\eta}$ 必须在 t^* 之前进入 Ω_θ 的范围内。

$$t^*=-\frac{4\lambda_{\max}(\boldsymbol{P})}{\theta}\ln\left(\frac{\mu^2\lambda_{\min}(\boldsymbol{P})}{\theta^4\lambda_{\max}(\boldsymbol{P})L^2}\right)=\frac{4\lambda_{\max}(\boldsymbol{P})}{\theta}\left(4\ln(\theta)-\ln\left(\frac{\mu^2\lambda_{\min}(\boldsymbol{P})}{\lambda_{\max}(\boldsymbol{P})L^2}\right)\right) \tag{4-55}$$

可以注意到在所有足够大的 $\theta\geqslant1$ 和 $t^*\leqslant T$ 时，$\ln(\theta)/\theta\rightarrow0$，即 $\theta\rightarrow\infty$。

接下来证明真实姿态估计器的稳定性，在证明过程中依旧不考虑时间延迟。

首先，分析姿态观测器中四元数实部

$$\delta\dot{s}=\frac{1}{2}\delta\boldsymbol{r}^{\mathrm{T}}\boldsymbol{C}_b^n(\delta\boldsymbol{b}+\hat{\boldsymbol{\sigma}})=\frac{1}{2}\delta\boldsymbol{r}^{\mathrm{T}}\boldsymbol{C}_b^n(\delta\boldsymbol{b}+\boldsymbol{\sigma})+\zeta_1 \tag{4-56}$$

式中，$\zeta_1=\frac{1}{2}\delta\boldsymbol{r}^{\mathrm{T}}\boldsymbol{C}_b^n(\hat{\boldsymbol{\sigma}}-\boldsymbol{\sigma})$，有 $|\zeta_1|\leqslant\frac{1}{2}k_2\|\boldsymbol{m}_2^b\|\|\delta\boldsymbol{r}\|\|\delta f\|\leqslant\gamma_3\|\delta\boldsymbol{r}\|\|\delta f\|\leqslant\theta^2\gamma_3\|\delta\boldsymbol{r}\|\|\boldsymbol{\eta}\|$，$\gamma_3>0$。另外，有 $|\delta\dot{s}|\leqslant\frac{1}{2}(\|\delta\boldsymbol{b}\|+\|\hat{\boldsymbol{\sigma}}\|)$。由于 $\|\delta\boldsymbol{b}\|\leqslant M$ 并且 $\hat{\boldsymbol{\sigma}}$ 仅仅由有界信号构成，所以有 $|\delta\dot{s}|\leqslant M_s$，$M_s>0$。

参考引理4－2，定义 $\mu=k_Pc_{\mathrm{obs}}^2(\alpha(\varepsilon+\delta\varepsilon/2)-\alpha(\varepsilon))/(2\gamma_3)>0$ 以及 $T=\delta\varepsilon/(2M_s)$，其中 $\delta\varepsilon=\bar{\varepsilon}-\varepsilon$，$\alpha(\boldsymbol{X})=\boldsymbol{X}^2(1-\boldsymbol{X}^2)$。令在 $t\geqslant T$ 和 $\|\delta\boldsymbol{X}\|\leqslant\zeta$ 时 θ 足够大，则有 $|\delta s(T)|\geqslant|\delta s(0)|-\int_0^T|\delta\dot{s}(t)|\mathrm{d}t\geqslant\bar{\varepsilon}-M_s\delta\varepsilon/(2M_s)=\varepsilon+$

$\delta\varepsilon/2$，以及在 $t \geqslant T$ 时 $|\zeta_1| \leqslant \gamma_3 \|\delta\boldsymbol{r}\| \|\delta f\| \leqslant \gamma_3\mu \leqslant k_P c_{\mathrm{obs}}^2(\alpha(\varepsilon+\delta\varepsilon/2)-\alpha(\varepsilon))/2>0$。此时1. 中理想姿态估计器的式（4-39）可变为

$$\dot{V}_1 \leqslant M - k_P c_{\mathrm{obs}}^2 \alpha(\delta s) + 2|\delta s \zeta_1| \leqslant M - k_P c_{\mathrm{obs}}^2(\alpha(\delta s) - \alpha(\varepsilon+\delta\varepsilon/2) + \alpha(\varepsilon)) \tag{4-57}$$

通过引理4-1的证明，可知 $|\delta s| = \varepsilon + \delta\varepsilon/2$，从而有 $\dot{V}_1 \leqslant M - k_P c_{\mathrm{obs}}^2 \alpha(\varepsilon) < 0$。此时 δq 便不会脱离集合 $\delta L(\varepsilon+\delta\varepsilon/2) \subset \delta L(\varepsilon)$，在剩余证明过程中假设 $|\delta s| \geqslant \varepsilon$。可看出此时的 δs 与理想观测器中 δs 的不同仅仅是多出了 $|\zeta_1| \leqslant \theta^2\gamma_3 \|\delta\boldsymbol{r}\| \|\boldsymbol{\eta}\|$。

下面对四元数虚部和陀螺漂移误差进行分析：

$$\begin{aligned}\delta\dot{\boldsymbol{r}} &= -\frac{1}{2}(\boldsymbol{I}\delta s - (\delta\boldsymbol{r}\times))\boldsymbol{C}_b^n(\delta\boldsymbol{b} + \hat{\boldsymbol{\sigma}}) + (\delta\boldsymbol{r}\times)\boldsymbol{\omega}_{in}^n \\ &= -\frac{1}{2}(\boldsymbol{I}\delta s - (\delta\boldsymbol{r}\times))\boldsymbol{C}_b^n(\delta\boldsymbol{b} + \boldsymbol{\sigma}) + (\delta\boldsymbol{r}\times)\boldsymbol{\omega}_{in}^n + \zeta_2\end{aligned} \tag{4-58}$$

$$\delta\dot{\boldsymbol{b}} = -\mathrm{Proj}(\hat{\boldsymbol{b}}^b, -k_I\hat{\boldsymbol{\sigma}}) = -\mathrm{Proj}(\hat{\boldsymbol{b}}^b, -k_I\boldsymbol{\sigma}) + \zeta_3 \tag{4-59}$$

式中，$\zeta_2 = \frac{1}{2}(\boldsymbol{I}\delta s - (\delta\boldsymbol{r}\times))\boldsymbol{C}_b^n(\boldsymbol{\sigma} - \hat{\boldsymbol{\sigma}})$，$\zeta_3 = \mathrm{Proj}(\hat{\boldsymbol{b}}^b, -k_I\boldsymbol{\sigma}) - \mathrm{Proj}(\hat{\boldsymbol{b}}^b, -k_I\hat{\boldsymbol{\sigma}})$；且 $\|\zeta_2\| \leqslant \gamma_4 \|\delta f\| \leqslant \theta^2\gamma_4\|\boldsymbol{\eta}\|$，$\zeta_3 \leqslant \gamma_5\|\delta f\| \leqslant \theta^2\gamma_5\|\boldsymbol{\eta}\|$，其中 $\gamma_4>0$，$\gamma_5>0$。

此时分析2. 中理想姿态估计器的式（4-39）及其所得结论，$\dot{W}$ 可变为 $\dot{W}_1$，即

$$\dot{W}_1 = \dot{W} - 2\delta s\zeta_1 + 2l\zeta_1\delta\boldsymbol{r}^{\mathrm{T}}\boldsymbol{C}_b^n\delta\boldsymbol{b} + 2l\delta s\zeta_2^{\mathrm{T}}\boldsymbol{C}_b^n\delta\boldsymbol{b} + 2l\delta s\delta\boldsymbol{r}^{\mathrm{T}}\boldsymbol{C}_b^n\zeta_3 + \frac{l}{k_I}\delta\boldsymbol{b}^{\mathrm{T}}\zeta_3 \tag{4-60}$$

由于有 $\dot{W} \leqslant -\kappa_3\|\delta\chi\|^2$，以及 ζ_1、ζ_2、ζ_3 各自的范围区间，可得

$$\begin{aligned}\dot{W}_1 &\leqslant -\kappa_3\|\delta\chi\|^2 + 2\theta^2\gamma_3\|\delta\boldsymbol{r}\|\|\boldsymbol{\eta}\| + 2l\theta^2\gamma_3\|\delta\boldsymbol{b}\|\|\boldsymbol{\eta}\| + \\ &\quad 2l\theta^2\gamma_4\|\delta\boldsymbol{b}\|\|\boldsymbol{\eta}\| + 2l\theta^2\gamma_5\|\delta\boldsymbol{r}\|\|\boldsymbol{\eta}\| + \frac{l}{k_I}\theta^2\gamma_5\|\delta\boldsymbol{b}\|\|\boldsymbol{\eta}\| \\ &\leqslant -\kappa_3\|\delta\chi\|^2 + \gamma_6\theta^2\|\delta\chi\|\|\boldsymbol{\eta}\|\end{aligned} \tag{4-61}$$

式中，$\gamma_6>0$。

为整合之前的分析结论，接下来建立一个新的李雅普诺夫函数 $Y = U + \frac{1}{\theta^5}W$，其中包含了前两个李雅普诺夫函数。该函数依旧具有 $\beta_1(\|\boldsymbol{\eta}\|^2 + \|\delta\chi\|^2) \leqslant Y \leqslant \beta_2(\|\boldsymbol{\eta}\|^2 + \|\delta\chi\|^2)$ 的性质，其中 β_1 和 β_2 均为正常数。对 Y 两边求导可得

$$\dot{Y} \leqslant -\left(1-\frac{2\|\boldsymbol{P}\|\gamma_1}{\theta}\right)\|\boldsymbol{\eta}\|^2+\frac{2\|\boldsymbol{P}\|\gamma_2}{\theta^3}\|\boldsymbol{\eta}\|\ \|\delta\chi\| - \frac{1}{\theta^5}\kappa_3\ \|\delta\chi\|^2+\frac{\gamma_6}{\theta^3}\|\delta\chi\|\ \|\boldsymbol{\eta}\| \tag{4-62}$$

假设 θ 足够大，使得 $1-\frac{2\|\boldsymbol{P}\|\gamma_1}{\theta} \geqslant \frac{1}{2}$，所以有

$$\dot{Y} \leqslant -[\ \|\boldsymbol{\eta}\| \quad \|\delta\chi\|\ ]\begin{bmatrix} \frac{1}{2} & -\frac{2\|\boldsymbol{P}\|\gamma_2+\gamma_6}{\theta^3} \\ -\frac{2\|\boldsymbol{P}\|\gamma_2+\gamma_6}{\theta^3} & \frac{\kappa_3}{\theta^5} \end{bmatrix}\begin{bmatrix} \|\boldsymbol{\eta}\| \\ \|\delta\chi\| \end{bmatrix} \tag{4-63}$$

显然，式（4－63）右侧的二阶矩阵的一阶子式为 $1/2>0$。当 $\theta>(2\|\boldsymbol{P}\|\gamma_2+\gamma_6)^2/2\kappa_3$ 时，二阶子式 $\kappa_3/2\theta^5-(2\|\boldsymbol{P}\|\gamma_2+\gamma_6)^2/4\theta^6$ 为正定的，所以有 $\dot{Y} \leqslant -\beta_3(\|\boldsymbol{\eta}\|^2+\|\delta\chi\|^2)$，其中 $\beta_3>0$。

观测器中的优调参数需要根据装备的实际使用情况来设置。

4. 时间延迟补偿器

在前文的证明过程中，均未考虑时间延迟。虽然时间延迟对观测器的稳定性没有影响，但是在参数估计的过程中会造成较大的估计误差。为了提高导航定位的精度，有必要对卫星时延量造成的误差进行补偿。

为了得到补偿后的导航信息，设计一种时间延迟补偿器：

$$u(t)=a^n(t)=\hat{\boldsymbol{C}}_b^n f^b-g$$

$$\hat{v}^n(t \mid t-\tau)=\hat{v}^n(t-\tau)+\int_{t-\tau}^{t} u(r)\mathrm{d}r$$

$$\hat{p}^n(t \mid t-\tau)=\hat{p}^n(t-\tau)+\tau\hat{v}^n(t-\tau)+\int_{t-\tau}^{t}\int_{t-\tau}^{s} u(r)\mathrm{d}r\mathrm{d}s$$

$$\dot{\hat{q}}_b^n(t-\tau)=\frac{1}{2}\hat{q}_b^n(t-\tau)\otimes(\bar{\omega}_{ib,\mathrm{IMU}}^b(t-\tau)-\bar{\hat{b}}^b(t-\tau)+\bar{\sigma}(t-\tau)) - \frac{1}{2}\bar{\omega}_{in}^n\otimes\hat{q}_b^n(t-\tau) \tag{4-64}$$

补偿器的运行分为在线和离线两种方式。在线运行采用的是上述四个等式，采用离线运行方式时，式（4－64）中的第四个子式可以被省去，采用“真实姿态估计器”中所得的数据来取代。

将前文中设计的观测器进行整理，非线性观测器主要包含三个部分，分别是姿态估计器、组合观测器和时间延迟补偿器。其中，姿态估计器主要用来估

计系统姿态和陀螺常值漂移；组合观测器将惯组和卫星信息进行有效组合，得到带有时延信息的速度、姿态和位置信息；时间延迟补偿器将组合观测器中数据的时延信息进行补偿，得到当前的准确信息。其具体流程如图 4－6 所示。

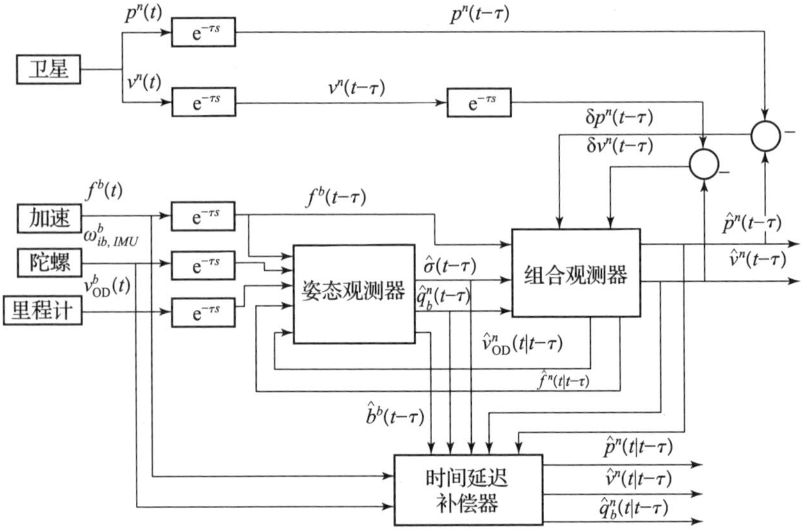

图 4－6　非线性观测器流程

4.2.2　仿真对比

下面对所提方法的计算量、时延的补偿效果以及非线性环境的适应性进行仿真验证。

设定惯性器件的采集频率为 390 Hz，陀螺常值漂移为 0.01 °/h，加速度计零偏为 30 μg。并且设置非线性观测器参数，其中 $M_b=0.51$、$k_1=1$、$k_2=1.5$、$k_I=0.008$、$\theta=2$、$\boldsymbol{K}_{pp}=0.951\,3\boldsymbol{I}$、$\boldsymbol{K}_{pv}=0.274\boldsymbol{I}$、$\boldsymbol{K}_{vp}=0.327\,5\boldsymbol{I}$、$\boldsymbol{K}_{vv}=0.236\boldsymbol{I}$、$\boldsymbol{K}_{\xi p}=0.035\,4\boldsymbol{I}$、$\boldsymbol{K}_{\xi v}=1.07\boldsymbol{I}$，加入时间延迟量 $\tau=0\sim150$ ms。

为体现非线性观测器的优越性，将 EKF 的估计结果与之进行对比。在载体机动方式的设计过程中，加入了三个方向的角运动和线运动，使得误差参数得到较好的激励，从而确保仿真结果的客观性。

1. 计算负载对比

表 4－1 为 EKF 与两种情况下非线性观测器的计算量对比结果。从表 4－1 可看出，在没有时延的情况下，非线性观测器的计算量仅为 EKF 的 1/4，在加入时间延迟后的计算量有所增加，但是仍旧比 EKF 的计算量有大幅减少。

表 4-1　平均每秒运算量

不同阶段	不同方法					
	EKF		NOB（无延时）		NOB（有延时）	
	乘法运算量	加法运算量	乘法运算量	加法运算量	乘法运算量	加法运算量
姿态观测器（参数估计 390 Hz）	78 000	97 500	7 020	4 290	7 020	4 290
姿态观测器（反馈修正 390 Hz）	77 220	73 320	52 260	39 000	52 260	39 000
姿态观测器（增益计算 390 Hz）	140 400	131 040	—	—	—	—
组合观测器（参数估计 5 Hz）	10 035	9 525	10 035	9 525	10 035	9 525
组合观测器（反馈修正 5 Hz）	7 575	7 175	7 575	7 175	7 575	7 175
组合观测器（增益计算 5 Hz）	4 100	4 925	4 100	4 925	4 100	4 925
时间延迟补偿器（390 Hz）	—	—	—	—	18 330	46 020
总量	317 330	323 485	80 990	64 915	99 320	110 935

2. 时间延迟对参数估计的影响

影响定位精度的根本原因是各种误差参数，利用非线性观测器就时间延迟的补偿与否对器件误差估计精度造成的影响进行仿真对比，结果如图 4-7 所示。

图 4-7 中的红色曲线是有时延时的参数估计曲线，黑色曲线是时延为零时的参数估计曲线。可见，当不考虑时间延迟时，X 和 Z 方向上的加速度计零偏发散，尽管发散程度不大，但对经过积分得到的速度量测也会造成很大影响；Z 方向陀螺常值漂移和 Y 方向加速度计零偏受到的影响相对较小，收敛速度较快，但是收敛值与设定值有一定偏差；X 和 Y 方向陀螺常值漂移的收敛效果较好，但是需要较长的收敛时间。相反，若将时间延迟进行补偿，则 6 个参数均可得到较好的估计。通过对仿真结果的分析，得到了时间延迟对误差参数的影响方式，并且确定了非线性观测器对时间延迟补偿的有效性。

3. 非线性观测器的非线性适应性

为了验证所提方法在非线性环境下的适应性，利用非线性观测器进行了行进间对准，并与同等条件下的 EKF 结果进行了对比。图 4-8 为仿真过程中的方位角信息。图 4-9 为通过两种方法求得的姿态误差对比。

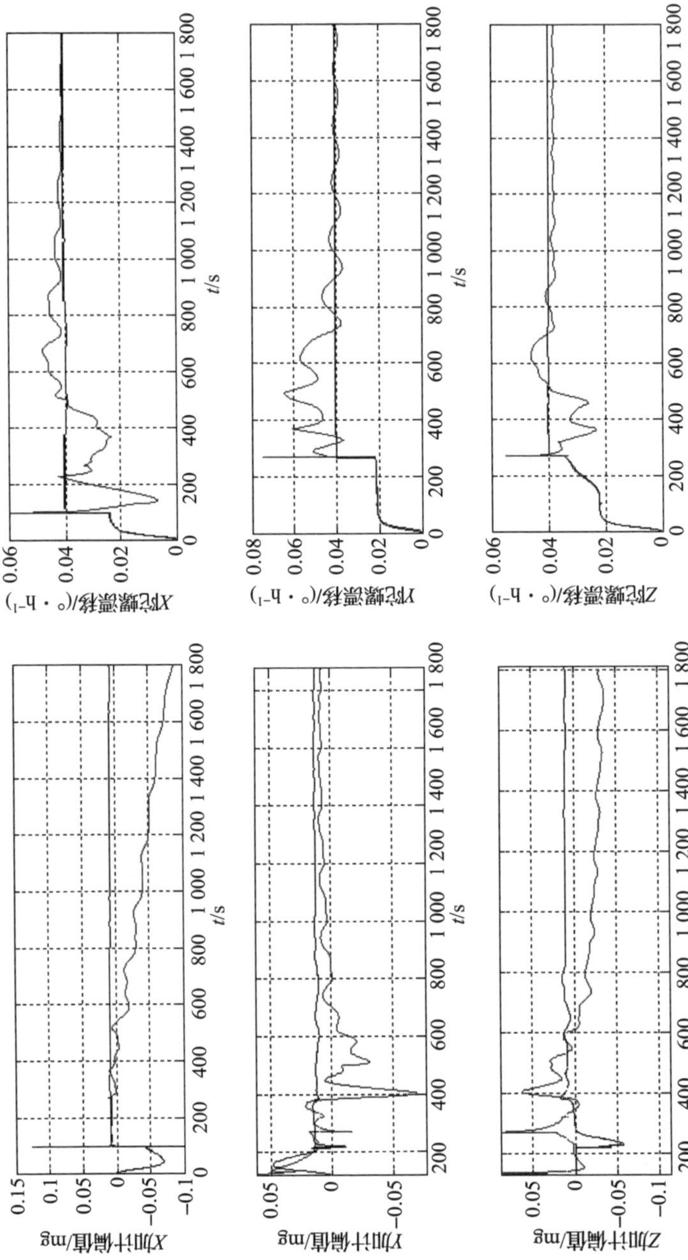

图4-7 时间延迟对误差估计的影响(见彩插)

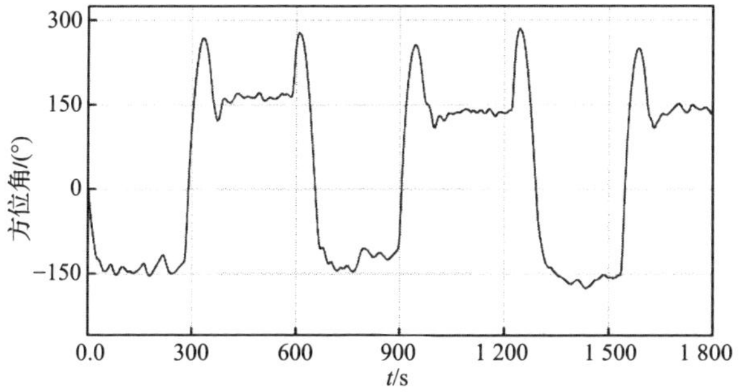

图 4 -8　仿真过程中的方位角信息

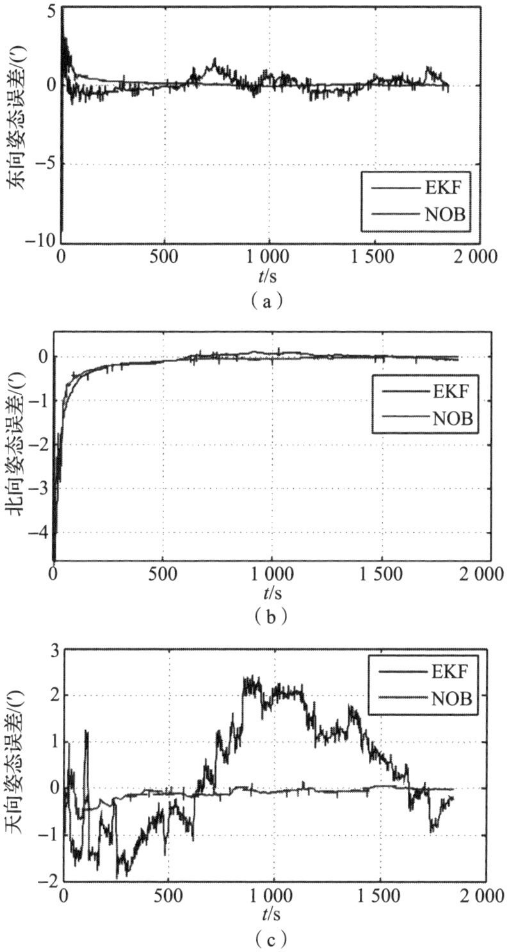

图 4 -9　姿态误差对比

(a) 东向失准角；(b) 北向失准角；(c) 方位失准角

由图 4 - 9 可看出，通过两种方法求得的水平失准角均能较快地收敛到零附近，其中非线性观测器的收敛效果略好于 EKF；通过观察方位失准角，可看出非线性观测器的误差抑制效果要明显优于 EKF，表明在方位角变化幅度较大的情况下［图 4 - 9（c）］，非线性观测器依旧可以较好地完成对准任务，并且收敛速度也很快。

4.2.3 试验验证

试验载体为某型轮式自行火炮，惯组采样频率为 100 Hz，卫星采样频率为 1 Hz，陀螺常值漂移为 0.01 °/h，加速度计零偏为 30 μg。图 4 - 10 为跑车路线，图 4 - 11 为通过 U - blox 获取的时间延迟量，非线性观测器的参数设定与仿真过程一致。

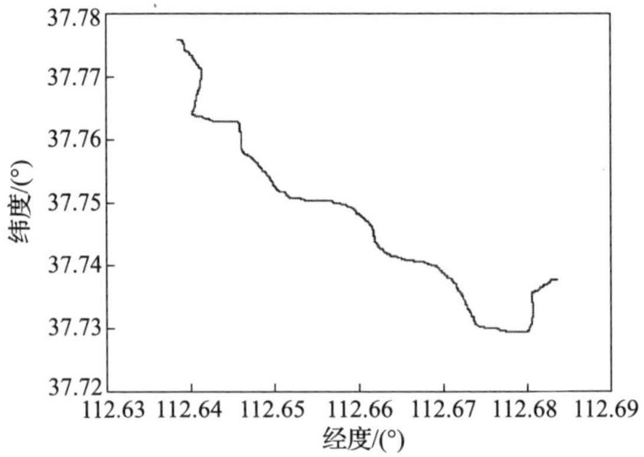

图 4 - 10 跑车路线

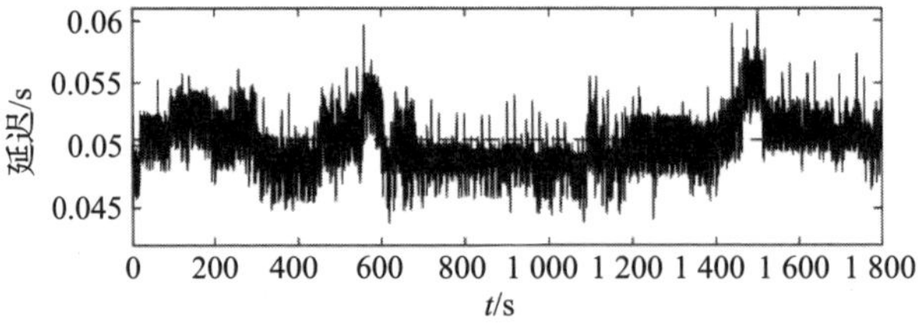

图 4 - 11 时延测试结果

仿真结果已验证非线性观测器在非线性环境中的适应性远优于 KF。目前，EKF 是最为成熟有效的非线性参数估计方法之一，本节将 EKF 的试验结果与非线性观测器的结果进行对比。图 4 - 12 为导航过程中的速度对比曲线，图 4 - 13 为三个方向的姿态对比曲线，其中黑色曲线为真实值（通过卫星实时量测）、红色曲线为 EKF 的估计结果、蓝色曲线为非线性观测器的估计结果。

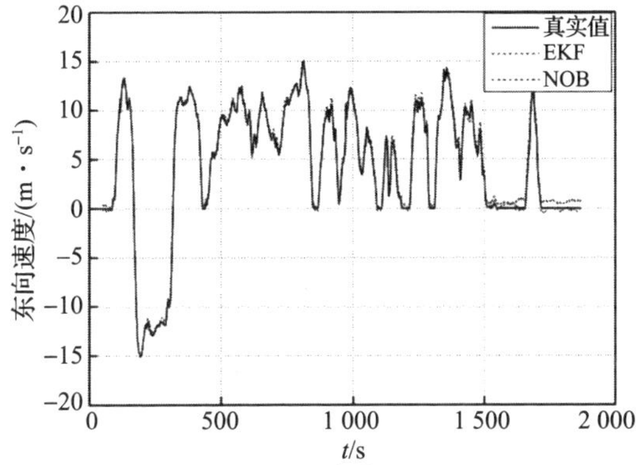

（a）

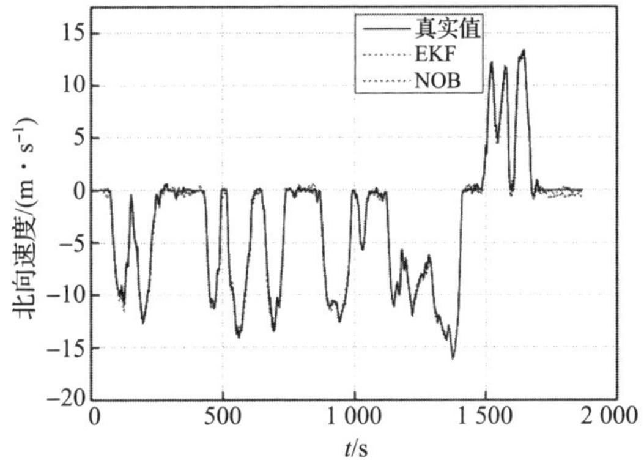

（b）

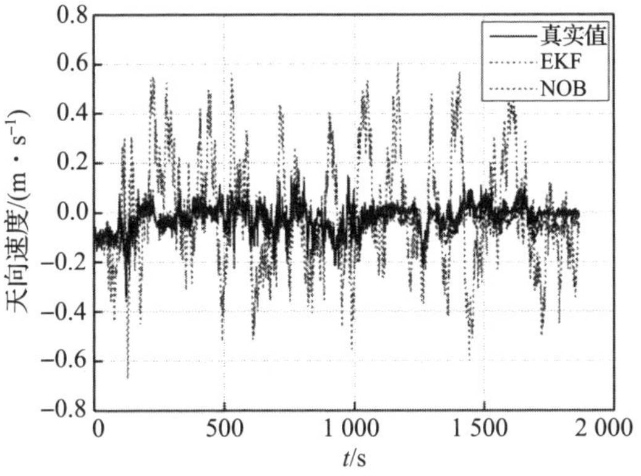

（c）

图 4－12　速度对比曲线（见彩插）

（a）东向速度对比；（b）北向速度对比；（c）天向速度对比

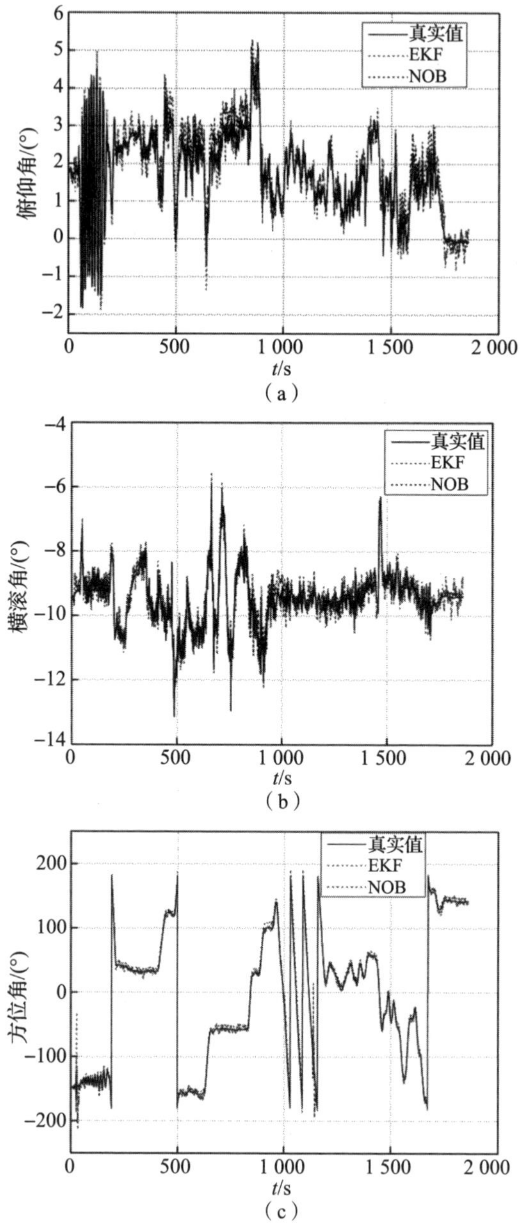

图 4-13　姿态对比曲线（见彩插）

(a) 俯仰角对比；(b) 横滚角对比；(c) 方位角对比

从图 4 - 12 可看出，两种方法对水平方向的速度估计和修正效果相当，EKF 在对天向速度进行估计时，其精度远不如非线性观测器。从图 4 - 13 可看出，在三个方向的姿态估计过程中，EKF 的估计结果会产生较大波动，而非线性观测器则能较好地反映出当前的载体姿态。总的来说，非线性观测器的估计曲线更加平稳、跟踪性能更好，而 EKF 的估计曲线在某些时刻会产生较大的波动，这对短时导航的精度会造成较大影响。

图 4 - 14 为利用两种方法估计出的陀螺常值漂移对比结果，其中红色曲线为 EKF，蓝色曲线为非线性观测器，黑色虚线为提前在实验室环境下量测得到的三个方向的陀螺常值漂移。对比估计结果可看出，利用非线性观测器进行估计时，三个方向的漂移均可在 50 s 以内得到收敛，而三个方向的 EKF 估计曲线收敛时间均在 300 ~ 400 s 之间。非线性观测器由于在计算量上存在巨大优势，使得其估计曲线在短时间内就可以得到收敛，这与 4.2.2 小节中针对计算量的仿真结果一致。

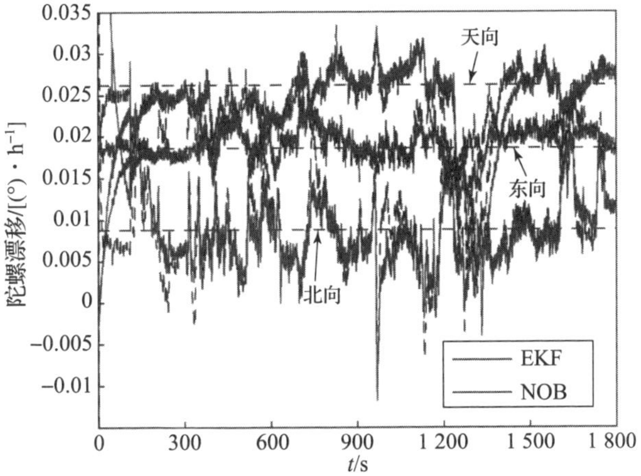

图 4 - 14　陀螺常值漂移对比结果（见彩插）

4.3　卫星辅助导航误差补偿方法

在卫星辅助导航过程中，可利用测姿的方式为惯导系统提供姿态基准，但是卫星天线和惯导系统之间必然存在位置差异，这就导致姿态基准产生偏差。姿态信息的准确与否决定了装备射击精度的高低，所以有必要对系统中的姿态偏差进行标定和补偿。考虑到卫星天线安装误差、失准角误差以及惯导的安装误差同属角度误差，故可以将它们统一进行补偿，这里将上述误差造成的角度偏差称为剩余非对准误差。

为了在修正剩余非对准误差过程中不受条件和场地限制，缩短标定时间，基于卫星测姿和差分定位原理，提出对其进行初始粗量测和精确估计的详细方法。

4.3.1 初始粗量测过程

将整个标定过程分为初始粗量测和精确估计两个部分。初始粗量测对象为卫星测姿系统与惯导坐标系之间的角度差，即卫星系统和惯性器件之间的安装角度误差。

分析坐标系之间的几何关系可看出，正交矩阵可以将补偿后的捷联惯导坐标系相对于载体坐标系旋转一个固定的角度，相当于在两个坐标系之间加入了一个初始误差角，从而造成系统产生非对准误差。坐标系非对准示意图如图 4 – 15 所示，转动顺序为 $OX_bY_bZ_b \xrightarrow[\beta_1]{\text{绕 } Z_b \text{ 轴}} OX_1Y_1Z_b \xrightarrow[\beta_2]{\text{绕 } Y_1 \text{ 轴}} OX_sY_1Z_1 \xrightarrow[\beta_3]{\text{绕 } X_s \text{ 轴}} OX_sY_sZ_s$

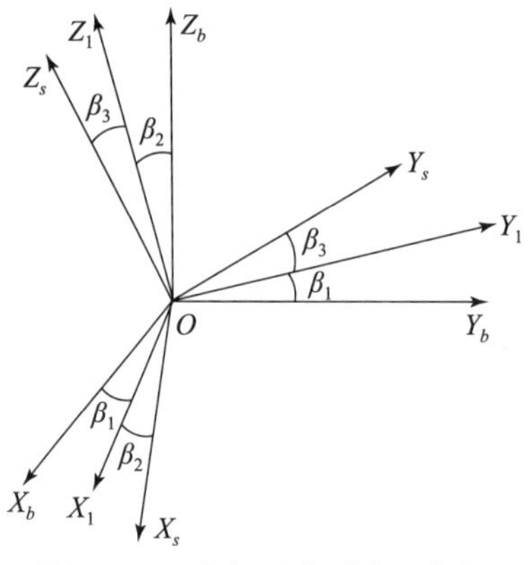

图 4 – 15　坐标系非对准示意图

s 为卫星测姿系统坐标系，b 为载体坐标系，假设三次转动所对应的转换矩阵分别为 $\boldsymbol{C}_{\beta_1}$、$\boldsymbol{C}_{\beta_2}$、$\boldsymbol{C}_{\beta_3}$，转换关系为

$$\begin{bmatrix} X_s \\ Y_s \\ Z_s \end{bmatrix} = \boldsymbol{C}_{\beta_3}\boldsymbol{C}_{\beta_2}\boldsymbol{C}_{\beta_1}\begin{bmatrix} X_b \\ Y_b \\ Z_b \end{bmatrix} \tag{4-65}$$

式中，

$$C_{\beta_1}=\begin{bmatrix}\cos\beta_1 & \sin\beta_1 & 0\\ -\sin\beta_1 & \cos\beta_1 & 0\\ 0 & 0 & 1\end{bmatrix};\ C_{\beta_2}=\begin{bmatrix}\cos\beta_2 & 0 & \sin\beta_2\\ 0 & 1 & 0\\ -\sin\beta_2 & 0 & \cos\beta_2\end{bmatrix};$$

$$C_{\beta_3}=\begin{bmatrix}1 & 0 & 0\\ 0 & \cos\beta_3 & -\sin\beta_3\\ 0 & \sin\beta_3 & \cos\beta_3\end{bmatrix}。$$

假设 $OX_bY_bZ_b$表示载体坐标系，$OX_sY_sZ_s$表示补偿后捷联惯导三轴矢量所确定的坐标系，β_1、β_2、β_3 为初始误差角，假设卫星测姿输出为 $\boldsymbol{H}_s$，捷联惯导三轴矢量为 $\boldsymbol{H}_b$，则两者的关系可表示为

$$\boldsymbol{H}_s=\boldsymbol{Q}\boldsymbol{H}_b,\boldsymbol{Q}=(\boldsymbol{C}_{\beta_3}\boldsymbol{C}_{\beta_2}\boldsymbol{C}_{\beta_1})^{-1} \tag{4-66}$$

式中，

$$\boldsymbol{Q}=\begin{bmatrix}\cos\beta_1\cos\beta_2 & \cos\beta_1\sin\beta_2\sin\beta_3-\sin\beta_1\cos\beta_3 & \cos\beta_1\sin\beta_2\cos\beta_3+\sin\beta_1\sin\beta_3\\ \sin\beta_1\cos\beta_2 & \sin\beta_1\sin\beta_2\sin\beta_3+\cos\beta_1\cos\beta_3 & \sin\beta_1\sin\beta_2\cos\beta_3-\cos\beta_1\sin\beta_3\\ -\sin\beta_2 & \cos\beta_2\sin\beta_3 & \cos\beta_2\cos\beta_3\end{bmatrix}$$

若能确定出 β_1、β_2、β_3，便可将经过补偿后的捷联惯导坐标系重新恢复到与载体坐标系重合的位置。而由式（4-66）可知，可由卫星测姿系统得到的 $\boldsymbol{H}_s$ 和惯导输出 $\boldsymbol{H}_b$ 确定出正交矩阵 $\boldsymbol{Q}$，进而确定出 β_1，β_2，β_3，完成初始粗量测。

4.3.2 精确估计过程

经过粗对准量测，粗大误差已被补偿，精确估计的目的就是消除微小误差，包括器件安装误差角、对准后遗留的非对准角、粗略估计遗留的误差角，以及由惯性器件自身误差造成的量测偏差等。基本原理是将上述误差角统一归类为剩余非对准误差，通过外部信息进行修正和补偿，达到减小导航解算误差的目的。

设在 t_{i-1}时刻卫星测姿系统的速度输出在导航坐标系上的投影矢量形式为

$$\boldsymbol{v}_{i-1}^n=(1+\delta K_{i-1})\boldsymbol{C}_{bi-1}^n\boldsymbol{v}_{i-1}^b \tag{4-67}$$

式中，δK_{i-1}为卫星量测的刻度系数误差，由式（4-67）可得，在一小段时间 Δt 内导航解算实际公式为

$$\Delta\hat{\boldsymbol{S}}_i^n=\hat{\boldsymbol{C}}_{bi-1}^n\hat{\boldsymbol{v}}_{i-1}^b\Delta t=(\boldsymbol{I}+\boldsymbol{\alpha}_{i-1}\times)\boldsymbol{C}_{bi-1}^n\hat{\boldsymbol{C}}_{bi-1}^b(1+\delta K_{i-1})\boldsymbol{v}_{i-1}^b\Delta t \tag{4-68}$$

式中：$\boldsymbol{\alpha}_{i-1}\times=\begin{pmatrix}0 & -\alpha_{Ui-1} & \alpha_{Ni-1}\\ \alpha_{Ui-1} & 0 & -\alpha_{Ei-1}\\ -\alpha_{Ni-1} & \alpha_{Ei-1} & 0\end{pmatrix}$是在 t_{i-1}时刻由姿态误差角组成的

反对称矩阵，误差角包含了本节开始时提到的各个误差，即剩余非对准误差。

$$\Delta\hat{\boldsymbol{S}}_i^n=\Delta\boldsymbol{S}_i^n+\boldsymbol{\alpha}_{i-1}\times\boldsymbol{C}_{bi-1}^n\boldsymbol{v}_{i-1}^b\Delta t+\delta K_{i-1}\boldsymbol{C}_{bi-1}^n\boldsymbol{v}_{i-1}^b\Delta t+\delta K_{i-1}\boldsymbol{\alpha}_{i-1}\times\boldsymbol{C}_{bi-1}^n\boldsymbol{v}_{i-1}^b\Delta t \tag{4-69}$$

可得导航解算位移误差方程：

$$\begin{aligned}\delta\Delta\boldsymbol{S}_i^n&=\Delta\hat{\boldsymbol{S}}_i^n-\Delta\boldsymbol{S}_i^n=\boldsymbol{\alpha}_{i-1}\times\boldsymbol{C}_{bi-1}^n\boldsymbol{v}_{i-1}^b\Delta t+\delta K_{i-1}\boldsymbol{C}_{bi-1}^n\boldsymbol{v}_{i-1}^b\Delta t+\delta K_{i-1}\boldsymbol{\alpha}_{i-1}\times\boldsymbol{C}_{bi-1}^n\boldsymbol{v}_{i-1}^b\Delta t\\&=(\boldsymbol{\alpha}_{i-1}\times+\delta K_{i-1}\boldsymbol{I}+\delta K_{i-1}\boldsymbol{\alpha}_{i-1}\times)\Delta\boldsymbol{s}_i^n\end{aligned} \tag{4-70}$$

令

$$\begin{aligned}\boldsymbol{C}&=(\boldsymbol{\alpha}_{i-1}\times)+\delta K_{i-1}\boldsymbol{I}+\delta K_{i-1}(\boldsymbol{\alpha}_{i-1}\times)\\&=\begin{bmatrix}\delta K_{i-1} & -(1+\delta K_{i-1})\alpha_{Ui-1} & (1+\delta K_{i-1})\alpha_{Ni-1}\\(1+\delta K_{i-1})\alpha_{Ui-1} & \delta K_{i-1} & -(1+\delta K_{i-1})\alpha_{Ei-1}\\-(1+\delta K_{i-1})\alpha_{Ni-1} & (1+\delta K_{i-1})\alpha_{Ei-1} & \delta K_{i-1}\end{bmatrix}\end{aligned}$$

分析式（4-70）可知，若$\boldsymbol{\alpha}_{i-1}\times$、$\delta K_{i-1}$不同时为零，则矩阵$\boldsymbol{C}$满秩，所以当位移误差$\delta\Delta\boldsymbol{S}_i^n$为零时，$\Delta\boldsymbol{S}_i^n$必然为零，即东、北、天三个方向的速度矢量和为零，此时载体回到起始点。

假设刻度系数误差δK和剩余非对准误差的反对称矩阵$\boldsymbol{\alpha}\times$不变，忽略高阶小量，则$t_i$时刻累计位移误差可表示为：

$$\delta\Delta\boldsymbol{S}_i^n=\Delta\hat{\boldsymbol{S}}_i^n-\Delta\boldsymbol{S}_i^n=(\boldsymbol{\alpha}\times+\delta K\boldsymbol{I})\Delta\boldsymbol{S}_i^n \tag{4-71}$$

将其在OEN坐标系下投影，如图4-16，从式（4-71）可以看出位移误差与行驶的方向无关，只与当前点各个方向上的位移有关。从而若通过卫星量测得到起始点和当前位置之间的相对位置，则可得出导航解算轨迹和真实轨迹之间的剩余非对准误差$\boldsymbol{\alpha}$。由于载体的方位误差为主要姿态误差，所以这里仅对α_U进行求解。另$\Delta\boldsymbol{S}_i^n$为起始位置和实际位置之间的矢量、$\Delta\hat{\boldsymbol{S}}_i^n$为起始位置和导航解算位置之间的矢量，通过简单的几何关系可求得剩余非对准误α_U：

$$|\Delta\hat{\boldsymbol{S}}_i^n||\Delta\boldsymbol{S}_i^n|\sin\alpha_U=\Delta\hat{\boldsymbol{S}}_i^n\times\Delta\boldsymbol{S}_i^n \tag{4-72}$$

移项整理得

$$\alpha_U=\arcsin\left(\frac{\Delta\hat{\boldsymbol{S}}_i^n\times\Delta\boldsymbol{S}_i^n}{|\Delta\hat{\boldsymbol{S}}_i^n||\Delta\boldsymbol{S}_i^n|}\right) \tag{4-73}$$

综上，可得理想标定方案，首先利用卫星测姿系统对粗大误差进行粗略量测；然后行驶一段距离后，利用卫星差分定位技术测量导航解算轨迹和真实轨迹之间的相对位置关系，用以计算剩余非对准误差；最后对其进行误差补偿。

在导航过程中可以不断利用上述方法对系统的方位角进行修正和补偿，达到实时修正误差的目的。该方法通过测量三个点之间的相对位置确定了剩余非对准误差，避免了对固定基准点的依赖，也不需要卫星长时定位，简化了前提条件，提高了误差补偿过程的实时性。

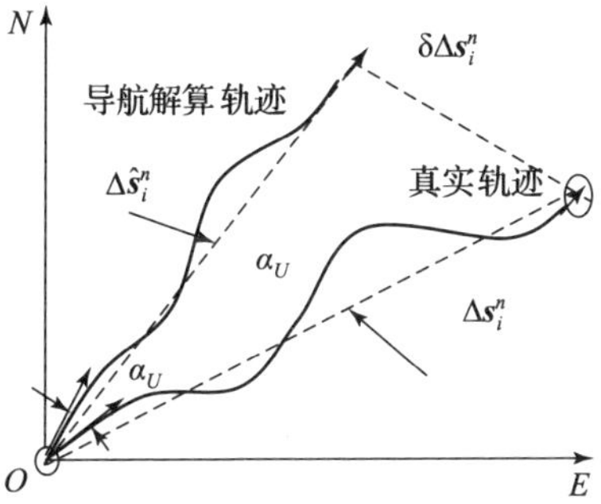

图 4-16 剩余非对准误差计算原理图

4.3.3 试验验证

1. 静态测试

在做静态试验时，首先对炮载惯导进行对准。对准结束后开始第一步至第五步数据采集。身管旋转一周，分五步进行，每步采集数据都需要调炮 90°，最后一步身管与车身相对位置回到起始时刻。每一步采集数据 15 min，当采集数据时间达到 15 min 后，停止对火控台输出数据的采集；改变身管的位置后，开始下一步，重新采集数据。

数据采集过程中，尽量保证身管的射角为 0°。表 4-2 为角度为 0°时身管与车身的相对位置。

表 4-2 角度为 0°时身管与车身的相对位置 单位：mil

不同步骤	量测量			
	惯导偏航	卫星偏航	惯导俯仰	卫星俯仰
第一步	3 037.0	3 040.2	-2.8	-2.9
第二步	1 535.1	1 540.0	3.0	3.3
第三步	35.7	38.9	25.8	25.6
第四步	4 482.1	4 485.6	19.7	19.4
第五步	3 036.8	3 039.3	-1.6	-1.6

将身管与车身的角度调为 30°，再次进行对准，对准结束后重新采集数据，步骤与前五步相同。此时身管与车身的相对位置如表 4-3 所示。

表 4－3　角度为 30°时身管与车身的相对位置　　　单位：mil

不同步骤	量测量			
	惯导偏航	卫星偏航	惯导俯仰	卫星俯仰
第六步	2 995. 3	3 001. 1	499. 8	500. 3
第七步	1 495	1 502. 1	504. 1	503. 6
第八步	5 996. 1	0. 5	526. 7	527. 1
第九步	4 494. 9	4 503. 8	521. 6	520. 2
第十步	2 994. 8	2 998. 8	500. 1	499. 7

这里列举出系统输出的第二步静态数据采集过程，如图 4－17 和图 4－18 所示。

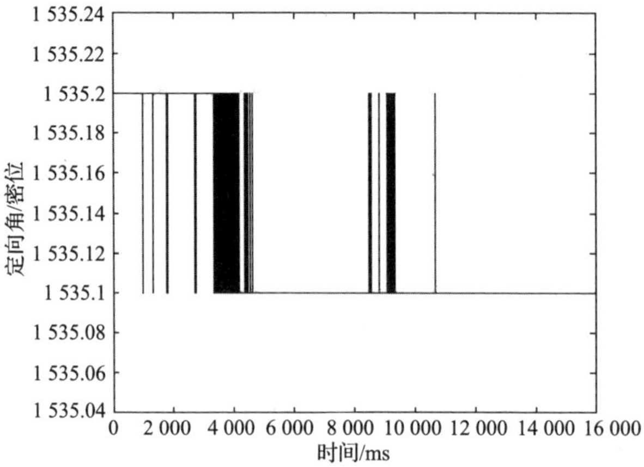

图 4－17　定向角实时数据

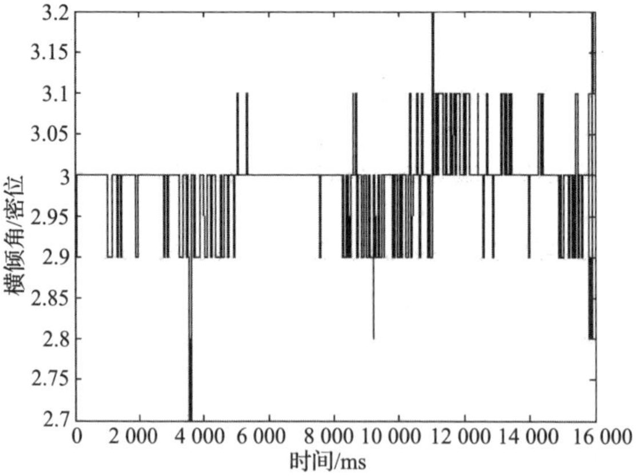

图 4－18　横倾角实时数据

分析静态试验结果，从表4－2和表4－3的偏航数据可看出，卫星测姿系统的输出始终比惯导输出大4～7 mil，显而易见，是由两个卫星天线与车体之间的安装误差以及卫星测姿系统量测误差造成的。该误差会导致姿态误差的产生，所产生的姿态误差会被当作剩余非对准误差在精对准过程中进行补偿。为了确保不出现较大的量测误差，在下一步动态试验过程中安排了两次对准。

2. 动态试验

为了验证所提误差补偿方法的有效性，进行跑车试验，并将试验结果与工厂的误差标定方法对比。

工厂对将要出厂的惯导系统的系统误差、定位误差、方向漂移以及寻北误差进行标定，需要固定的基准点。按照特定的程序行驶到每个基准点，通过已知高精度信息来进行不同的误差标定。但是工厂采用的方法对基准点的依赖程度太高，不具有普适性。本方案采用卫星差分（基准站＋移动站）进行，检测时差分卫星基准站设立在某一固定点，移动站设置在尽可能靠近惯导的位置随火炮行驶，每行驶超过5 km读取一次惯导导航值、移动卫星导航值以及卫星测姿系统数据，移动站和基准站最大直线距离不超过80 km。利用补偿算法得出修正量，通过电台反馈到车载惯导。

试验过程如下：

（1）在炮车行驶至第一个基准点时停车进行对准，将基准站天线放置于地势较高的位置，移动站跟随炮车，移动站主天线固定在炮塔顶端的中心位置，并将电台置于其一侧，另外将从天线固定于平衡机外壳上方，使主、从天线尽量位于同一中轴线上。

（2）为了保证惯导精度，在炮车行驶至第二个基准点时停车对准。

（3）当行驶至第三个基准点时按照本节提出的方法进行初始误差角的标定。

（4）重复（3）中的过程六次。

最后将本方案所得数据与工厂标定方法所得数据进行对比。

标定的目的是修正惯导参数，消除角度误差，提高定位精度，使其达到出厂的标准，本节将所提方案与工厂标定的结果进行全程对比，如表4－4所示。

表4－4　实车试验数据

坐标系	真实 X轴/m	真实 Y轴/m	惯导 X轴/m	惯导 Y轴/m	α_U 工厂结果/mil	α_U 本方案结果/mil
点1	4 202 072	632 677				
点2	4 206 133	629 867	4 206 107	629 832	−7.4	−7.3

续表

坐标系	真实 X 轴/m	真实 Y 轴/m	惯导 X 轴/m	惯导 Y 轴/m	α_U 工厂结果/mil	α_U 本方案结果/mil
点3	4 208 765	626 886	4 208 772	626 891	-1.0	-1.0
点4	4 207 802	632 028	4 207 811	632 028	-0.3	-0.2
点5	4 204 785	635 235	4 204 797	635 230	0.8	0.6
点6	4 205 662	637 967	4 205 675	637 955	2.8	2.7
点7	4 210 177	641 421	4 210 195	641 409	1.8	1.5
点8	4 213 562	645 341	4 213 567	645 310	1.5	1.4
点9	4 217 689	648 452	4 217 693	648 411	1.5	1.3

表4-4中的9个点为工厂预先设定好的标准点，炮车行驶至前两个点时需要进行初始对准，所以没有记录第一个点的导航结果。从标定结果可看出，第二个点的剩余非对准误差较大，但是经过两次修正后，接下来的七个点处的剩余非对准误差均在2.8 mil以内，说明现阶段工厂所采用的标定方法已经达到了很高的精度。而本节所提方案的标定结果较之工厂标定结果，在点7处相差最大，为0.3 mil，其余均在0.3 mil以内。表明该方法可以很好地将卫星天线非同轴误差以及卫星测姿系统量测误差造成的剩余误差补偿掉，其精度完全满足使用需求。

综上，本节将惯性器件安装误差角、卫星天线非同轴安装误差以及对准后遗留的失准角归类到捷联惯导的剩余非对准误差中。首先利用卫星测姿系统为惯导系统提供姿态基准，完成了误差的粗量测；然后利用卫星差分定位原理为精确估计过程提供位置基准，在标定过程中，基准站通过电台将定位误差反馈给移动站；最后通过移动站计算出载体的误差角。所提方法和系统在标定过程中不需要已知的基准点，且在精确估计阶段不需要滤波，避免了烦琐的估计过程。所得标定结果与工厂高精度标定方法所得结果相差不大，完全可以满足标定任务。

第 5 章

基于快速正交搜索和卡尔曼滤波的导航方法研究

在卫星辅助导航过程中，由于卫星信息的加入，定位精度较自主导航有明显提高，但是自始至终需要卫星信息来提供基准，对卫星信息的依赖会导致武器装备在战场环境下的导航功能受限。为了能在充分利用卫星提供的高精度信息的同时，延长系统在失去卫星信息时的容忍时间，本章将从解决系统非线性问题入手，提出 FOS/KF 参数估计方法，并将其应用到初始对准和导航定位过程中。当卫星信号可用时，充分利用卫星信号对系统进行训练并得出系统误差模型；当卫星信号受到干扰时，利用训练所得的误差模型分别进行非线性环境下的参数估计。

5.1　快速正交搜索算法

近年来非线性滤波方法不断涌现，但是几乎所有滤波方法都对外部基准信息有很强的依赖性，而且在滤波过程中需要建立非线性误差模型。由于造成系统非线性的原因复杂多变，建模过程既不准确又浪费时间。对于炮载定位定向系统而言，非线性是系统内部的固有特性，为提高系统工作精度，建立非线性模型是必要的，只有建立与其对应的非线性系统模型，才能准确地分析出当前系统的实际特性。

针对以上问题，本章提出了基于快速正交搜索算法和 Kalman 滤波的导航算法。FOS 通过最大限度地减小估计量和训练量之间的均方误差实现参数估计，通过一次迭代就能确定出简洁的系统模型项，大大减少噪声的干扰。相比第4章提出的非线性观测器，FOS只在模型训练阶段需要外部基准信息，在进行参数估计的过程中不需要外部基准的参与，很大程度上延长了惯导系统在丢失卫星信号后的容忍时间。

5.1.1 系统模型建立

FOS通过反复搜寻候选函数中均方误差减小量最大的函数作为系统项，来实现非线性模型的建立。该方法能够利用很少的模型项，将实际系统准确地表达出来，从而减少了由模型项带来的噪声影响，使得建立的系统模型更加精确。

首先要明确建模对象，即非线性系统，可表示为

$$y(n)=F[y(n-1),\cdots,y(n-K),x(n),\cdots,x(n-L)]+\varepsilon(n) \quad (5-1)$$

其中，F 为非线性系统函数，$x(n-L)$ 为系统的输入，$y(n-K)$ 为系统的输出，$\varepsilon(n)$ 为系统误差，$1<K<N_0$，$0<L<N_0$，N_0 为运行过程中的时间延迟，$n=0$，…，N 为总的采样次数。

非线性系统（5-1）可被表示为

$$y(n) = \sum_{m=0}^{M} a_m P_m(n) + \varepsilon(n) \quad (5-2)$$

其中，$P_0(n)=1$，$P_m(n)$ 为任意阶次的候选函数，由式（5-1）中系统右侧的输入、输出或者其向量积组成，a_m 为各个候选函数的权值系数，M 为模型中最终选出的候选函数个数（需要人工设定），$\varepsilon(n)$ 为系统误差。其中，$P_m(n)$可表示为

$$P_m(n)=y(n-k_1)\cdots y(n-k_i)x(n-l_1)\cdots x(n-l_j) \quad (5-3)$$

$$\begin{cases} m\geqslant 1 \\ i\geqslant 0,\ 1\leqslant k_1\leqslant K,\ \cdots,\ 1\leqslant k_i\leqslant K \\ j\geqslant 0,\ 0\leqslant l_1\leqslant L,\ \cdots,\ 0\leqslant l_j\leqslant L \end{cases}$$

其中，i、j 分别为系统输入和输出的维数。系统的均方误差（m. s. e）可表示为

$$\text{m. s. e} = \overline{\varepsilon^2(n)} = \overline{y^2(n)} - \sum_{m=0}^{M} a_m^2\, \overline{p_m^2(n)} \quad (5-4)$$

公式上的直线表示取从 $n=N_0$ 到 $n=N$ 的平均值。该算法的核心原则就是根据均方误差的大小来确定系统模型项 $P_m(n)$。

5.1.2　详细搜索过程

将式（5－2）中的系统进行 Gram－Schmidt（GS）正交化，可得

$$y(n) = \sum_{m=0}^{M} g_m w_m(n) + \varepsilon(n) \tag{5-5}$$

其中，$w_m(n)$ 为 $P_m(n)$ 经过 GS 正交化得到的函数序列，g_m 为 $w_m(n)$ 的权值系数，M 为模型中候选函数的最大数量。正交化过程如下：

$$w_m(n) = P_m(n) - \sum_{r=0}^{m-1} \alpha_{mr} w_r(n) \tag{5-6}$$

$$\alpha_{mr} = \overline{P_m(n) w_r(n)} / \overline{w_r^2(n)} \tag{5-7}$$

此时，均方误差和正交权值系数变为

$$\text{m. s. e} = \overline{\varepsilon^2(n)} = \overline{y^2(n)} - \sum_{m=0}^{M} g_m^2 \overline{w_m^2(n)} \tag{5-8}$$

$$g_m = \overline{y(n) w_m(n)} / \overline{w_m^2(n)} \tag{5-9}$$

其中，$Q_m = g_m^2 \overline{w_m^2(n)}$为 m. s. e 的减小量。

最大的 Q_m 所对应的候选函数 $P_m(n)$ 被选为模型项，将所选模型项加入模型中后，均方误差为 $\text{m. s. e}_m = \text{m. s. e}_{m-1} - Q_m$，称 m. s. e_m 为剩余均方误差。显然，FOS 筛选原则就是选出对均方误差影响最大的候选函数作为模型项。在挑选出每一个模型项后，将其从候选函数中去除，然后在剩余的候选函数中继续进行筛选，直到完成搜索。

完成搜索的条件有三个：

（1）当剩余均方误差 m. s. e_m 足够小时完成搜索。

（2）当误差模型项达到设定上限时完成搜索。

（3）当剩余候选函数不能使均方误差产生足够大的减小量时完成搜索。

当搜索完成后，利用 α_{mr} 和 g_m 计算出与所选模型项对应的权值系数 a_m，过程如下：

$$a_m = \sum_{i=m}^{M} g_i v_i,\ v_i = \begin{cases} 1, & i = m \\ -\sum_{r=m}^{i-1} \alpha_{ir} v_r, & m < i \leqslant M \end{cases} \tag{5-10}$$

综上，FOS 的基本原理可以定义为：利用 GS 正交化方法建立正交系数 α_{mr}，然后利用 α_{mr}计算权值系数 g_m，并根据对均方误差影响最大的原则选出候选函数 $P_m(n)$，最后将对应的 g_m 与系统输出 $y(n)$ 进行关联，计算出正交化之前的权值系数 a_m。

如果利用 GS 正交化逐个计算 $w_m(n)$，会耗费很大的存储空间和计算时间。为了避免上述问题的发生，FOS 在计算过程中仅对正交系数 α_{mr} 进行计算。

类比式（5－6）定义函数 $D(m, r)$ 和 $C(m)$，如式（5－11）和式（5－14）所示，表示 $P_m(n)$、$w_r(n)$ 和 $y(n)$ 三者之间的关系如下：

$$D(m,r) = \overline{P_m(n)w_r(n)} = \overline{P_m(n)P_r(n)} - \sum_{i=0}^{r-1}\alpha_{ri}D(m,i) \quad (5-11)$$

$$\alpha_{ri} = \overline{P_r(n)w_i(n)}/w_i^2(n) \quad (5-12)$$

$$\begin{cases} D(r,r) = \overline{w_r^2(n)} = \overline{P_r^2(n)} - \sum_{i=0}^{r-1}\alpha_{ri}D(i,i) \\ D(0,0) = 1 \\ D(m,0) = \overline{P_m(n)} \\ D(m,m) = \overline{w_m^2(n)} = \overline{P_m^2(n)} - \sum_{r=0}^{m-1}\alpha_{mr}D(r,r) \end{cases} \quad (5-13)$$

其中，$m=1$，…，M；$r=1$，…，m。

$$C(m) = \overline{y(n)w_m(n)} = \overline{P_m(n)y(n)} - \sum_{r=0}^{m-1}\alpha_{mr}C(r) \quad (5-14)$$

$$C(0) = \overline{y(n)}, m = 1,\cdots,M \quad (5-15)$$

将 α_{mr}、g_m 和 m. s. e 的减小量 Q_m 重新表示：

$$\alpha_{mr} = \frac{\overline{P_m(n)w_r(n)}}{\overline{w_r^2(n)}} = \frac{D(m,r)}{D(r,r)} \quad (5-16)$$

$$g_m = \frac{\overline{y(n)w_m(n)}}{\overline{w_m^2(n)}} = \frac{C(m)}{D(m,m)} \quad (5-17)$$

$$Q_m = g_m^2\,\overline{w_m^2(n)} = g_m^2 D(m,m),\ m=1,\cdots,M;r=1,\cdots,m \quad (5-18)$$

$$a_m = \sum_{i=m}^{M} g_i v_i,\ v_i = \begin{cases} 1, & i = m \\ -\sum_{r=m}^{i-1}\alpha_{ir}v_r, & m < i \leqslant M \end{cases} \quad (5-19)$$

显然，FOS 可以在不需要逐个计算正交函数 $w_m(n)$ 的情况下，利用正交空间得出系统输出 $y(n)$。

FOS 简要计算过程如下：

（1）将候选函数序列 $P_m(n)$ 正交化，得到正交序列 $w_m(n)$。

（2）计算所得正交序列 $w_m(n)$ 的权值系数 g_m、正交系数 α_{mr} 和 m. s. e 的减小量 Q_m，对 Q_m 进行筛选，选出最大的 Q_m 所对应的候选函数 $P_m(n)$ 作为模型项，并将其在候选函数序列中去除。

（3）重复步骤（1）和（2）直到满足搜索完成的条件为止。

（4）计算正交化之前的权值系数 a_m，构建系统模型。

相比数学方法，FOS 更加直接地作用于误差参数本身。在有卫星信号的时候，多种信息可以在线训练 FOS。同时，以均方误差为标准，选取合适的候选函数，使得 FOS 能够准确地感知出误差项及其权重系数。这样，尽管训练时间很短，FOS 依旧可以在没有先验信息的情况下较好地反映出当前误差模型的主要特征。与其他方法不同的是，FOS 无须模拟动态非线性系统，而是根据模型项的权重以数学模型的形式将其表示出来，并利用所构建的数学模型在线更新非线性系统模型。如此，通过 FOS 构建的系统模型可以保证在动态条件下的估计精度。

5.2　FOS/KF 在大失准角初始对准中的应用

在解决系统非线性问题过程中，考虑到系统由线性部分和非线性部分组成。Kalman 滤波在线性的环境下有很高的估计精度，所以结合 Kalman 滤波和 FOS 两种算法，提出了 FOS/KF 组合估计方法。首先，在有卫星信号的情况下，利用 FOS 方法、卫星信息以及 Kalman 滤波的预测值进行训练，建立当前系统非线性模型；然后，在没有卫星信号的情况下，利用训练好的非线性模型进行初始对准和自主导航，整个过程可以在载体机动的情况下进行。由此便可简化对准过程，提高载体机动性，延长在失去卫星信号时的容忍时间。

5.2.1　大方位失准角误差分析

在进行对准前，需要建立大失准角条件下的非线性系统模型。

系统状态变量为 $\boldsymbol{X}=[\delta\boldsymbol{v}\quad\boldsymbol{\phi}\quad\nabla^{n'}\quad\boldsymbol{\varepsilon}^{n'}]$，共 12 维，$\delta\boldsymbol{v}=[\delta v_E\quad\delta v_N\quad\delta v_U]$ 为速度误差、$\boldsymbol{\phi}=[\phi_E\quad\phi_N\quad\phi_U]$ 为姿态误差、∇^b 为加速度计零偏、$\boldsymbol{\varepsilon}^b$ 为陀螺常值漂移。

设水平失准角 ϕ_E、ϕ_N 为小角度，方位失准角 ϕ_U 为任意角度。此时，$\boldsymbol{C}_n^{n'}=\boldsymbol{I}-(\boldsymbol{\phi}\times)$不再成立，真实导航坐标系到计算导航坐标系之间的转换矩阵变为

$$\boldsymbol{C}_n^{n'}=\begin{bmatrix}\cos\phi_U & \sin\phi_U & -\phi_N\\ -\sin\phi_U & \cos\phi_U & \phi_E\\ \phi_N\cos\phi_U+\phi_E\sin\phi_U & \phi_N\sin\phi_U-\phi_E\cos\phi_U & 1\end{bmatrix}\quad(5-20)$$

速度和姿态误差变为

$$\begin{cases}\delta\dot{\boldsymbol{v}}=[\boldsymbol{I}+\boldsymbol{C}_n^{n'}]\boldsymbol{C}_b^n\boldsymbol{f}_{ib}^b+\boldsymbol{C}_b^n\delta\boldsymbol{f}^b-(2\boldsymbol{\omega}_{ie}^n+\boldsymbol{\omega}_{en}^n)\times\delta\boldsymbol{v}-(2\delta\omega_{ie}^n+\delta\boldsymbol{\omega}_{en}^n)\times\boldsymbol{v}+\delta\boldsymbol{g}\\ \delta\dot{\boldsymbol{\theta}}=(\boldsymbol{I}+\boldsymbol{C}_n^{n'})\boldsymbol{\omega}_{in}^n+\delta\boldsymbol{\omega}_{in}^{n'}-\boldsymbol{C}_b^{n'}\delta\boldsymbol{\omega}_{ib}^b\\ \dot{\nabla}^b=\boldsymbol{0}\\ \dot{\boldsymbol{\varepsilon}}^b=\boldsymbol{0}\end{cases}\tag{5-21}$$

其中，$\boldsymbol{C}_b^n$ 为载体坐标系到导航坐标系的转换矩阵；$\boldsymbol{C}_b^{n'}$ 为载体坐标系到计算导航坐标系的转换矩阵；$\boldsymbol{f}_{ib}^b$ 为加速度计真实输出；$\boldsymbol{\omega}_{ie}^{n'}$ 为地球自转角速度在计算导航坐标系中的投影；$\boldsymbol{\omega}_{en}^{n'}$ 为导航坐标系相对于地球坐标系的角速度在计算导航坐标系中的投影；$\boldsymbol{\omega}_{in}^{n'}$ 为导航坐标系相对惯性坐标系的转动角速度在计算导航坐标系中的投影；$\delta\boldsymbol{f}^b$ 和 $\delta\boldsymbol{\omega}_{ib}^b$ 分别为加速度计和陀螺的量测误差；$\delta\boldsymbol{\omega}_{ie}^n$、$\delta\boldsymbol{\omega}_{en}^n$、$\delta\boldsymbol{\omega}_{in}^n$ 分别为 $\boldsymbol{\omega}_{ie}^{n'}$、$\boldsymbol{\omega}_{en}^{n'}$、$\boldsymbol{\omega}_{in}^{n'}$ 的计算误差；$\delta\boldsymbol{g}$ 为重力加速度的计算误差。

在分析过程中，认为 $\delta\boldsymbol{f}^b$ 和 $\delta\boldsymbol{\omega}_{ib}^b$ 分别由陀螺常值漂移 $\boldsymbol{\varepsilon}^b$、加速度计零偏 ∇^b 以及对应的高斯白噪声 $\boldsymbol{w}_g^b$、$\boldsymbol{w}_a^b$ 组成。为了简化分析过程，忽略 $\delta\boldsymbol{g}$，并假设基座静止，此时 $\boldsymbol{v}=\boldsymbol{0}$、$\delta\boldsymbol{\omega}_{ie}^n=\boldsymbol{0}$、$\boldsymbol{\omega}_{en}^{n'}=\boldsymbol{0}$。另外，由于位置误差是由速度误差直接计算，其呈现出的线性或者非线性与速度误差一致，故不考虑位置误差。式(5-21)简化为

$$\begin{cases}\delta\dot{\boldsymbol{v}}=[\boldsymbol{I}+\boldsymbol{C}_n^{n'}]\boldsymbol{C}_b^n\boldsymbol{f}_{ib}^b-2\boldsymbol{\omega}_{ie}^n\times\delta\boldsymbol{v}+\nabla^{n'}+\boldsymbol{w}_a^{n'}\\ \delta\dot{\boldsymbol{\theta}}=(\boldsymbol{I}+\boldsymbol{C}_n^{n'})\boldsymbol{\omega}_{in}^n+\delta\boldsymbol{\omega}_{in}^{n'}-\boldsymbol{\varepsilon}^{n'}-\boldsymbol{w}_g^{n'}\\ \dot{\nabla}^b=\boldsymbol{0}\\ \dot{\boldsymbol{\varepsilon}}^b=\boldsymbol{0}\end{cases}\tag{5-22}$$

由于捷联惯导系统在对准的过程中既包含了线性部分也包含了非线性部分，所以状态空间模型建立如下：

$$\begin{cases}\dot{\boldsymbol{X}}_1=f_1(\boldsymbol{X}_1)+\boldsymbol{w}_g^{n'}\\ \dot{\boldsymbol{X}}_2=f_2(\boldsymbol{X}_1)\boldsymbol{X}_2+e(\boldsymbol{X}_1)+g(\boldsymbol{X}_1)\boldsymbol{w}_a^n\\ \boldsymbol{Z}=\boldsymbol{H}\boldsymbol{X}_2+\boldsymbol{v}\end{cases}\tag{5-23}$$

其中，将状态变量 $\boldsymbol{X}$ 拆分为 $\boldsymbol{X}_1=[\delta\boldsymbol{\theta}\quad\boldsymbol{\varepsilon}^{n'}]^{\mathrm{T}}$ 和 $\boldsymbol{X}_2=[\delta\boldsymbol{v}\quad\nabla^{n'}]^{\mathrm{T}}$；$f_1(\boldsymbol{X}_1)$、$f_2(\boldsymbol{X}_1)$、$e(\boldsymbol{X}_1)$、$g(\boldsymbol{X}_1)$ 为关于 $\boldsymbol{X}_1$ 的非线性函数；观测矩阵 $\boldsymbol{H}=[\boldsymbol{I}_{2\times2}\quad\boldsymbol{O}]$。$f_1(\boldsymbol{X}_1)$、$f_2(\boldsymbol{X}_1)$、$e(\boldsymbol{X}_1)$、$g(\boldsymbol{X}_1)$ 可表示为

$$
\begin{cases}
f_1(\boldsymbol{X}_1)=(\boldsymbol{I}+\boldsymbol{C}_n^{n'})\boldsymbol{\omega}_{in}^{n}+\delta\boldsymbol{\omega}_{in}^{n'}-\boldsymbol{\varepsilon}^{n'}\\
f_2(\boldsymbol{X}_1)=[\,-2(\boldsymbol{\omega}_{ie}^{n'}\times)\quad \boldsymbol{C}_n^{n'}\,]\\
e(\boldsymbol{X}_1)=[\boldsymbol{I}+\boldsymbol{C}_n^{n'}]\boldsymbol{C}_b^{n}\boldsymbol{f}_{ib}^{b}\\
g(\boldsymbol{X}_1)=\boldsymbol{C}_n^{n'}
\end{cases} \tag{5-24}
$$

由式（5－23）可看出，如果 $\boldsymbol{X}_1=[\delta\boldsymbol{\theta}\quad \boldsymbol{\varepsilon}^{n'}]^{\mathrm{T}}$ 已知，则相关非线性函数已知，那么 $\dot{\boldsymbol{X}}_2$ 满足线性条件，并且观测方程与非线性状态变量 $\boldsymbol{X}_1$ 无关，故认为式（5－23）描述的系统既包含非线性部分也包含线性部分。所以只要对非线性状态变量 $\boldsymbol{X}_1$ 进行高精度估计，即可提高整个系统精度，下面即对非线性状态变量进行分析。

在大失准角对准过程中，非线性状态变量仅为方位角，令经过 Kalman 滤波估计过后的剩余非线性失准角为 $\Delta\phi_U$，航位推算所得的方位角为 ψ_U^{INS}，Kalman 滤波估计得到的方位失准角为 ϕ_U^{KF}，经过卫星量测所得的方位角为 ψ_U^{GPS}，由于卫星量测精度较高，这里认为 ψ_U^{GPS} 为标准值。以上变量的关系如下：

$$
\Delta\phi_U=\psi_U^{\mathrm{INS}}-\psi_U^{\mathrm{GPS}}-\phi_U^{\mathrm{KF}} \tag{5-25}
$$

从式（5－25）可看出，$\Delta\phi_U$ 中包含了几乎所有原因造成的系统非线性角度误差，若能对 $\Delta\phi_U$ 进行高精度估计，则可有效消除系统非线性带来的导航误差。为了对剩余非线性失准角进行有效估计，将 FOS 和 Kalman 滤波进行组合，并应用在对准过程中。

5.2.2 FOS/KF 在初始对准中的应用

在导航解算过程中加入 FOS 算法，首先利用 Kalman 滤波对系统的线性误差进行估计，然后利用 FOS 估计出剩余系统非线性误差，形成了 FOS/KF 算法。通过 5.2.1 小节的分析可知，式（5－25）中的剩余非线性失准角 $\Delta\phi_U$ 中包含了几乎所有造成系统非线性的原因，所以利用 FOS 对 $\Delta\phi_U$ 进行估计。

整个过程分为两个阶段，第一个阶段是模型训练阶段，在卫星信息可用时进行，通过外部高精度信息对系统进行训练，得到由多个候选函数 $p_m(n)$ 组成的系统模型；第二个阶段是预测阶段，在卫星信息不可用时进行，利用训练好的系统模型进行相应的参数估计。

1. 模型训练阶段

当卫星信息可用时，将式（5－25）得出的剩余非线性失准角 $\Delta\phi_U$ 作为输出，将 Kalman 滤波预测值作为输入，组成一组训练值，进行模型训练，其示意图如图 5－1 所示。

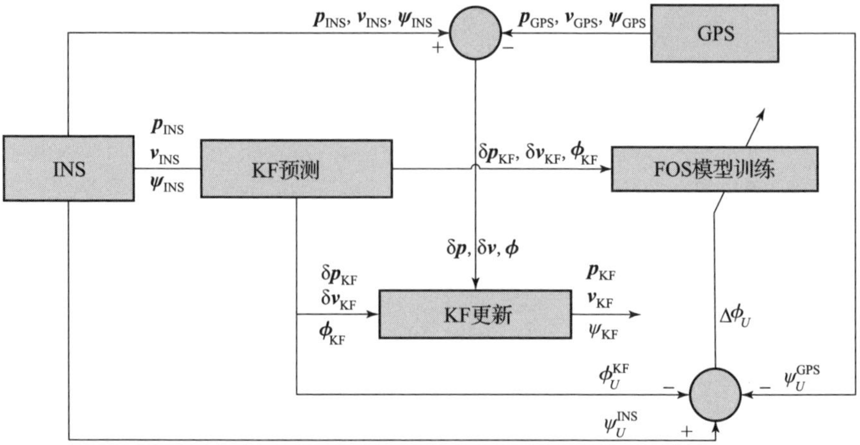

图 5－1　模型训练示意图 1

图 5－1 中，$\boldsymbol{p}_{INS}$、$\boldsymbol{v}_{INS}$、$\boldsymbol{\psi}_{INS}$分别为航位推算得到的位置、速度、姿态信息，$\boldsymbol{p}_{GPS}$、$\boldsymbol{v}_{GPS}$、$\boldsymbol{\psi}_{GPS}$为卫星量测信息，$\delta\boldsymbol{p}_{KF}$、$\delta\boldsymbol{v}_{KF}$、$\boldsymbol{\phi}_{KF}$为卡尔曼滤波的估计值。

为对应 5.1.2 小节中的各个变量，令输入维数 $i=9$，输出维数 $j=1$，采样次数 $N=500$，$N_0=5$，候选函数总的个数约为 5 000，最大候选函数个数 $M=30$，建模平均耗时 0.018 7 s，建模最大耗时 0.031 2 s。

当卫星信息可用时，将航位推算得到的方位角 ψ_U^{INS}、卫星测量得到的方位角 ψ_U^{GPS}、Kalman 滤波得到的方位失准角 ϕ_U^{KF}，按照 $\Delta\phi_U=\psi_U^{INS}-\psi_U^{GPS}-\phi_U^{KF}$ 的关系进行解算，得到剩余非线性失准角 $\Delta\phi_U$。然后以 Kalman 滤波的估计值 $\delta\boldsymbol{p}_{KF}$、$\delta\boldsymbol{v}_{KF}$、$\boldsymbol{\phi}_{KF}$为输入，以剩余非线性失准角 $\Delta\phi_U$ 为输出，运用 FOS 进行模型训练，得到当前的准确系统模型。在模型训练的同时，以卫星量测信息 $\boldsymbol{p}_{GPS}$、$\boldsymbol{v}_{GPS}$、$\boldsymbol{\psi}_{GPS}$为准确值，对 Kalman 滤波信息进行实时更新。

2. 预测阶段

当失去卫星信号时，系统不能直接得到精确的剩余非线性失准角 $\Delta\phi_U$，此时以 Kalman 滤波的估计值 $\delta\boldsymbol{p}_{KF}$、$\delta\boldsymbol{v}_{KF}$、$\boldsymbol{\phi}_{KF}$为输入，利用模型训练阶段训练好的系统模型估计剩余非线性失准角 $\Delta\phi_U$，并将剩余非线性失准角 $\Delta\phi_U$、航位推算得到的方位角 ψ_U^{INS}、Kalman 滤波得到的方位角 ϕ_U^{KF} 按照 $\psi_U=\psi_U^{INS}-\Delta\phi_U-\phi_U^{KF}$ 的关系进行解算，最终得到当前准确方位角信息 ψ_U，误差预测示意图如图 5－2 所示。

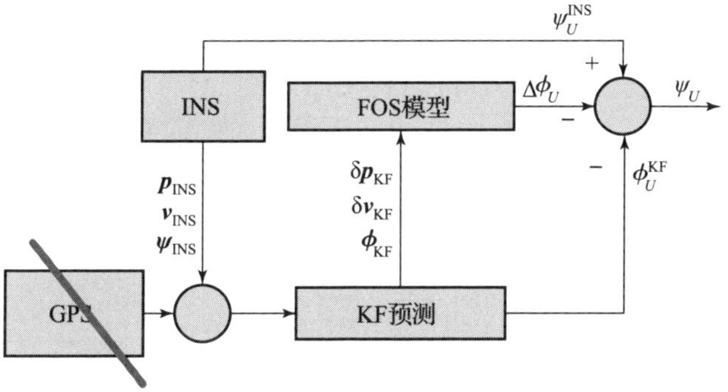

图 5-2 误差预测示意图 1

5.2.3 仿真对比

为了验证 FOS/KF 的正确性，利用 EKF 和 FOS/KF 两种方法分别对大/小失准角进行滤波。由于水平失准角的收敛速度和精度都很高，所以这里只对方位失准角进行仿真对比。

仿真设置为：陀螺常值漂移为 0.01°/h，加速度计零偏为 30 μg，两种方法均采用速度匹配。其余参数和 5.2.2 小节相同。

1. 静基座对准

在静基座条件下，设定仿真时间为 600 s，大方位失准角为 30°，小方位失准角为 1°，在两种条件下分别进行三次仿真，仿真结果如图 5-3、图 5-4 和表 5-1 所示。其中，图 5-3 为小方位失准角情况下第一次仿真结果，图 5-4 为大方位失准角情况下第一次仿真结果，表 5-1 为三次仿真的数据对比。

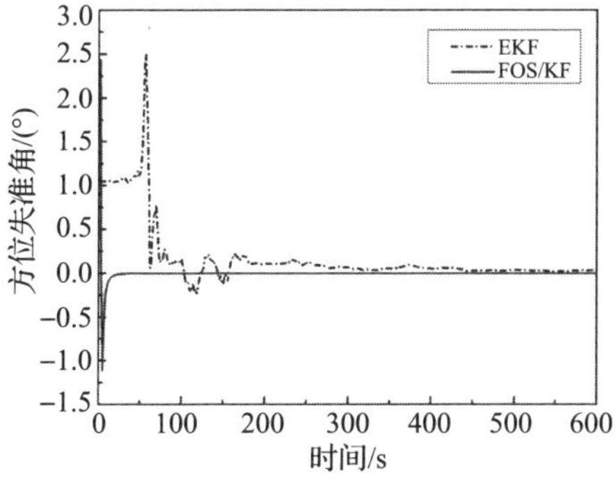

图 5-3 静基座方位失准角误差（1°）

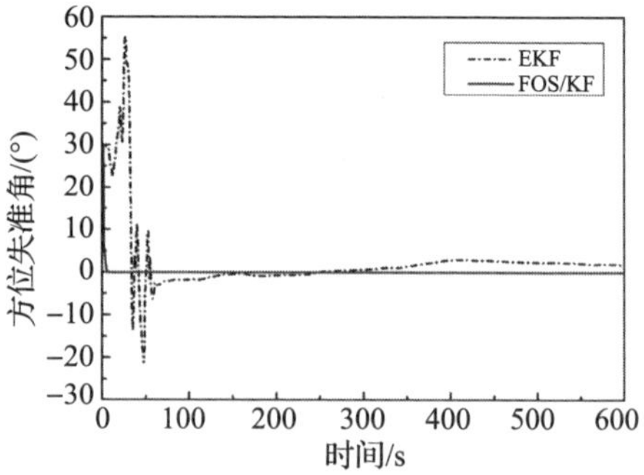

图 5－4 静基座方位失准角误差（30°）

表 5－1 静基座条件下两种方法的方位失准角的均方根误差 单位：(°)

方位失准角	30			1		
	第一次	第二次	第三次	第一次	第二次	第三次
EKF	1. 033 419 65	2. 424 837 55	0. 830 543 1	0. 073 870 1	0. 035 442 1	0. 034 275 45
FOS/KF	0. 018 444 75	0. 012 973 95	0. 006 063 8	0. 007 314 4	0. 002 878 55	0. 002 410 1

从图 5－3 和图 5－4 可看出，EKF 的收敛时间为 80～100 s，而 FOS/KF 的收敛时间可以保持在 30 s 以内，收敛速度和收敛精度都好于 EKF，单从结果图可知在静基座条件下 FOS/KF 的性能远优于 EKF，下面对三次静基座对准数据进行分析。

由表 5－1 中结果可看出，在小失准角的情况下，两种方法的误差都很小，均可以达到较高的对准精度。在大失准角的情况下，EKF 的误差显著增大，已不能满足精对准的要求，而 FOS/KF 的误差依然能保持较高的估计精度。

综上，在静基座条件下 FOS/KF 的对准精度和实时性满足需求，下面针对行进间的动基座对准进行仿真分析。

2. 动基座对准

无论是军用导航设备还是民用导航设备都对初始对准的实时性有较高的要求，所以动基座对准是当前初始对准方法的趋势。为了适应动基座对准的要求，有必要对 FOS/KF 在动基座条件下的性能进行验证。

在动基座条件下，仿真时间与静基座相同，依旧对大方位失准角 30°和小方位失准角 1°进行三次仿真。仿真对比结果如图 5－5～图 5－7 和表 5－2 所示。其中，图 5－5 为模拟跑车路径，在路径中包含了静止、加速、匀速、减速、直线、曲线等运动方式。图 5 -6、图 5 -7 分别为小方位失准角和大方位失准角时失准角误差的第一次仿真结果。

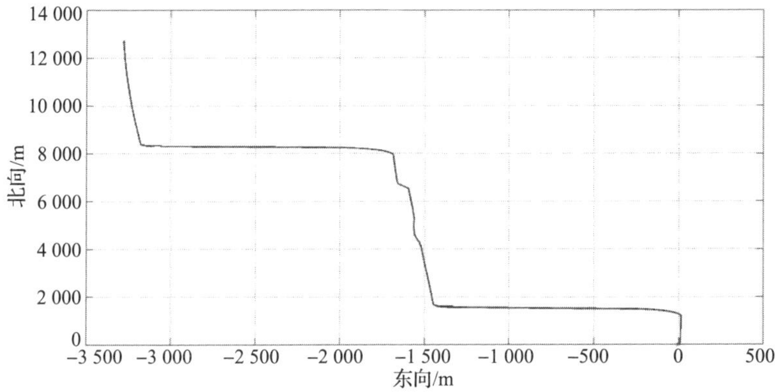

图 5 -5　模拟跑车路径

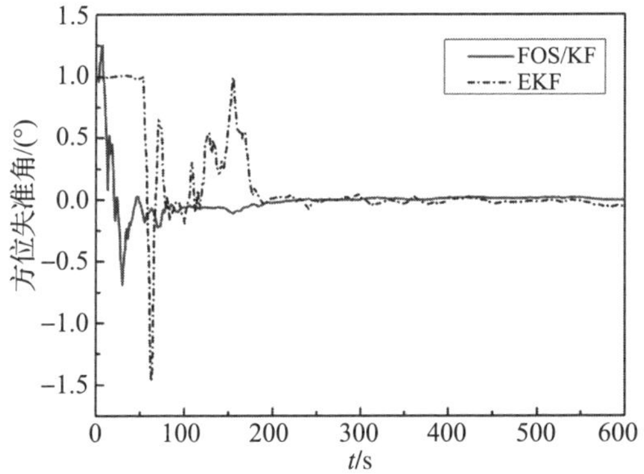

图 5 -6　动基座方位失准角误差（1°）

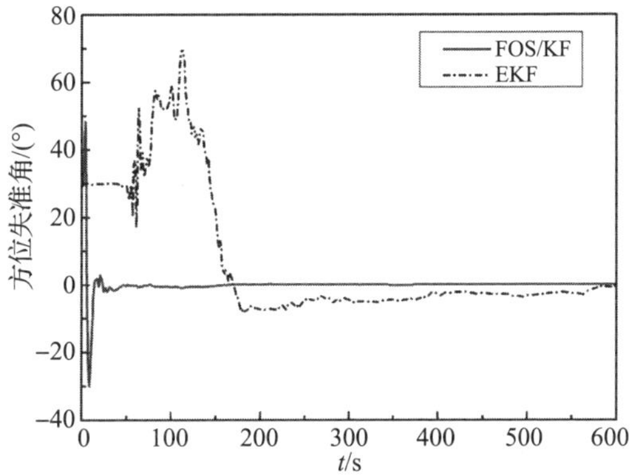

图 5 -7　动基座方位失准角误差（30°）

表 5－2　动基座条件下两种方法的方位失准角的均方根误差　　单位：(°)

方位失准角	30			1		
	第一次	第二次	第三次	第一次	第二次	第三次
EKF	1.624 192 98	2.834 867 1	2.544 287 9	0.053 247 2	0.039 024 7	0.077 821 9
FOS/KF	0.035 057 72	0.063 854 3	0.016 571 2	0.001 342 5	0.007 325 2	0.005 763 4

从图5－6 和图5－7 可看出，EKF 的收敛时间为200 s，而 FOS/KF 的收敛时间可以保持在80 s 以内，FOS/KF 的收敛速度和收敛精度均有较大优势，但收敛效果均不如静基座条件下的效果。这是因为在行进间对准过程中许多参数是时变的，影响了对准结果。

从表5－2 可看出，在小失准角的情况下，两种方法的误差都很小，均可以达到较高的对准精度。在大失准角的情况下，EKF 的误差显著增大，与静基座条件下的仿真结果一致。

对比表5－1 和表5－2，在进行大失准角对准时，由于行进间对准的过程中基座是运动的，以及在仿真过程中加入了干扰项，所以失准角误差普遍比静基座条件下的结果偏大；在进行小失准角对准时，失准角误差基本与静基座条件下的仿真结果在同一数量级上，说明基座的运动对大失准角对准的影响大，对小失准角对准的影响小。另外，无论基座运动与否，EKF 在进行大失准角对准时都已不能满足精对准的需求，而 FOS/KF 的估计精度则满足精对准的条件，说明在大失准角的情况下进行初始对准，FOS/KF 仍然适用。

5.2.4　试验验证

为了进一步验证 FOS/KF 在实际应用过程中的有效性，进行实车试验，详细跑车数据如图5－8 所示。

本次试验以某型炮载惯性导航系统为试验对象，惯组更新频率为100 Hz，陀螺常值漂移为0.01°/h，量测范围为300°/s，随机游走系数为0.003°/$\sqrt{\text{Hz}}$，加速度计零偏为30 μg，量测范围为±10 g，随机噪声为10 μg/$\sqrt{\text{Hz}}$，卫星水平定位精度为5 m，高程定位精度为10 m，测速噪声为0.1 m/s。

整个试验分为十一个阶段，并进行十一次重复验证，每个阶段时长为800 s，前500 s 所采集的数据为训练数据，后300 s 采集的数据为验证数据，整个试验过程时长12 329 s。在每个阶段开始前需要停车关机不少于2 min，确保每个阶段具有相同的初始物理状态。图5－9 为整个跑车过程的经度、纬度和高度信息。

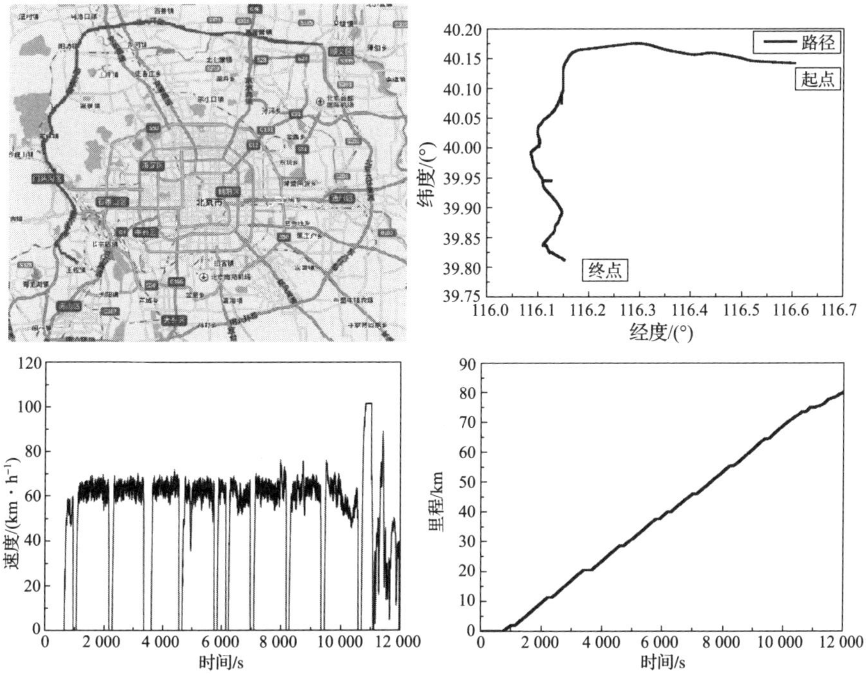

图 5－8　跑车路径及详细信息 1

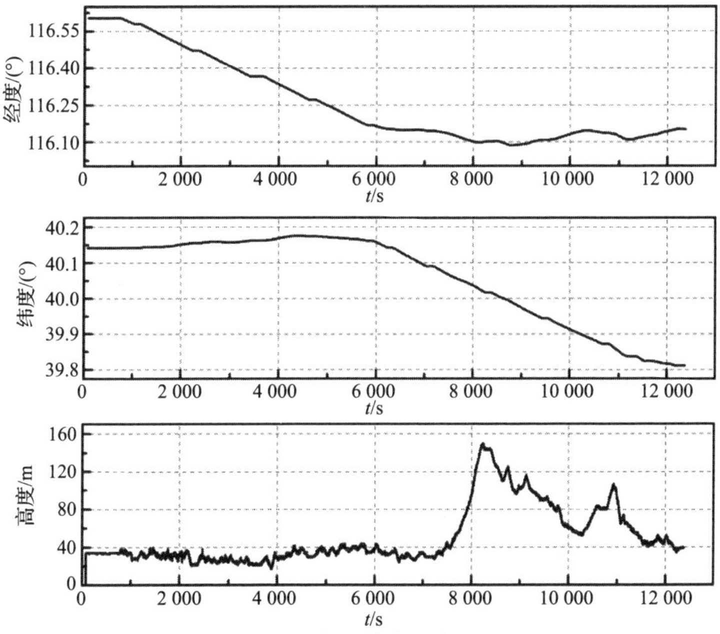

图 5－9　经度、纬度和高度信息

从图 5－8 中速度数据可明显看出车辆每隔一段时间就会停止一次，停止过后进行下一次数据采集，一共十一次。

图 5－10 为事后从卫星测姿系统中提取的真实方位角数据，用来计算十一次的方位角误差，计算结果如图 5－11～图 5－13 和表 5－3 所示。图 5－11 为十一次方位角收敛结果对比。

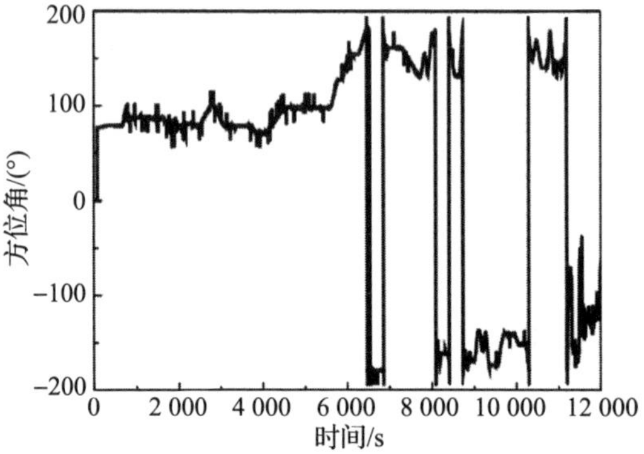

图 5－10　真实方位角数据

由于每个阶段跑车环境是不断变化的，系统非线性的程度也在不断变化。从图 5－12 和图 5－13 可看出，EKF 的估计误差随着系统非线性程度的变化而变化，而 FOS/KF 的估计误差则比较平稳，基本不随系统非线性程度变化，说明 FOS/KF 受外界环境的影响小，针对线性系统和非线性系统有同等的估计效力。

从表 5－3 中的数据可看出，在整个试验中 EKF 最大的估计误差达到 14.99°，最小值为 2.51°，平均误差也达到了 4.69°，不仅受环境的影响较大，而且其估计精度远不能达到初始对准的要求。FOS/KF 在各种工况下可以将方位角误差控制在 0.8°以内，并且总体变化不大，能较好地适应复杂的跑车环境。

试验结果表明，在误差参数和非线性程度时变的情况下，FOS/KF 可以始终保持较高的对准精度，对动基座初始对准精度的提高有很大帮助。

综上所述，FOS/KF 利用事先训练好的非线性误差模型进行对准，既能消除线性姿态误差，也能对非线性姿态误差起到良好的抑制作用。初始对准仿真结果表明，FOS/KF 的对准精度和实时性远优于 EKF。对比试验结果，单独使用 EKF 时的方位角误差最大达到 10.93°，而 FOS/KF 可以将方位角误差保持在 0.8°以内。FOS/KF 的估计精度不随系统非线性程度的变化而变化，且不需要进行粗对准。另外，对准过程可以在丢失卫星信号的条件下较好地完成，降低算法对卫星信号的依赖程度，延长失去卫星信号的容忍时间，简化对准过程，提高载体机动性。

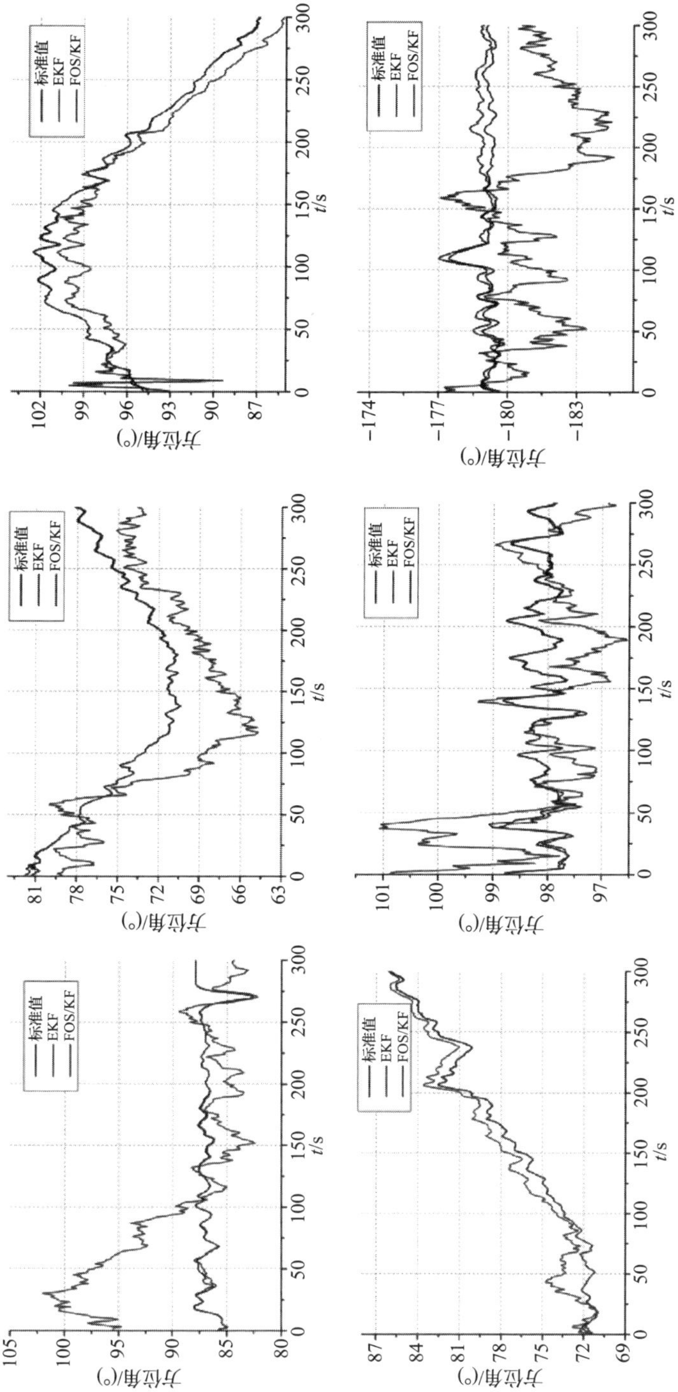

图 5 – 11　十一次方位角收敛结果对比

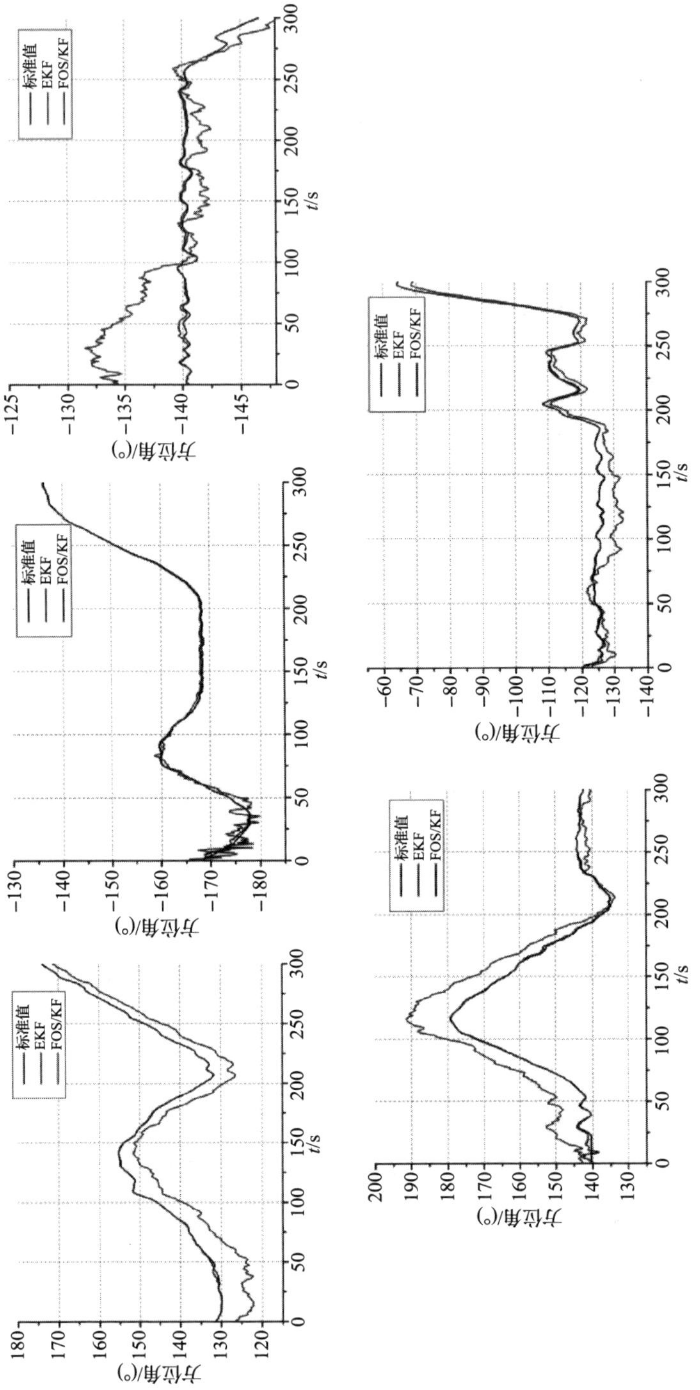

图 5-11　十一次方位角收敛结果对比（续）

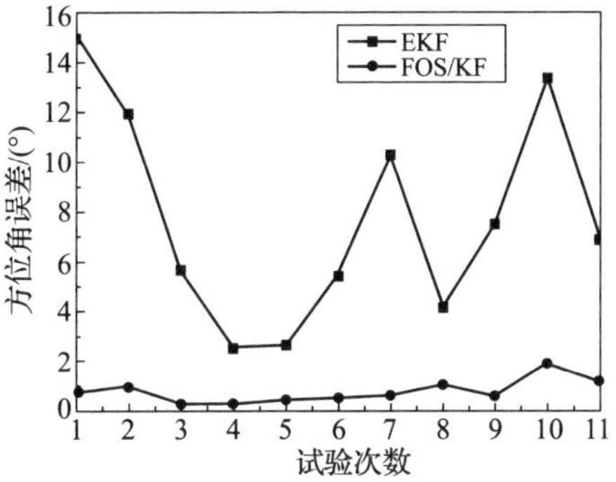

图 5－12 方位角误差的最大值

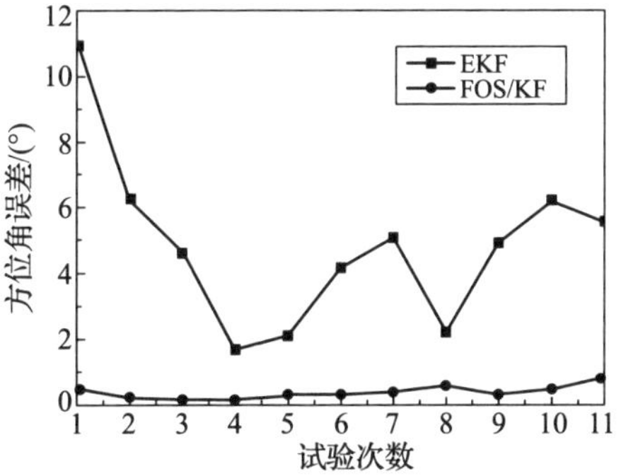

图 5－13 方位角误差的均方根

表 5－3 方位角误差 单位：(°)

序号	EKF		FOS/KF	
	最大值	均方根	最大值	均方根
1	**14.99**	**10.93**	0.76	0.46
2	11.95	5.16	0.96	0.22
3	5.67	4.60	0.28	0.14
4	2.51	1.69	0.3	0.15
5	2.64	2.11	0.43	0.31
6	5.44	4.19	0.52	0.30
7	10.3	5.09	0.64	0.38
8	4.16	2.19	1.06	0.57
9	7.5	4.94	0.6	0.31

续表

序号	EKF		FOS/KF	
	最大值	均方根	最大值	均方根
10	13.4	5.13	**1.92**	0.47
11	5.87	5.56	1.19	**0.80**
平均值	7.68	4.69	0.79	0.37

注：加粗表示最大值，下同。

5.3 FOS/KF在导航过程中的应用

造成系统非线性的另一个主要原因是不断变化的外部环境和行驶状况，下面就如何提高行驶过程中的定位精度进行分析。

5.3.1 系统非线性误差模型

系统状态变量为 $\boldsymbol{X}=[\delta\boldsymbol{v}\quad\boldsymbol{\phi}\quad\delta\boldsymbol{p}]$，共9维，速度误差 $\delta\boldsymbol{v}=[\delta v_E\quad\delta v_N\quad\delta v_U]$、姿态误差 $\boldsymbol{\phi}=[\phi_E\quad\phi_N\quad\phi_U]$、位置误差 $\delta\boldsymbol{p}=[\delta\lambda\quad\delta L\quad\delta h]$ 方程如下：

$$(\delta\dot{v}_E\quad\delta\dot{v}_N\quad\delta\dot{v}_U)^{\mathrm{T}}=\begin{pmatrix}0 & f_U & -f_N\\ -f_U & 0 & f_E\\ f_N & -f_E & 0\end{pmatrix}\begin{pmatrix}\phi_E\\ \phi_N\\ \phi_U\end{pmatrix}+\boldsymbol{C}_b^n\begin{pmatrix}\delta f_x^b\\ \delta f_y^b\\ \delta f_z^b\end{pmatrix}+o(\delta\boldsymbol{p},\delta\boldsymbol{v},\boldsymbol{\phi}) \tag{5-26}$$

$$(\dot{\phi}_E\quad\dot{\phi}_N\quad\dot{\phi}_U)^{\mathrm{T}}=\begin{pmatrix}0 & 1/(M+h) & 0\\ -1/(N+h) & 0 & 0\\ -\tan\varphi/(N+h) & 0 & 0\end{pmatrix}\begin{pmatrix}\delta v_E\\ \delta v_N\\ \delta v_U\end{pmatrix}+\boldsymbol{C}_b^n\begin{pmatrix}\delta\omega_x^b\\ \delta\omega_y^b\\ \delta\omega_z^b\end{pmatrix}+o(\delta\boldsymbol{p},\delta\boldsymbol{v},\boldsymbol{\phi}) \tag{5-27}$$

$$(\delta\dot{\lambda}\quad\delta\dot{L}\quad\delta\dot{h})^{\mathrm{T}}=\begin{pmatrix}0 & 1/(M+h) & 0\\ 1/(N+h)\cos\varphi & 0 & 0\\ 0 & 0 & 1\end{pmatrix}\begin{pmatrix}\delta v_E\\ \delta v_N\\ \delta v_U\end{pmatrix}+o(\delta\boldsymbol{p},\delta\boldsymbol{v}) \tag{5-28}$$

其中，$\boldsymbol{f}^b=(f_x^b,\ f_y^b,\ f_z^b)$ 为加速度计输出，$\boldsymbol{\omega}^b=(\omega_x^b,\ \omega_y^b,\ \omega_z^b)$ 为陀螺输出，M 为地球的子午圈半径，N 为地球的卯酉圈半径，$o(\cdot)$ 为相关误差参数的

高阶项。由于 *Kalman* 滤波只适用于线性系统，所以非线性系统在经过 *Kalman* 滤波估计补偿后仍然含有剩余高阶非线性误差项。即 $o(\cdot)$ 导致了剩余高阶非线性误差项的产生。

为了避免 Kalman 滤波在使用过程中的局限性，提高定位精度，有必要对相关误差参数的高阶项 $o(\cdot)$ 进行补偿。建立非线性模型如下：

$$\frac{\delta X(n)-\delta X(n-1)}{\Delta t}=\sum_{m=0}^{M}a_m P_m(n)+\varepsilon(n) \tag{5-29}$$

式中，$P_m(n)$为任意阶次的函数；a_m 为与之对应的权值系数；$\varepsilon(n)$ 为噪声；Δt 为采样周期。

所提方法具有以下特点：

(1) 该方法可以估计主要的非线性误差参数以及与其对应的权值系数。

(2) 当卫星信息可用时，以卫星信息为训练值，可以建立与当前系统高度匹配的非线性误差模型。

(3) 当卫星信息不可用时，可以利用 (2) 中建立的误差模型进行误差估计及高精度自主导航。

(4) 由于延长了对失去卫星信号的容忍时间，降低了系统对卫星信息的依赖程度，所以该方法的适用范围更加广阔。

5.3.2　FOS/KF 在导航定位中的应用

在导航解算过程中加入 FOS 算法，首先利用 Kalman 滤波对系统的线性误差进行估计，然后利用 FOS 估计出剩余系统非线性误差，形成了 FOS/KF 算法。式 (5-26) ~ 式 (5-28) 中均包含 $o(\delta\boldsymbol{p})$ 和 $o(\delta\boldsymbol{v})$，表明非线性位置和速度误差会影响导航结果，而位置误差又源于速度误差，所以这里利用 FOS 对速度误差的非线性相关项进行估计。各个误差项的关系如下：

$$\Delta\boldsymbol{v}=\boldsymbol{v}_{\mathrm{INS}}-\boldsymbol{v}_{\mathrm{GPS}}-\delta\boldsymbol{v}_{\mathrm{KF}} \tag{5-30}$$

其中，$\Delta\boldsymbol{v}$ 为剩余非线性速度误差；$\boldsymbol{v}_{\mathrm{INS}}$为航位推算得到的速度；$\boldsymbol{v}_{\mathrm{GPS}}$为卫星测量得到的速度；$\delta\boldsymbol{v}_{\mathrm{KF}}$为 Kalman 滤波得到的速度误差。

与 5.2.2 小节中的系统相同，整个过程依旧分为模型训练和预测两个阶段。

1. 模型训练阶段

当卫星信息可用时，将式 (5-30) 得出剩余非线性速度误差 $\Delta\boldsymbol{v}$ 作为输出，将 Kalman 滤波预测值作为输入，组成一组训练值，进行模型训练，其示意图如图 5-14 所示。

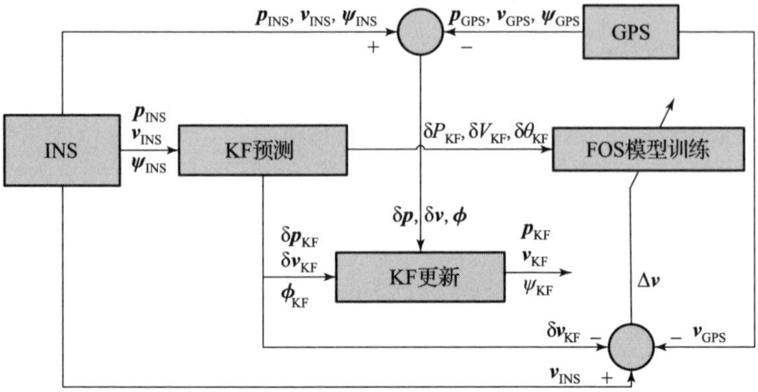

图 5－14　模型训练示意图 2

图 5－14 中，p_{INS}、v_{INS}、ψ_{INS}为航位推算得到的位置、速度、姿态信息，p_{GPS}、v_{GPS}、ψ_{GPS}为卫星量测信息，δp_{KF}、δv_{KF}、ϕ_{KF}为卡尔曼滤波的估计值。

为对应 5.1.2 小节中的各个变量，令输入维数 $i=9$，输出维数 $j=3$，采样次数 $N=500$，$M=30$，$N_0=5$，候选函数总的个数约为 20 000，建模平均耗时 0.065 3 s，建模最大耗时 0.109 s。

2. 预测阶段

当失去卫星信号时，系统不能直接求得精确的剩余非线性速度误差 Δv，此时 FOS 按照 5.1 节中的过程进行在线建模，结合 Kalman 滤波预测值对 Δv 进行估计，补偿速度输出，并利用补偿后的速度信息计算当前的位置信息，误差预测示意图如图 5－15 所示。

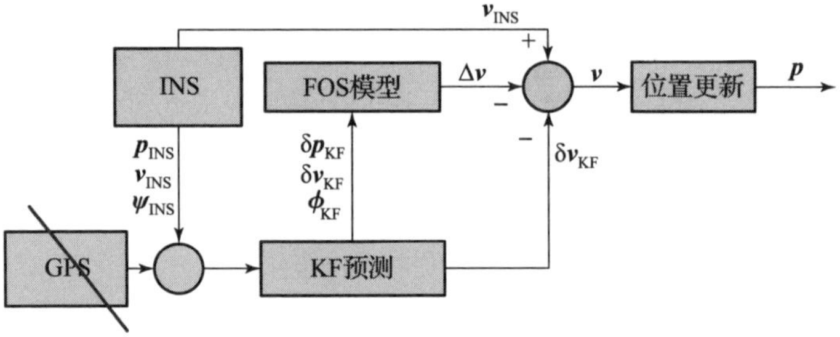

图 5－15　误差预测示意图 2

5.3.3　试验验证

为验证 FOS/KF 方法的有效性，进行实车试验，试验对象为某型自行火炮所搭载的惯性导航系统。

整个试验依旧被分为十一个阶段，进行十一次重复验证，每个阶段时长为800 s，前500 s采集的数据为训练数据，后300 s采集的数据为验证数据，整个试验过程时长12 535 s。图5－16为跑车的详细数据，包括跑车路径、车速以及跑车里程等信息。

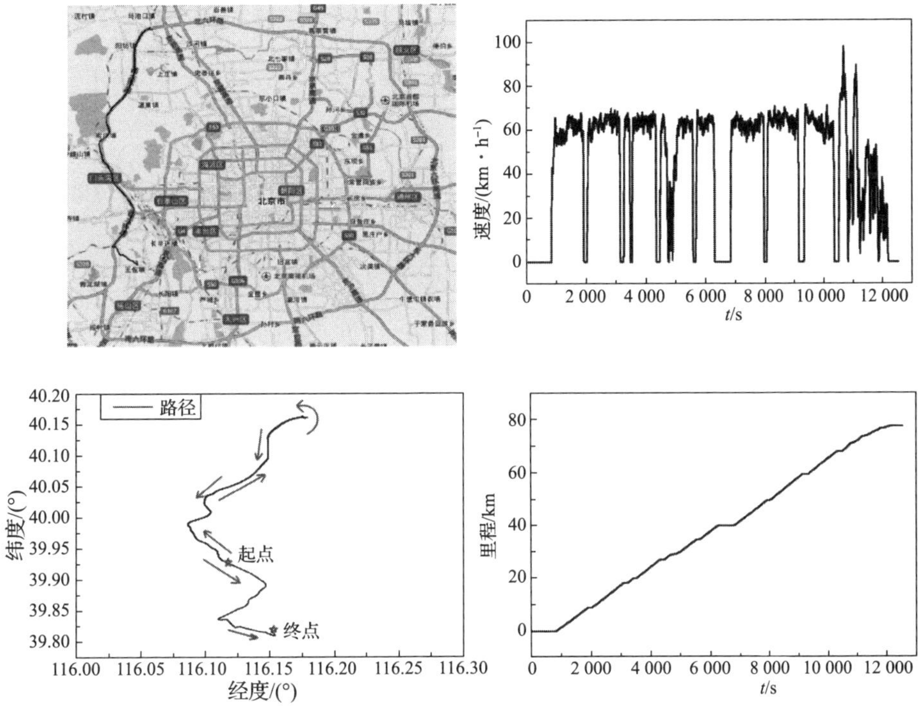

图5－16　跑车路径及详细信息2

从图5－16中速度数据可明显看出车辆每隔一段时间就会停止一次，停止过后进行下一次数据采集，一共十一次。图5－17为5.2.4小节试验与本小节跑车位置信息的对比，其中虚线为本小节中的试验位置信息，实线为5.2.4小节中的试验位置信息，更加清晰地对两次跑车信息进行了区分。

表5－4为每次采集三个方向速度误差对比。对比两种方法的估计结果，当使用EKF单独估计时，三个方向的平均速度误差分别为0.354 518 2 m/s，1.323 7 m/s，1.124 491 m/s。造成该误差的主要原因是惯导自身的零偏和常值漂移，尽管部分误差已被EKF估计出来，但是剩余的高阶非线性误差仍会使误差随着时间的推移快速增长。当使用FOS/FK组合估计方法进行估计时，三个方向上的平均误差减少到0.032 182 m/s，0.033 382 m/s，0.005 727 m/s。这说明FOS可以很好地对剩余高阶非线性误差进行估计和补偿。

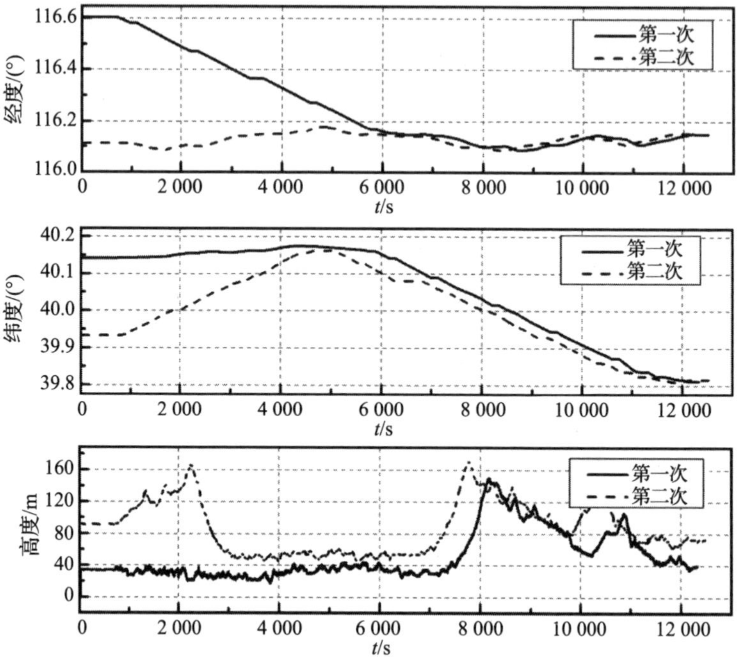

图 5－17　两次跑车经度、纬度、高度对比

表 5－4　速度误差对比　　　　单位：m · s^{-1}

序号	东向速度误差		北向速度误差		天向速度误差	
	EKF	FOS/KF	EKF	FOS/KF	EKF	FOS/KF
1	0. 063 3	0. 031 1	0. 32	0. 028 8	0. 022 7	0. 004 7
2	0. 342	0. 029 9	0. 174	0. 029 1	0. 134 7	0. 006 1
3	0. 214 6	0. 027 2	0. 906	0. 024 6	0. 948 7	0. 001 9
4	0. 117 3	0. 030 3	0. 164	0. 026 9	**1. 976 7**	0. 007 5
5	0. 147 3	0. 028 5	1. 673 3	0. 027 1	2. 16	0. 008 3
6	0. 264 6	0. 028 7	2. 256 7	0. 030 9	1. 314	0. 007 6
7	0. 661 3	0. 025 3	1. 706	0. 031 3	0. 427 3	0. 001 6
8	0. 498	0. 034 2	2. 03	0. 039 3	1. 488 7	0. 001 1
9	0. 178 7	0. 029 1	1. 154	0. 030 6	1. 059 3	0. 001 8
10	0. 564 6	0. 037 4	1. 816	0. 041	1. 362	0. 009 3
11	**0. 848**	**0. 052 3**	**2. 360 7**	**0. 057 6**	**1. 475 3**	**0. 013 1**
RMS	**0. 429 4**	**0. 033 0**	**1. 540 6**	**0. 034 6**	**1. 306 3**	**0. 006 8**

另外，对比每个方向十一次的估计结果，在使用 FOS/FK 方法进行估计时，最大值仅为 0.052 3 m/s、0.057 6 m/s、0.013 1 m/s。由于系统所处的外部环境随时间不断变化，此数据说明 FOS 估计方法可以很好地适应动态环境。

图 5－18～图 5－20 分别为三个方向上速度误差的对比曲线，可看出 FOS/FK 对实际系统的误差抑制效果十分显著。

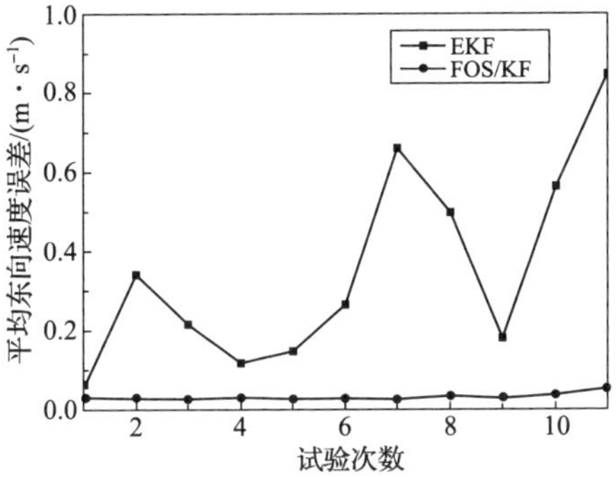

图 5－18　平均东向速度误差

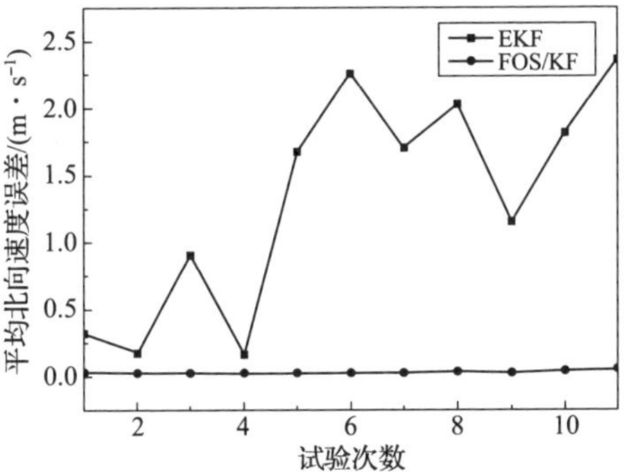

图 5－19　平均北向速度误差

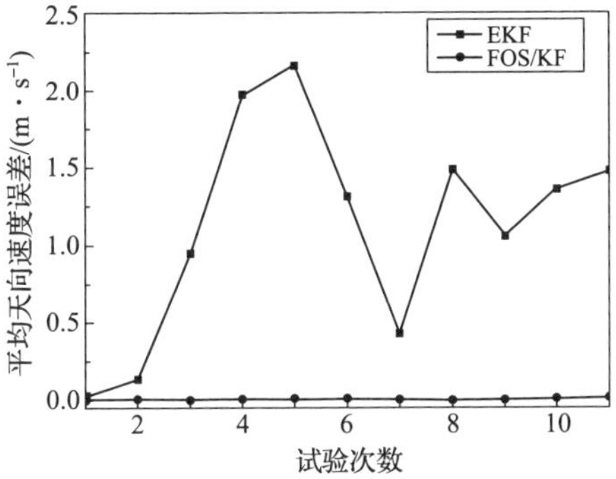

图 5－20　平均天向速度误差

表 5 - 5 中对比了两种方法所得到的位置误差，三个方向上的均方根分别为 19.069 28 m、23.122 85 m、8.705 692 m（EKF 方法）和 6.260 575 m、7.896 081 m、2.281 927 m（FOS/KF 方法）。与对准过程相同，在整个跑车过程中，环境是在不断变化的，所以系统的非线性程度也在不断变化。从试验结果可以看出，EKF 对剩余非线性误差的估计能力有限，在非线性的环境下估计结果往往有好有坏；而经过 FOS 估计和补偿后，位置误差得到了显著改善，并且估计精度不随非线性程度的变化而变化，具有较好的稳定性。

表 5 - 5　位置误差对比　　单位：m

序号	东向位置误差		北向位置误差		天向位置误差	
	EKF	FOS/KF	EKF	FOS/KF	EKF	FOS/KF
1	19.514 8	7.473 6	12.797 31	5.478 81	1.794 9	0.643 59
2	20.797 44	**10.368 7**	10.313 85	5.572 09	2.626 54	0.686 79
3	18.718 99	7.338 03	15.851 68	5.918 12	5.078 03	1.167 3
4	21.537 68	9.267 65	10.494 04	5.902 57	5.045 84	1.538 9
5	**23.430 71**	5.671 9	17.382 43	8.646 52	5.915 98	1.912 98
6	12.329 23	2.406 23	35.449 05	11.253 05	9.823 8	2.415 6
7	15.980 12	2.728 23	**41.523 01**	**11.745 97**	9.588 01	2.443 25
8	17.968 38	3.887 32	23.755 21	5.300 91	11.707 95	2.863 38
9	18.705 61	5.133 65	21.294 95	5.593 01	10.547 88	2.909 16
10	15.810 47	4.132 9	20.658 03	8.269 37	11.755 14	3.187 75
11	22.209 72	4.908 36	22.853 85	9.368 77	**12.742 04**	**3.220 93**
RMS	**19.069 28**	**6.260 575**	**23.122 85**	**7.896 081**	**8.705 692**	**2.281 927**

图 5 - 21 ~ 图 5 - 23 分别为三个方向上位置误差的对比曲线，由于位置信息是通过速度信息直接求取的，所以利用补偿后的速度计算出的位置误差有明显减少。试验结果还表明，在利用 FOS/KF 的参数估计方法进行导航时，平均水平位置误差基本可以保持在 10 m 以内，定位精度完全满足装备对定位定向系统的要求。

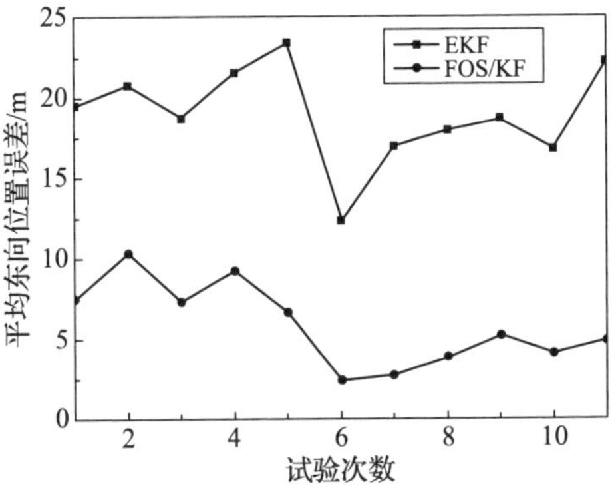

图 5－21　平均东向位置误差

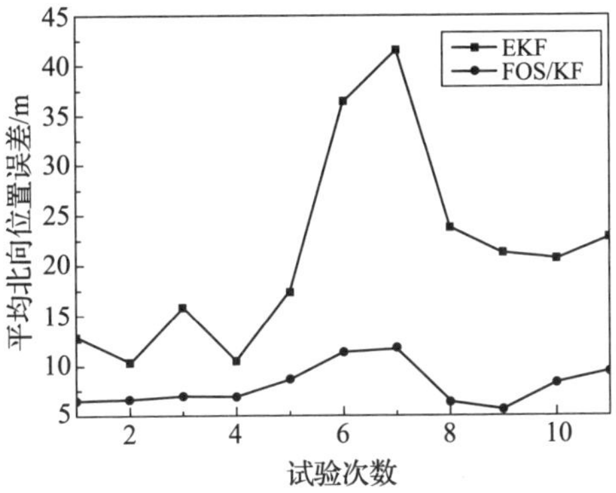

图 5－22　平均北向位置误差

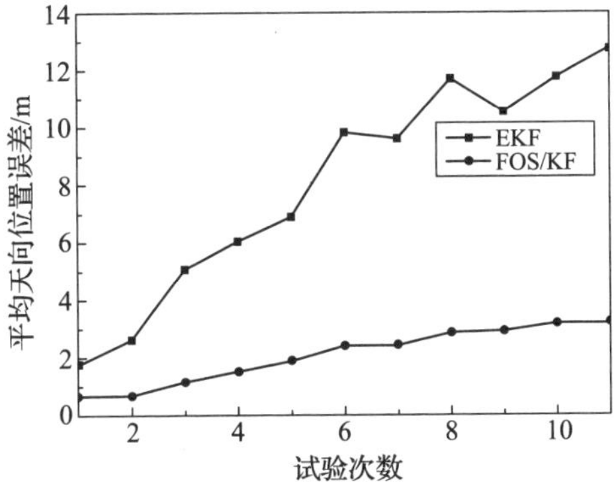

图 5－23　平均天向位置误差

为了进一步考察 FOS/KF 算法对方位角误差的抑制能力，这里利用卫星测量的姿态与本小节导航系统所测得的姿态进行比对。图 5－24 为载体运行过程中方位角的变化曲线。图 5－25 为经过两种方法估计补偿后的最大方位角误差。显然，方位角误差的大小与剩余非线性误差有着很大关系，这与分析误差模型所得结论一致。

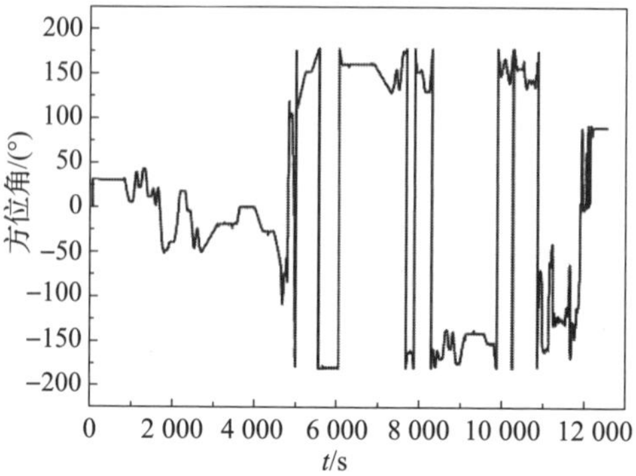

图 5－24　载体运行过程中方位角的变化曲线

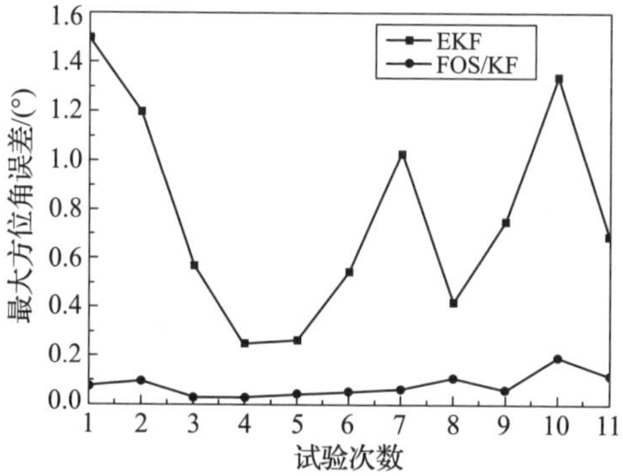

图 5－25　经过两种方法估计补偿后的最大方位角误差

综上，利用 FOS 对系统的剩余非线性误差进行估计，与 Kalman 滤波配合工作，形成了 FOS/KF 组合滤波算法。对比分析两种方法在实际跑车过程中的结果，说明 FOS/KF 算法可以有效抑制系统剩余非线性误差，并且通过对速度误差的补偿可以有效提高定位和测姿精度，降低装备对卫星信息的依赖程度。

第 6 章

主子惯导误差标定

在前面的章节研究了惯组自主导航、卫星辅助导航和里程计辅助导航等定位定向方式，除此之外，利用高精度主惯导信息辅助子惯导导航也是作战过程中常用的导航方法。本章以提高火箭弹载子惯导定位定向精度为目的，展开误差标定相关研究。

众所周知，在误差标定的过程中，为了提高误差参数的可观测度，载体需要进行不同的运动，起到激励的作用。与其他装备不同，火箭弹在发射的过程中有激烈的横滚运动，所以首先从可观测性分析的角度入手，分析横滚运动对误差标定的影响。针对几种常用可观测性分析方法的不足，提出了基于 PWCS 和初等变换的可观测性分析方法，该方法不仅简单易行，而且可以体现各状态变量之间的耦合关系。采用该方法对系统进行了可观测性分析，结果表明横滚运动可以改善多个参数的可观测度，为在线标定机动方式的优化提供了依据。

6.1 横滚运动对系统可观测性的影响

6.1.1 可观测性及常用分析方法

在标定过程中，状态变量经过激励后可以通过滤波的方式对其进行估计，而估计所得的状态变量的精度和估计过程的收敛速度均取决于所估计状态变量的可观测性。

1. 可观测性

定义 6-1 对于某个系统而言，在有限的时间区间 $[0, t_1]$ 内，已知输入和输出，可以唯一确定初始状态 $X(0)$，则称系统是可观测的；否则，不可观测。

相对时变系统，定常系统的可观测性分析过程比较简单：

$$\begin{aligned}\dot{\boldsymbol{x}}(t) &= \boldsymbol{A}\boldsymbol{x}(t) + \boldsymbol{B}\boldsymbol{u}(t) \\ \boldsymbol{Z}(t) &= \boldsymbol{H}\boldsymbol{x}(t)\end{aligned} \tag{6-1}$$

式（6-1）中，$\boldsymbol{A}$，$\boldsymbol{B}$，$\boldsymbol{H}$ 都是常值矩阵，$\boldsymbol{A} \in \mathbf{R}^{n\times n}$，$\boldsymbol{x}(t) \in \mathbf{R}^{n\times l}$，$\boldsymbol{B} \in \mathbf{R}^{n\times q}$，$\boldsymbol{u}(t) \in \mathbf{R}^{q\times l}$，$\boldsymbol{H} \in \mathbf{R}^{m\times n}$。

其可观测矩阵为

$$\boldsymbol{Q} = [\boldsymbol{H}^{\mathrm{T}} \quad (\boldsymbol{HA})^{\mathrm{T}} \quad (\boldsymbol{HA}^2)^{\mathrm{T}} \quad \cdots \quad (\boldsymbol{HA}^{n-1})^{\mathrm{T}}]^{\mathrm{T}} \tag{6-2}$$

若 $\mathrm{rank}(\boldsymbol{Q}) = n$，则系统完全可观测；若 $\mathrm{rank}(\boldsymbol{Q}) < n$，则不完全可观测。

2. 基于 PWCS 理论的可观测性分析方法

在对时变系统进行可观测分析时，一般用 PWCS 理论的方法。建立如下模型：

$$\begin{aligned}\dot{\boldsymbol{x}}(t) &= \boldsymbol{A}_i\boldsymbol{x}(t) \\ \boldsymbol{Z}(t) &= \boldsymbol{H}_i\boldsymbol{x}(t)\end{aligned} \quad i = 1, 2, \cdots, \boldsymbol{r} \tag{6-3}$$

式中，i 为每个时段的序号；$\boldsymbol{A}_i$，$\boldsymbol{H}_i$ 均为常值矩阵，其可观测性矩阵可表示为

$$\boldsymbol{Q}_i = [\boldsymbol{H}_i^{\mathrm{T}} \quad (\boldsymbol{H}_i\boldsymbol{A}_i)^{\mathrm{T}} \quad (\boldsymbol{H}_i\boldsymbol{A}_i^2)^{\mathrm{T}} \quad \cdots \quad (\boldsymbol{H}_i\boldsymbol{A}_i^{n-1})^{\mathrm{T}}]^{\mathrm{T}} \tag{6-4}$$

如果 $\mathrm{Null}(\boldsymbol{Q}_i) \subset \mathrm{Null}(\boldsymbol{A}_i)$，$1 \leqslant i \leqslant r$，则 $\mathrm{rank}(\boldsymbol{Q}(r)) = \mathrm{rank}(\boldsymbol{Q}_s(r))$。

其中，$\boldsymbol{Q}(r) = \begin{bmatrix} \boldsymbol{Q}_1 \\ \boldsymbol{Q}_2 \mathrm{e}^{A_1 \Delta_1} \\ \boldsymbol{Q}_3 \mathrm{e}^{A_2 \Delta_2} \mathrm{e}^{A_1 \Delta_1} \\ \vdots \\ \boldsymbol{Q}_r \mathrm{e}^{A_{r-1} \Delta_{r-1}} \quad \cdots \quad \mathrm{e}^{A_1 \Delta_1} \end{bmatrix}$ 为时变系统的可观测矩阵；

$\boldsymbol{Q}_s(r) = \begin{bmatrix} \boldsymbol{Q}_1 \\ \boldsymbol{Q}_2 \\ \boldsymbol{Q}_3 \\ \vdots \\ \boldsymbol{Q}_r \end{bmatrix}$ 为从系统中提取出的子可观测矩阵；Δ_i 为第 i 个时段的时间。如果 $\mathrm{rank}(\boldsymbol{Q}_s(r)) = n$，则系统完全可观测；如果 $\mathrm{rank}(\boldsymbol{Q}_s(r)) < n$，则不完全可观测。

3. 基于 SVD 的可观测性分析方法

定义 6－2 奇异值分解：令 $\boldsymbol{A}\in\boldsymbol{C}_r^{m\times n}$，则在酉空间内存在正交矩阵 $\boldsymbol{U}\in\boldsymbol{R}^{m\times m}$ 和 $\boldsymbol{V}\in\boldsymbol{C}^{n\times n}$ 使得

$$\boldsymbol{A}=\boldsymbol{U\Sigma V}^{\mathrm{T}} \tag{6-5}$$

式中，$\boldsymbol{\Sigma}=\begin{bmatrix}\boldsymbol{S} & \boldsymbol{O}\\ \boldsymbol{O} & \boldsymbol{O}\end{bmatrix}$，$\boldsymbol{S}=\mathrm{diag}(\sigma_1,\ \sigma_2,\ \cdots,\ \sigma_r)$，对角线元素按照从大到小的顺序排列，其中 $r=\mathrm{rank}(\boldsymbol{A})$。

对 $\boldsymbol{Q}_s(r)$ 进行奇异值分解，可得

$$\boldsymbol{Q}_s(r)=\boldsymbol{U}\begin{bmatrix}\boldsymbol{S}\\ \boldsymbol{O}_{(m-r)\times r}\end{bmatrix}\boldsymbol{V}^{\mathrm{T}} \tag{6-6}$$

式中，$\boldsymbol{U}=[u_1\quad u_2\quad\cdots\quad u_{nmr}]$；$\boldsymbol{V}=[v_1\quad v_2\quad\cdots\quad v_r]$；$\boldsymbol{S}=\mathrm{diag}(\sigma_1,\ \cdots,\ \sigma_r)$。

根据 $z=\boldsymbol{Q}_s(r)\boldsymbol{x}_0$ 得到

$$z=\sum_{i=1}^{r}\sigma_i\,(\boldsymbol{v}_i^{\mathrm{T}}\boldsymbol{x}_0)\boldsymbol{u}_i \tag{6-7}$$

当观测量的范数存在常数时，其状态初值可看成一个椭球形，方程为

$$|z|^2=\sum_{i=1}^{r}(\sigma_i\,(\boldsymbol{v}_i^{\mathrm{T}}\boldsymbol{x}_0)\boldsymbol{u}_i)^2 \tag{6-8}$$

令

$$a_i=\frac{1}{\sigma_i} \tag{6-9}$$

式中，a_i 为椭球形半长轴的长度。椭球的体积大小由奇异值 σ_i 确定，并与奇异值的大小成反比；当 σ_i 为零时，估计无界，初始状态变得不能确定。

由式（6－7）可知，由于观测量 z 是由初始状态 x_0 在 $[\sigma_1v_1,\ \sigma_2v_2,\ \cdots,\ \sigma_rv_r]$ 张成的子空间上的投影经过变换得到，故求解初始状态 x_0 需要 r 组观测量。

若 $\sigma_r>0$，则利用 m 组观测量 z 就能估计出 $\boldsymbol{x}_0$：

$$\boldsymbol{x}_0=(\boldsymbol{U\Sigma V}^{\mathrm{T}})^{-1}z=\sum_{i=1}^{r}\left(\frac{\boldsymbol{u}_i^{\mathrm{T}}z}{\sigma_i}\right)v_i$$
$$=\begin{bmatrix}\dfrac{\boldsymbol{u}_1^{\mathrm{T}}z}{\sigma_1}v_{1,1}+\dfrac{\boldsymbol{u}_2^{\mathrm{T}}z}{\sigma_2}v_{1,2}+\cdots+\dfrac{\boldsymbol{u}_r^{\mathrm{T}}z}{\sigma_r}v_{1,r}\\ \dfrac{\boldsymbol{u}_1^{\mathrm{T}}z}{\sigma_1}v_{2,1}+\dfrac{\boldsymbol{u}_2^{\mathrm{T}}z}{\sigma_2}v_{2,2}+\cdots+\dfrac{\boldsymbol{u}_r^{\mathrm{T}}z}{\sigma_r}v_{2,r}\\ \vdots\\ \dfrac{\boldsymbol{u}_1^{\mathrm{T}}z}{\sigma_1}v_{r,1}+\dfrac{\boldsymbol{u}_2^{\mathrm{T}}z}{\sigma_2}v_{r,2}+\cdots+\dfrac{\boldsymbol{u}_r^{\mathrm{T}}z}{\sigma_r}v_{r,r}\end{bmatrix} \tag{6-10}$$

若 $\sigma_{l+1}=\sigma_{l+2}=\cdots=\sigma_r=0$ 或者很小时，则可将 $\boldsymbol{V}$ 分成两个子空间：

$$\boldsymbol{V}=[\boldsymbol{V}_1 \quad \boldsymbol{V}_2] \tag{6-11}$$

式中，$\boldsymbol{V}_1=[v_1,\ v_2,\ \cdots,\ v_l]$，$\boldsymbol{V}_2=[v_{l+1},\ v_{l+2},\ \cdots,\ v_r]$，$\boldsymbol{V}_2$ 为零矩阵，初始状态 $\boldsymbol{x}_0$ 为

$$\boldsymbol{x}_0=\sum_{i=1}^{l}\left(\frac{\boldsymbol{u}_i^{\mathrm{T}}z}{\sigma_i}\right)v_i+\sum_{i=l+1}^{r}a_iv_i \tag{6-12}$$

式中，$a_i(i=l+1,\ \cdots,\ r)$ 为零矩阵 $\boldsymbol{V}_2$ 的任意系数，该系数可有许多种解。在这种情况下，初始状态 $\boldsymbol{x}_0$ 的某些状态不能利用 m 个观测量 z 估计出来。

6.1.2 基于 PWCS 和初等变换的可观测性分析方法

根据 PWCS 可观测性分析方法，将整个时变系统看成由多个定常子系统组成，每个子系统单独占一个时间段，系统是否可观主要看可观测矩阵是否列满秩。第 $j(j=1,\ 2,\ \cdots,\ r)$ 个时间段所对应的可观测性矩阵为 $\boldsymbol{Q}_j$：

$$\boldsymbol{Q}_j=\begin{bmatrix}\boldsymbol{H}_j\\ \boldsymbol{H}_j\boldsymbol{A}_j\\ \boldsymbol{H}_j\boldsymbol{A}_j^2\\ \vdots\\ \boldsymbol{H}_j\boldsymbol{A}_j^{20}\end{bmatrix}=\begin{bmatrix}\boldsymbol{I}_{3\times3} & \boldsymbol{O}_{3\times3} & \boldsymbol{O}_{3\times3} & \boldsymbol{O}_{3\times3} & \boldsymbol{O}_{3\times3} & \boldsymbol{O}_{3\times3} & \boldsymbol{O}_{3\times3}\\ \boldsymbol{O}_{3\times3} & \boldsymbol{I}_{3\times3} & -\boldsymbol{C}_b^n & \boldsymbol{O}_{3\times3} & \boldsymbol{O}_{3\times3} & \boldsymbol{O}_{3\times3} & \boldsymbol{O}_{3\times3}\\ \boldsymbol{O}_{3\times3} & [\boldsymbol{f}^n] & \boldsymbol{O}_{3\times3} & \boldsymbol{C}_b^nD\boldsymbol{f}^b & \boldsymbol{C}_b^n & \boldsymbol{O}_{3\times3} & \boldsymbol{O}_{3\times3}\\ \boldsymbol{O}_{3\times3} & \boldsymbol{O}_{3\times3} & \boldsymbol{O}_{3\times3} & \boldsymbol{O}_{3\times3} & 0_{3\times3} & -\boldsymbol{C}_b^nD\boldsymbol{\omega}_{ib}^b & -\boldsymbol{C}_b^n\\ \boldsymbol{O}_{3\times3} & \boldsymbol{O}_{3\times3} & \boldsymbol{O}_{3\times3} & \boldsymbol{O}_{3\times3} & \boldsymbol{O}_{3\times3} & [\boldsymbol{f}^n](-\boldsymbol{C}_b^nD\boldsymbol{\omega}_{ib}^b) & [\boldsymbol{f}^n](-\boldsymbol{C}_b^n)\\ \boldsymbol{O}_{111\times3} & \boldsymbol{O}_{111\times3} & \boldsymbol{O}_{111\times3} & \boldsymbol{O}_{111\times3} & \boldsymbol{O}_{111\times3} & \boldsymbol{O}_{111\times3} & \boldsymbol{O}_{111\times3}\end{bmatrix} \tag{6-13}$$

$\boldsymbol{Q}_{\mathrm{s}}=[\boldsymbol{Q}_1^{\mathrm{T}} \quad \boldsymbol{Q}_2^{\mathrm{T}} \quad \boldsymbol{Q}_3^{\mathrm{T}}\cdots\boldsymbol{Q}_j^{\mathrm{T}}\cdots\boldsymbol{Q}_r^{\mathrm{T}}]^{\mathrm{T}}$，$1\leqslant j\leqslant r$。但 PWCS 可观测性分析和奇异值可观测性分析存在以下几点不足。

（1）进行 PWCS 可观测性分析，前提是已知状态转移矩阵和观测矩阵，但上述二者通常是所估计状态变量的函数，所以该方法需要在滤波估计之后进行，从而带来巨大的计算量。

（2）PWCS 可观测性分析方法只能定性地指出所估计状态的可观测与否，而不能得出具体的可观测程度。

（3）在 SVD 的方法中，对 $\boldsymbol{Q}_j$ 进行奇异值分解，得到的奇异值矩阵无法反映出各个参数之间的耦合特征，这样就会将所得到的奇异值当作某几个相互耦合参数中的一个参数的可观测度，造成分析误差。

由于可观测矩阵中包含了可观测度的信息，所以，将可观测矩阵进行初等变换，会得到各参量的可观测度信息。本节在 PWCS 方法的基础上对可观测矩阵进行初等变换，从变换后的矩阵中可得到各状态的可观测度信息。方法如下：

由可观测矩阵 $\boldsymbol{Q}_j$ 可得到 $Z_s(r)=Q_s(r)X(r)$，$Z_s(r)=[Z_1 \quad Z_2 \quad Z_3 \cdots Z_j \cdots Z_r]$，$1\leqslant j\leqslant r$，$\boldsymbol{Z}_j=[\boldsymbol{Z}^{\mathrm{T}} \quad \dot{\boldsymbol{Z}}^{\mathrm{T}} \quad \ddot{\boldsymbol{Z}}^{\mathrm{T}}\cdots \quad (\boldsymbol{Z}^{(n-1)})^{\mathrm{T}}]^{\mathrm{T}}$，以上为各阶段的观测量以及其各阶导数。

首先，对 $\boldsymbol{Q}_s$ 进行高斯消元，得到上三角矩阵 $\boldsymbol{U}_s$，$\boldsymbol{U}_s=\boldsymbol{P}\boldsymbol{Q}_s$，$\boldsymbol{P}$ 为初等变换。故 $\boldsymbol{Y}_s=\boldsymbol{P}\boldsymbol{Z}_s$，令 $\boldsymbol{Y}_s=\boldsymbol{U}_s\boldsymbol{X}$，所以 $\boldsymbol{U}_s$ 就是变换后的可观测矩阵［在从 $\boldsymbol{Q}_s$ 到 $\boldsymbol{U}_s$ 的变换过程中，当高斯消元后，若 $u_{ii}\neq 0$（$1\leqslant i\leqslant n$），则从第 n 列到第一列进行逆序高斯变换，使除 u_{ii} 外的所有元素都为零，若 $u_{ii}<0$（$1\leqslant i\leqslant n$），则对整列乘以 -1］，在通常情况下 $\boldsymbol{Q}_s$ 行数大于列数，所以，令 $\boldsymbol{U}_s=[\boldsymbol{U}_0 \quad \boldsymbol{O}]^{\mathrm{T}}$，$\boldsymbol{U}_0$ 为 $\boldsymbol{U}_s$ 的前 n 行，若系统完全可观测，则 $\boldsymbol{U}_0$ 为对角阵，若系统不完全可观测，这里假设

$$\boldsymbol{U}_0=\begin{bmatrix} u_{11} & & & & & & \\ & u_{22} & & u_{24} & & & \\ & & u_{33} & u_{34} & & u_{36} & \\ & & & 0 & & & \\ & & & & 0 & & \\ & & & & & u_{66} & u_{67} \\ & & & & & & u_{77} \end{bmatrix} \tag{6-14}$$

由式（6－14）可知，$R(\boldsymbol{U}_0)=5$，因此，$\boldsymbol{X}$ 不完全可观测，其中，x_1 和 x_7 独立可观测；x_5 完全不可观测；x_2、x_3、x_4、x_6 可观测，但四个状态之间存在耦合，非独立可观测。

关于 $\boldsymbol{X}$ 各状态变量的可观测性，可以采用如下方法进行判断：在初等变换后的上三角矩阵中，若第 i 行除主对角线元素外都为零，则 x_i 独立可观测；若第 i 列元素都为零，则 x_i 完全不可观测；若第 i 行除主对角线元素外，还有其他元素不为零，则 x_i 可观测，但不可独立观测，而与其他变量存在耦合。

该方法不仅可以用 $\boldsymbol{U}_0$ 的主对角线元素来衡量 $\boldsymbol{X}$ 中各变量的可观测度，而且清楚地提出了各状态变量之间的耦合关系，可以克服 PWCS 方法和 SVD 方法的不足。

6.1.3　仿真分析

为了分析横滚运动对标定误差可观测性的影响，验证所提出可观测性分析方法的正确，设计如下机动方式和仿真参数，分别运用6.1.2小节所提方法和SVD方法，对参数可观测性进行分析。

三种机动方案分别为：

(1) 无角运动。

(2) 火箭炮摇架进行航向角变化180°的同时进行俯仰运动60°。

(3) 在 (2) 的基础上加入弹丸的横滚运动90°。

上述三种机动方案均在炮车行驶的过程中进行，行驶过程包括匀加速和转弯（圆周运动）过程。弹载子惯导的整个标定过程是在以车载主惯导信息为基准的条件下进行的。

建立状态空间模型，如式（6－1）所示，并将其离散化。其中，状态变量 $\boldsymbol{X}=[\delta V^n \quad \phi^n \quad \boldsymbol{\mu}^b \quad \delta k_a \quad \nabla^b \quad \delta k_g \quad \varepsilon^b]^{\mathrm{T}}$；观测量 $\boldsymbol{Z}=[\delta V^n \quad \phi^n]$，为主惯导和子惯导的匹配量；初始纬度为30°，经度为118°，陀螺刻度系数误差为 10^{-3}，零偏为 4×10^{-4} rad/s，加表刻度系数误差为 10^{-3}，常值漂移偏置为 10^{-3} g m/s²，状态变量 $\boldsymbol{X}$ 的初值都为0。

以下是运用6.1.2小节所提方法对三种方案下的 $\boldsymbol{Q}_s$ 进行初等变换所得到的三个可观测度矩阵 $\boldsymbol{U}_0(1)$，$\boldsymbol{U}_0(2)$，$\boldsymbol{U}_0(3)$：

$$\boldsymbol{U}_0(1)=\begin{bmatrix}
\boldsymbol{I}_{9\times9} & & & & & & & & & & & & \\
 & 0 & & & & & & & & & & & \\
 & & 0 & & & & & & & & & & \\
 & & & 9.8 & & & & & & & & & \\
 & & & & 0 & & & & & & -2.2 & -9.8 & \\
 & & & & & 0 & & & 7.2 & & 15.9 & 15\,131 & 14.6 \\
 & & & & & & 0 & & & & & & \\
 & & & & & & & 0 & & & -0.6 & -0.2 & \\
 & & & & & & & & 0 & & & & \\
 & & & & & & & & & 0 & & & \\
 & & & & & & & & & & 1 & & \\
 & & & & & & & & & & & 0.2 & \\
 & & & & & & & & & & & & 0.1
\end{bmatrix} \tag{6-15}$$

$$
\boldsymbol{U}_0(2)=\begin{bmatrix}
\boldsymbol{I}_{9\times 9} & & & & & & & & & & & & \\
 & 0 & & & & & & & & & & & \\
 & & 0.2 & & & & & & & & & & \\
 & & & 9.8 & & & & & & & & & \\
 & & & & 0.5 & & & & & & -0.5 & -9.8 & -0.18 \\
 & & & & & 0.5 & & 0.18 & & & 10.5 & 18 & 0.4 \\
 & & & & & & 0.2 & 0.11 & & & -6.5 & & 1 \\
 & & & & & & & 0 & & & & & \\
 & & & & & & & & 0 & & & & \\
 & & & & & & & & & 0 & & & \\
 & & & & & & & & & & 1 & & \\
 & & & & & & & & & & & 18 & \\
 & & & & & & & & & & & & 0.4
\end{bmatrix}
\tag{6-16}
$$

$$
\boldsymbol{U}_0(3)=\begin{bmatrix}
\boldsymbol{I}_{9\times 9} & & & & & & & & & & & & \\
 & 0.5 & & 0.5 & & & & & & & & & \\
 & & 0.2 & & & & & & & & & & \\
 & & & 9.8 & & & & & & & & & \\
 & & & & 0.5 & & & & -0.5 & & -0.5 & -9.8 & -0.2 \\
 & & & & & 0.5 & & & 7 & & 6 & 10 & 2.5 \\
 & & & & & & 0.2 & -0.2 & & & -12 & -0.5 & -1 \\
 & & & & & & & 0.1 & & & & & \\
 & & & & & & & & 0.5 & & & 0.5 & \\
 & & & & & & & & & 0.1 & & & \\
 & & & & & & & & & & 1 & & \\
 & & & & & & & & & & & 18 & \\
 & & & & & & & & & & & & 0.4
\end{bmatrix}
\tag{6-17}
$$

（1）第一种方案中，除 δV^n、ϕ^n、μ^b 外的 9 个参数，只有 Z 轴加速度计刻度系数和陀螺零偏完全可观测，其余参数基本不可观测，并且，X 轴和 Y 轴加速度计的零偏耦合现象严重，对标定造成很大影响，另外，X 轴陀螺刻度系数误差也与 X 轴和 Y 轴加速度计的零偏有耦合现象出现。

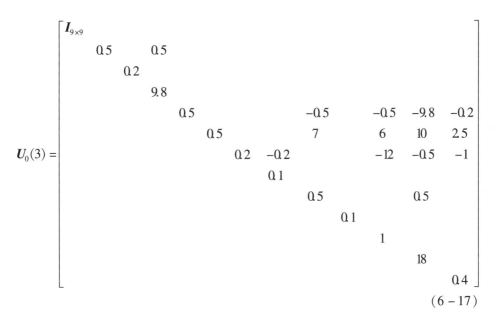

（2）第二种方案中，由于加入了两个方向的角运动，所以 Y 轴、Z 轴加速度计刻度系数误差和加速度计零偏的可观测度有了明显提升，而且 X 轴和 Y 轴加速度计的零偏耦合现象大幅减弱，但是陀螺的刻度系数误差还是完全不可观测，并且大部分参数都是非独立可观测的。

（3）第三种方案中，弹丸的横滚运动使得 X 轴和 Z 轴陀螺刻度系数误差独立可观测，使 X 轴加速度计刻度系数误差变得可观测。

总之，与只有俯仰和偏航运动相比，弹丸的横滚运动能使 X 轴加速度计和陀螺刻度系数误差的可观测性得到较大提高，并且使陀螺刻度系数误差在两个方向上完全可观测。

下面将利用奇异值分解的方法来仿真验证所提方法的正确性，仿真参数及结果如下：

设置初始方差阵为

$$
\begin{aligned}
P_0 = 10\,\mathrm{diag}\{&(2\ \mathrm{m/s})^2,(2\ \mathrm{m/s})^2,(2\ \mathrm{m/s})^2,\\
&(1^0)^2,(1^0)^2,(1^0)^2,(1^0)^2,(1^0)^2,(1^0)^2,\\
&(10^{-3}\ \mathrm{g})^2,(10^{-3}\ \mathrm{g})^2,(10^{-3}\ \mathrm{g})^2,(5\times10^{-3}\ \mathrm{g})^2,\\
&(5\times10^{-3}\ \mathrm{g})^2,(5\times10^{-3}\ \mathrm{g})^2,(10^{-3}\ \mathrm{g})^2,(10^{-3}\ \mathrm{g})^2,(10^{-3}\ \mathrm{g})^2,\\
&(1^0)^2,(1^0)^2,(1^0)^2,(2\ \mathrm{m})^2,(2\ \mathrm{m})^2,(2\ \mathrm{m})^2\}
\end{aligned}
$$

系统噪声协方差为

$$
\begin{aligned}
\boldsymbol{Q} = \mathrm{diag}\{&(5\times10^{-5}\ \mathrm{g})^2,(5\times10^{-5}\ \mathrm{g})^2,(5\times10^{-5}\ \mathrm{g})^2,\\
&(0.05^0)^2,(0.05^0)^2,(0.05^0)^2,\\
&0,0,0,0,0,0,0,0,0,0,0,0,0,0,0\}
\end{aligned}
$$

$$
\begin{aligned}
\boldsymbol{R} = \mathrm{diag}\{&(0.01\ \mathrm{m/s})^2,(0.01\ \mathrm{m/s})^2,(0.01\ \mathrm{m/s})^2,\\
&(0.01^0)^2,(0.01^0)^2,(0.01^0)^2,\\
&(1\ \mathrm{m})^2,(1\ \mathrm{m})^2,(1\ \mathrm{m})^2\}
\end{aligned}
$$

仿真结果如图 6－1～图 6－3 所示。

从表 6－1 的可观测度仿真结果中可以看出，Z 轴加速度计刻度系数和陀螺零偏在三种方案中均可观测。在第一种机动方式下，大部分误差参数不可观；在第二种机动方式下，Y 轴加速度计刻度系数误差和加速度计零偏变得可观测；在第三种机动方式下，陀螺和 X 轴加速度计的刻度系数误差的可观测度大幅提升。图 6－4、图 6－5 为 12 个参数的估计曲线，虽然个别参数收敛时间较长，但参数全部可观测。

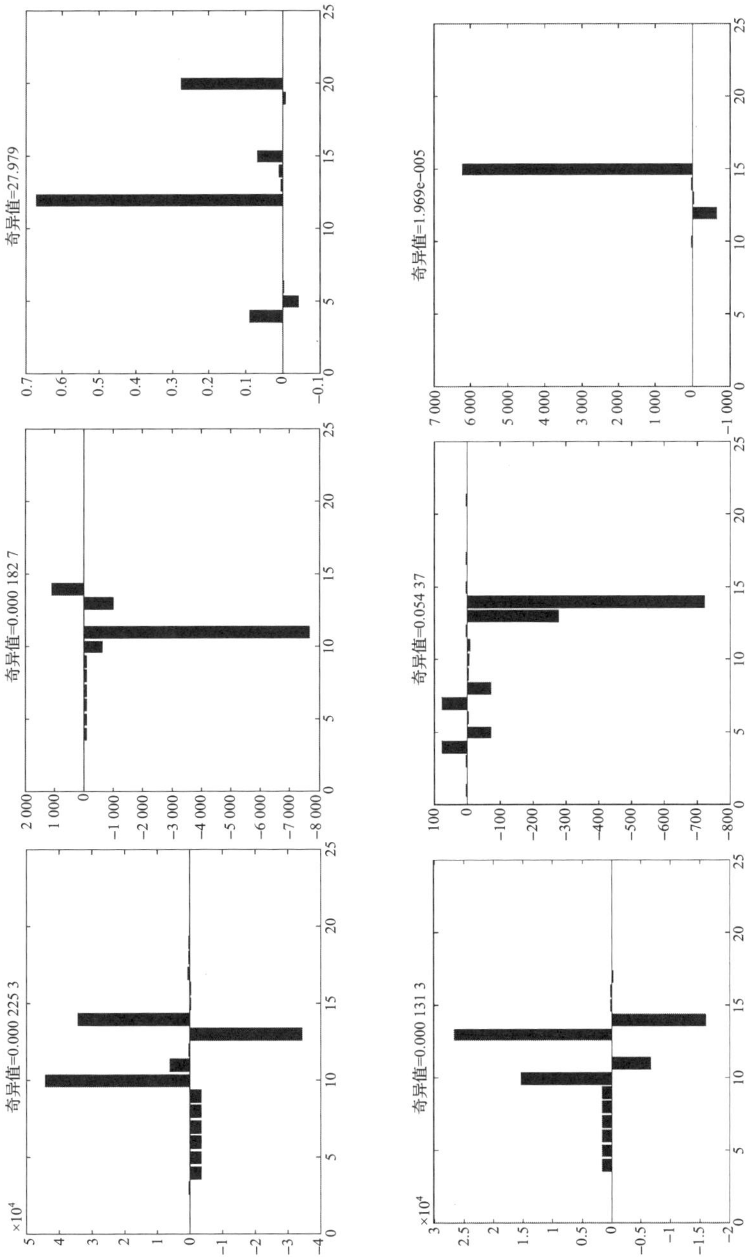

图 6－1　无角运动时各参数奇异值

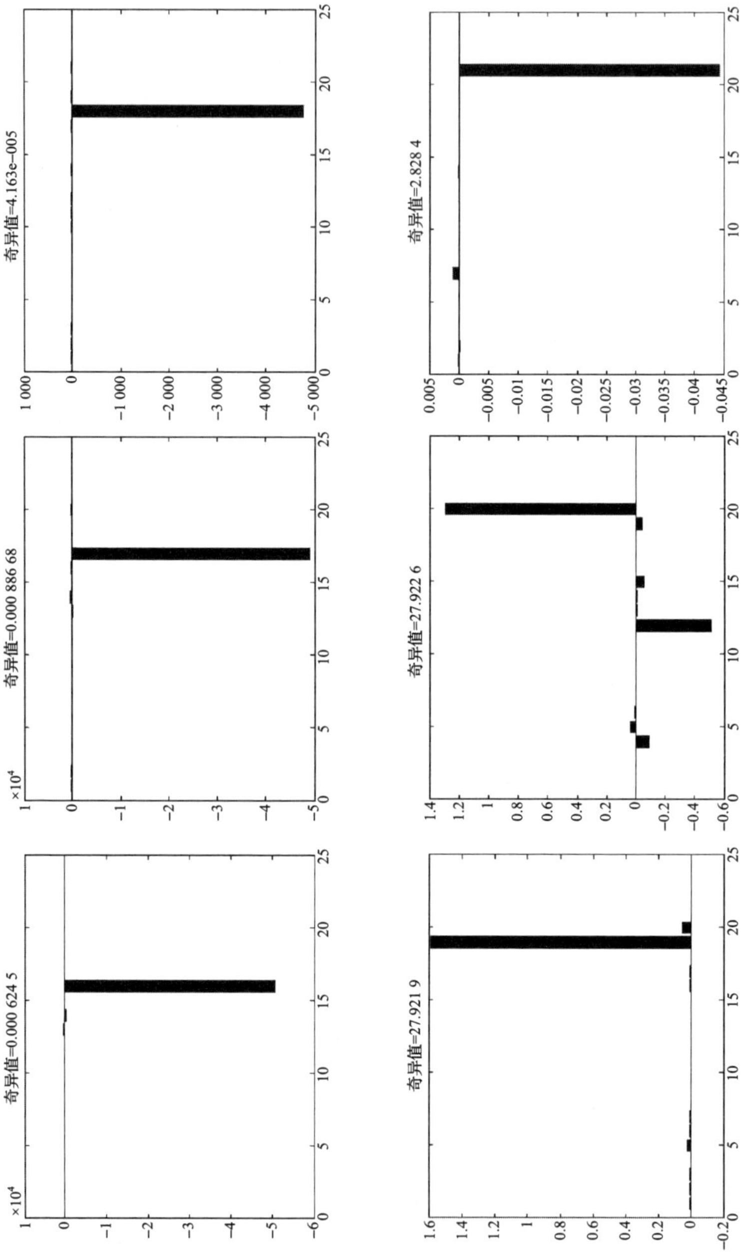

图 6-1 无角运动时各参数奇异值(续)

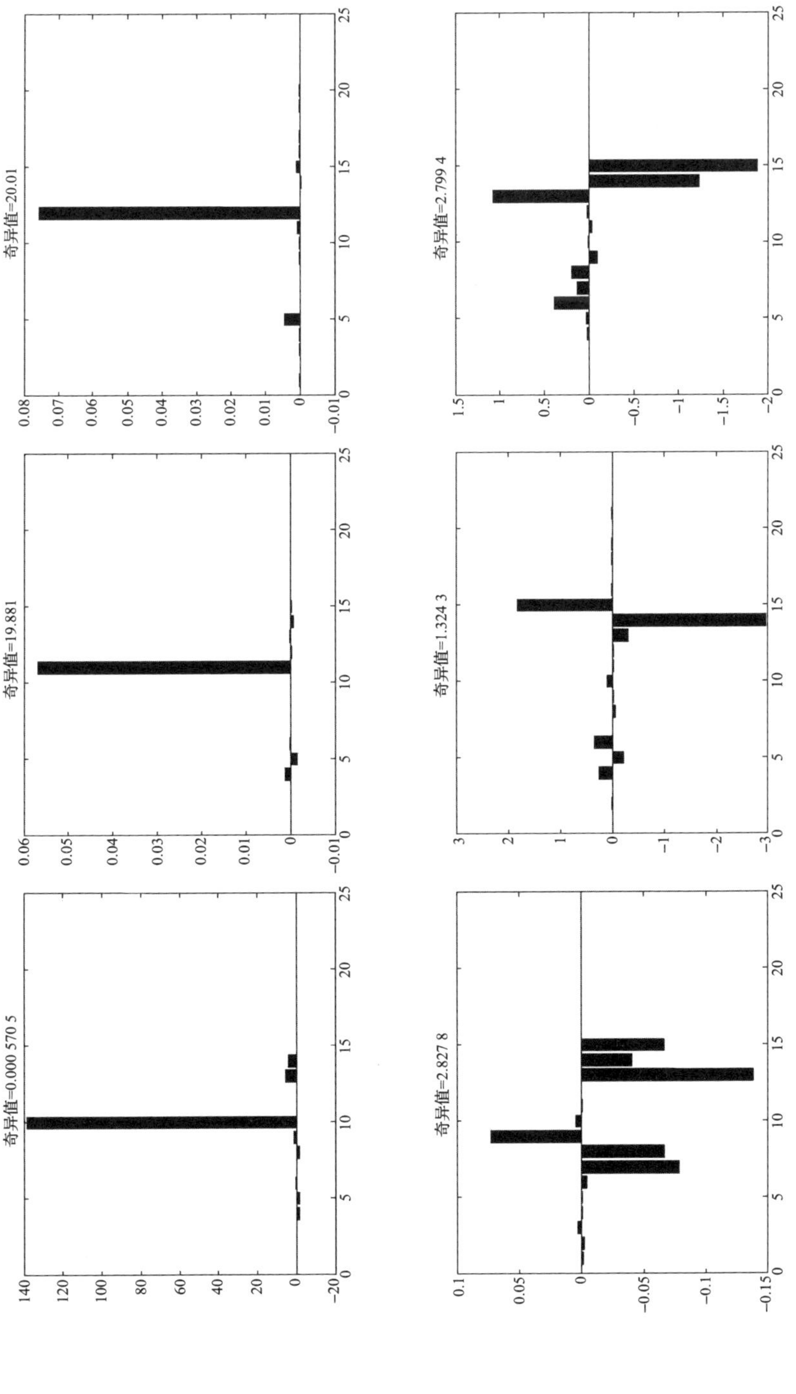

图 6-2 只有两自由度角运动时各参数奇异值

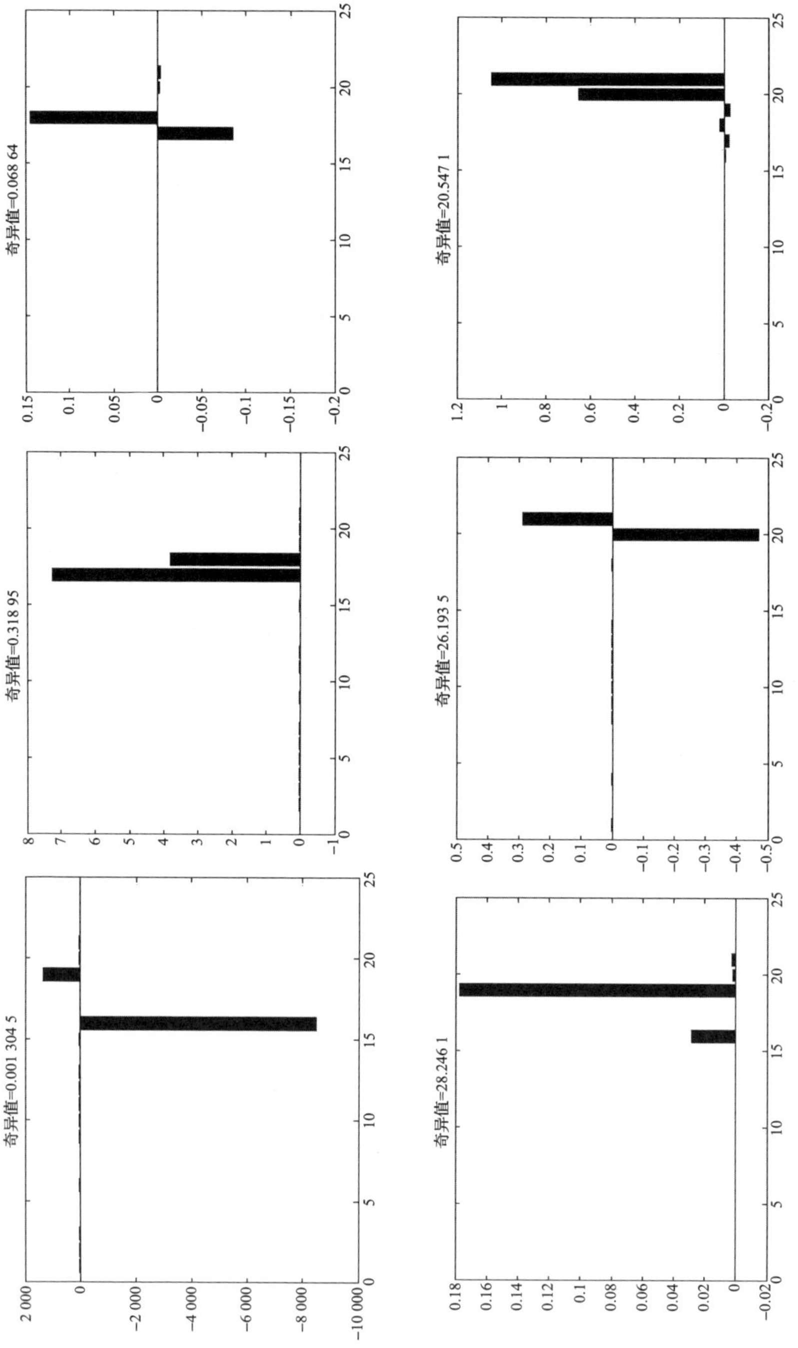

图 6－2　只有两自由度角运动时各参数奇异值(续)

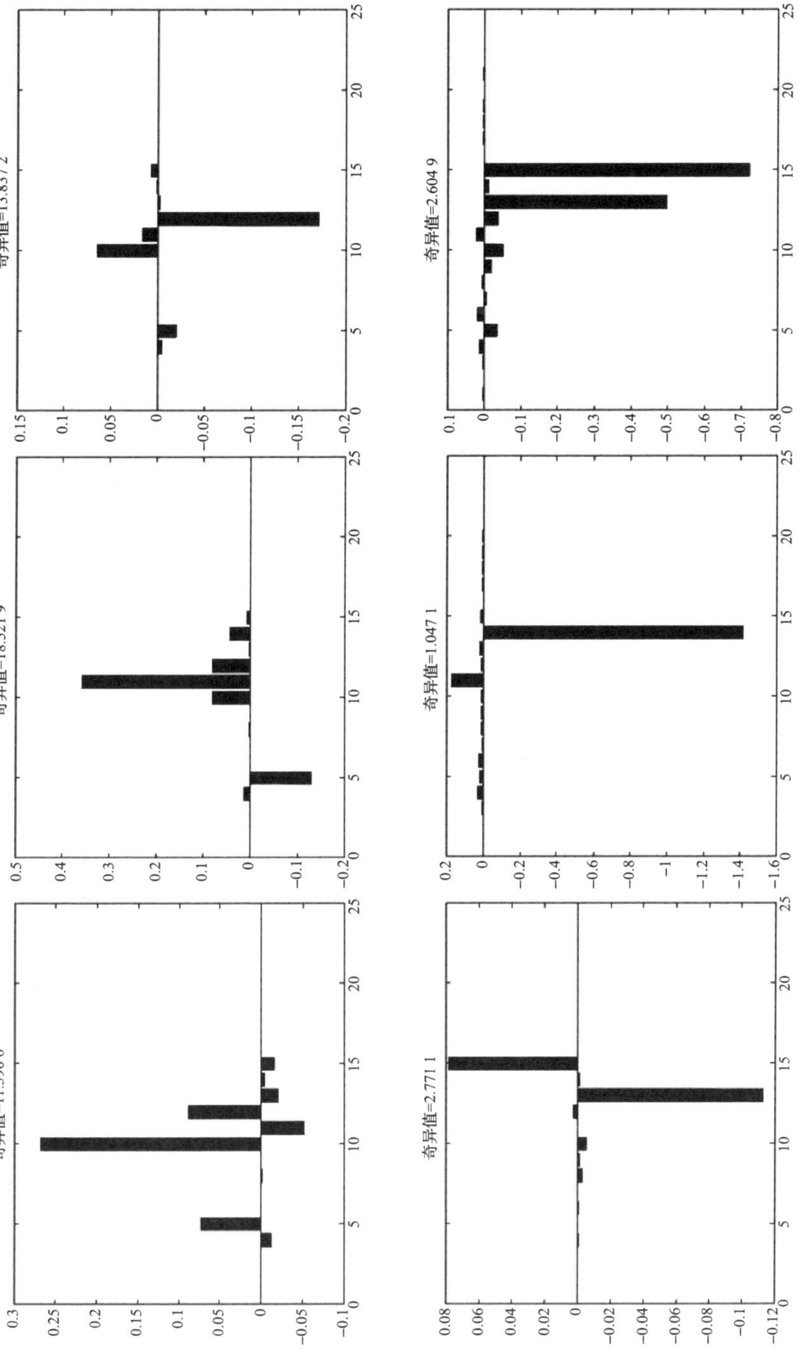

图 6-3　有横滚时各参数奇异值

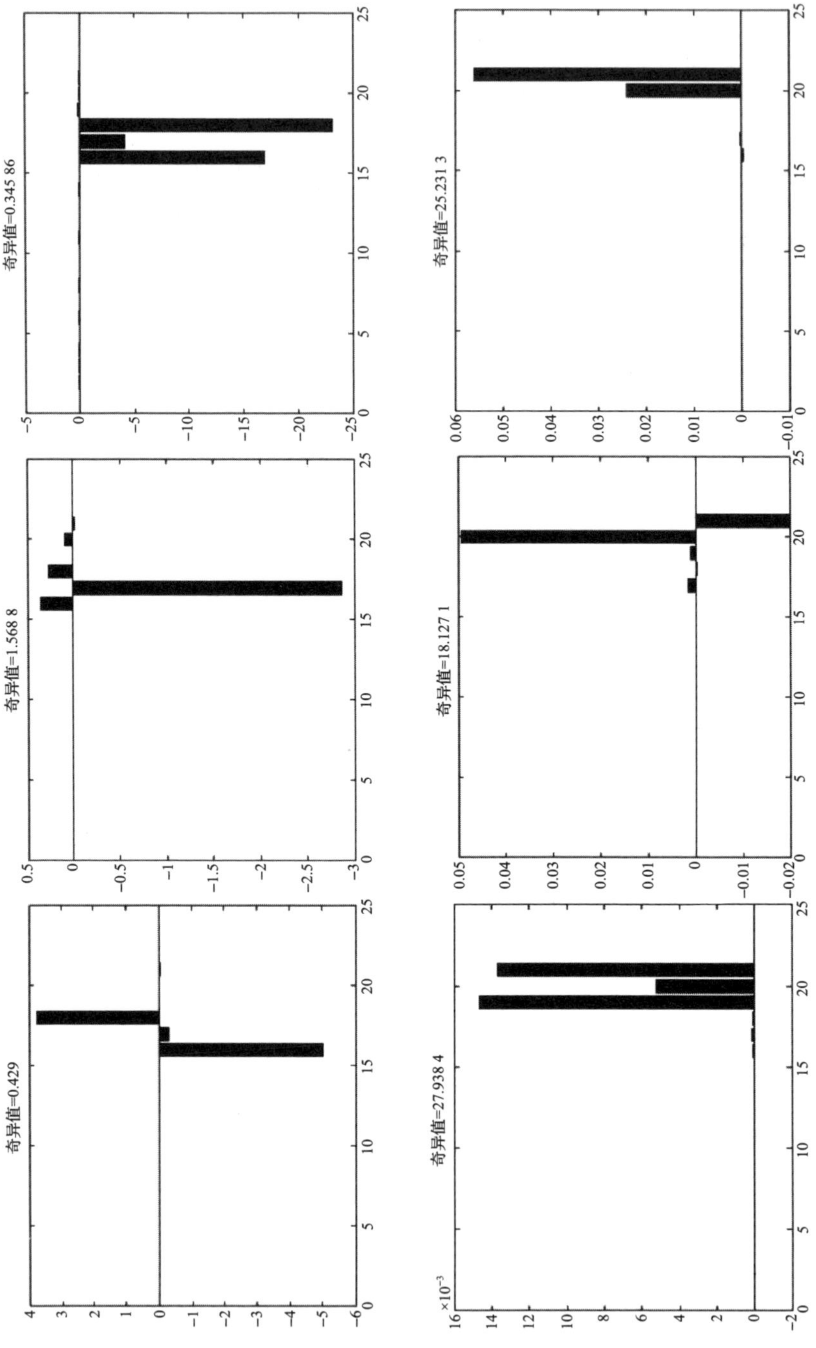

图 6-3　有横滚时各参数奇异值(续)

表 6-1 各参数奇异值

参数	$\delta k_{a,x}$	$\delta k_{a,y}$	$\delta k_{a,z}$	∇_x^b	∇_y^b	∇_z^b	$\delta k_{g,x}$	$\delta k_{g,y}$	$\delta k_{g,z}$	ε_x^b	ε_y^b	ε_z^b
第一种	2.253×10^{-4}	1.827×10^{-4}	27.98	1.313×10^{-4}	5.437×10^{-2}	1.969×10^{-5}	6.245×10^{-4}	8.867×10^{-4}	4.163×10^{-5}	27.921 9	27.922 6	2.828 4
第二种	5.705×10^{-4}	19.88	20.01	2.827 8	1.324 3	2.799 4	$1.304\,5\times10^{-3}$	0.318 95	6.864×10^{-2}	28.246 1	26.193 5	20.547 1
第三种	11.39	18.52	13.84	2.771	1.047	2.605	0.429	1.569	0.345 9	27.938 4	18.13	25.231 3

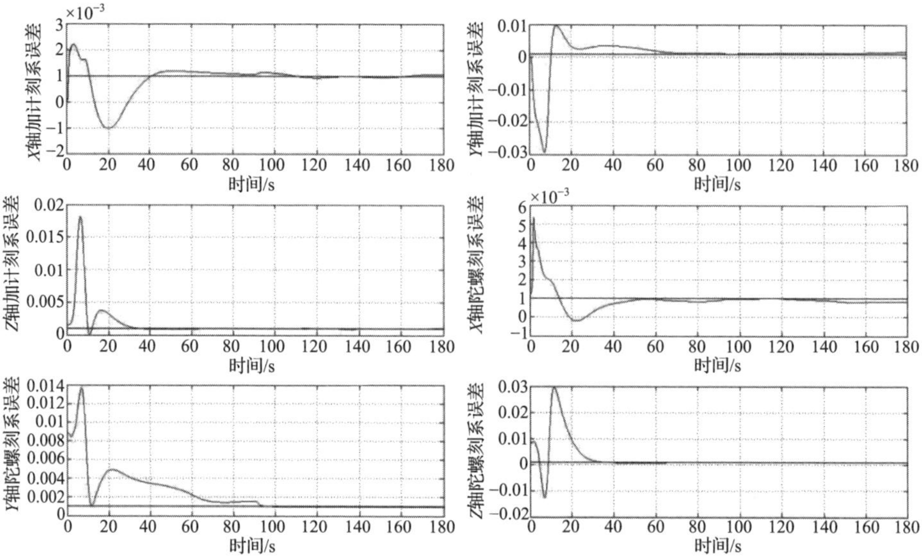

图 6–4　有横滚时加速度计（*P/g*）和陀螺（*P/*（"））刻度系数误差

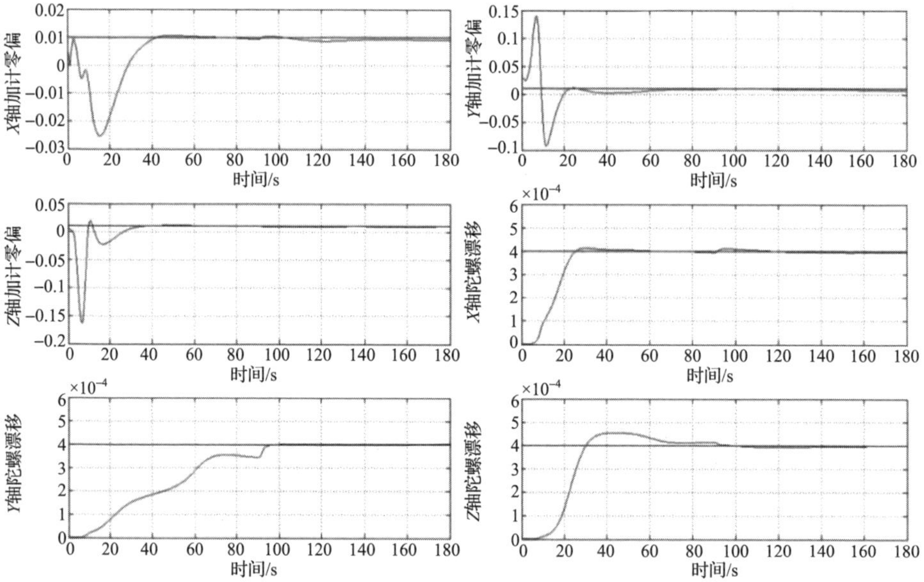

图 6–5　有横滚时加速度计零偏（m/s^2）和陀螺漂移（rad/s）

奇异值分解的结果与 6.1.2 小节所提方法得出的结论完全一致。但是，后者不仅能判断出参数可观测与否，还可以清晰地表示出各个参数之间的耦合情况，且运算量较前者也减小了很多，对提高标定效率将会有很大帮助。

通过上述分析，得到以下结论：

(1) 在采用“速度＋姿态”匹配进行标定时，Z 轴加速度计刻度系数和陀螺零偏的可观测性与系统的激励无关。

(2) 无角运动状态下加速度计零偏可观测度低，在其他情况下有所改善。

(3) 陀螺和 X 轴加速度计的刻度系数误差只有在加入横滚运动后才变得可观。

综上所述，在火箭炮进行射前准备的过程中有必要加入惯组的横滚运动，以提高陀螺刻度系数误差的可观测度。

6.2 主子惯导在线标定机动方式设计

为了高质量完成误差标定，需要设计合理高效的机动方式。结合火箭炮自身运动特点，又考虑到火箭炮射前存在转移阵地和不转移阵地两种工作模式。针对射前不转移阵地的工作模式，在分析现有火箭弹载捷联惯导在线标定方法分析的基础上，充分考虑横滚运动，只考虑刻度系数误差，进行了简易标定。运用逆向 PWCS 的方法，推导了机动方式设计原则，设计了一种用于简易标定的机动方式。

针对射前需要进行阵地转移的情况，由于既有角运动又有线运动，理论上可以标定出更多参数。为了对误差参数进行高效标定，提出了机动方式设计原则，设计了在阵地转移过程中的精确标定机动方式，并对有无横滚运动进行了有针对性的对比。

6.2.1 误差标定常用方法

通过前文分析可知，在惯组横滚的情况下，零偏、常值漂移以及部分安装误差对导航精度的影响变得很小，所以为提高效率，可以只标定刻度系数误差。目前，有许多方法都能标定出刻度系数误差。

(1) 转位法。对惯性器件进行若干次精确转位，利用惯性器件在静止和转动中的输出，来标定出包括刻度系数误差在内的多种误差参数。但大多数方法需要将惯性器件进行拆卸，并进行精确转位，对转台的依赖性很大。

(2) 模观测法。模观测法是利用加速度计输出的矢量和与重力加速度相等，陀螺输出的矢量和与地球转速相等的原理进行标定。但该方法在估计误差参数时，要求解非线性方程，解算过程误差较大，并且由于地球转速相对很小，所以在不采用高精度转台进行标定时会造成较大误差。

(3) 利用发射前准备阶段的机动对误差进行标定。此类方法所设计的机动方式需要发射车进行复杂的运动，并且对机动路面的角度有一定要求。

（4）利用组合导航的方式，以外部高精度信息作为基准，和待测装置的输出信息进行匹配，而后用滤波的方法进行误差标定。但组合导航的方法对外部信息依赖程度大，并且没有充分利用武器平台自身的高精度惯性导航系统的输出信息。

6.2.2 主子惯导简易标定方法

为解决火箭炮在射前由于激励不足，无法标定出所有参数的问题，本小节结合前文的分析结论，忽略惯性器件常值漂移和安装误差，针对刻度系数误差的标定，设计了一种简易标定方法。

1. 快速标定误差模型

类旋转惯导的惯性器件的输出为弹载子惯导的输出，整个解算过程在导航系内完成，惯导误差模型为

$$\dot{\phi} = -\omega_{in}^{n} \times \phi + \delta\omega_{in}^{n} - C_{s}^{n}\delta\omega_{is}^{s} \tag{6-18}$$

$$\delta\dot{v} = f^{n} \times \phi + C_{s}^{n}\delta f^{s} - (2\omega_{ie}^{n} + \omega_{en}^{n}) \times \delta V - (2\delta\omega_{ie}^{n} + \delta\omega_{en}^{n}) \times V + \delta g \tag{6-19}$$

式中，ϕ 为姿态误差；δV 为速度误差。针对主子惯导系统的在线标定，采用主惯导坐标系（m）代替计算坐标系（c）。

陀螺的误差为 $\delta\omega_{is}^{s}$，加速度计的误差为 δf^{s}。子惯导坐标系（s）到导航坐标系（n）的时变矩阵为 C_{s}^{n}。

基于主惯导信息和惯组横滚运动的在线标定时，采用速度加姿态匹配模式，忽略陀螺常值漂移和加速度计零偏，构建如下的状态空间模型：

$$\begin{aligned} \dot{X} &= A \times X + W \\ Z &= H \times X + V \end{aligned} \tag{6-20}$$

式中，$X = [\delta V^{n} \quad \phi^{n} \quad \delta k_{a} \quad \delta k_{g}]^{\mathrm{T}}$；$W$、$V$ 为不相关的高斯白噪声。其他参数设置为

$$A = \begin{bmatrix} A_1 & A_2 & A_3 & O_{3\times3} \\ A_4 & A_5 & O_{3\times3} & A_6 \end{bmatrix}$$

$$A_1 = \begin{bmatrix} \dfrac{V_n \tan L - V_u}{R_n} & 2wie\sin L + \dfrac{V_e \tan L}{R_n} & -\left(2wie\cos L + \dfrac{V_e}{R_n}\right) \\ -2\left(wie\sin L + \dfrac{V_e \tan L}{R_n}\right) & \dfrac{-V_u}{R_m} & \dfrac{-V_n}{R_m} \\ -2\left(wie\cos L + \dfrac{V_e}{R_n}\right) & \dfrac{2V_n}{R_m} & 0 \end{bmatrix} \tag{6-21}$$

$$A_2=\begin{bmatrix}0 & -f_u & f_n\\ f_u & 0 & -f_e\\ -f_n & f_e & 0\end{bmatrix} \tag{6-22}$$

$$A_3=C_s^n\begin{bmatrix}f^x\\ f^y\\ f^z\end{bmatrix} \tag{6-23}$$

$$A_4=\begin{bmatrix}0 & \dfrac{-1}{R_m} & 0\\ \dfrac{1}{R_n} & 0 & 0\\ \dfrac{1}{R_n} & 0 & 0\end{bmatrix} \tag{6-24}$$

$$A_5=\begin{bmatrix}0 & w_{ie}\sin L+(V_e\tan L/R_n) & -(w_{ie}\cos L+(V_e/R_n))\\ -(w_{ie}\sin L+(V_e\tan L/R_n)) & 0 & (-V_n/R_m)\\ w_{ie}\cos L+(V_e/R_n) & (V_n/R_m) & 0\end{bmatrix} \tag{6-25}$$

$$A_6=-C_s^n\begin{bmatrix}\omega_{is}^x\\ \omega_{is}^y\\ \omega_{is}^z\end{bmatrix} \tag{6-26}$$

$$H=[I_{6\times6}\quad O_{6\times6}]$$

2. 机动方式设计方法

根据 PWCS 可观测性分析方法，逆向运用 PWCS 理论，将整个时变系统看成由多个定常子系统组成，每个子系统单独占一个时间段。第 $j(j=1,\cdots,n)$ 个时间段的可观测矩阵为

$$Q_j=\begin{bmatrix}H_j\\ H_jA_j\\ H_jA_j^2\\ \vdots\\ H_jA_j^{11}\end{bmatrix}=\begin{bmatrix}I_{3\times3} & O_{3\times3} & O_{3\times3} & O_{3\times3} & O_{3\times3}\\ O_{3\times3} & I_{3\times3} & -C_s^n & O_{3\times3} & O_{3\times3}\\ O_{3\times3} & [f^n] & O_{3\times3} & C_s^nDf^s & O_{3\times3}\\ O_{3\times3} & O_{3\times3} & O_{3\times3} & O_{3\times3} & -C_s^nD\omega_{is}^s\\ O_{3\times3} & O_{3\times3} & O_{3\times3} & O_{3\times3} & [f^n(-C_s^nD\omega_{is}^s)\\ O_{57\times3} & O_{57\times3} & O_{57\times3} & O_{57\times3} & O_{57\times3}\end{bmatrix} \tag{6-27}$$

$$Df^s = \begin{bmatrix} f_x^s & 0 & 0 \\ 0 & f_y^s & 0 \\ 0 & 0 & f_z^s \end{bmatrix} \tag{6-28}$$

$$D\boldsymbol{\omega}_{is}^s = \begin{bmatrix} \omega_{isx}^s & 0 & 0 \\ 0 & \omega_{isy}^s & 0 \\ 0 & 0 & \omega_{isz}^s \end{bmatrix} \tag{6-29}$$

$[\boldsymbol{f}^n]$ 为 $\boldsymbol{f}^n$ 的反对称矩阵：

$$[\boldsymbol{f}^n] = \begin{bmatrix} 0 & -f_z^s & f_y^s \\ f_z^s & 0 & -f_x^s \\ -f_y^s & f_x^s & 0 \end{bmatrix} \tag{6-30}$$

系统的可观测性由以下子矩阵决定：

$$\boldsymbol{Q}_{1j,\text{sub}} = \begin{bmatrix} \boldsymbol{I}_{3\times 3} & -\boldsymbol{C}_s^n & \boldsymbol{O}_{3\times 3} \\ [\boldsymbol{f}^n] & \boldsymbol{O}_{3\times 3} & \boldsymbol{C}_s^n D\boldsymbol{f}^s \end{bmatrix} \tag{6-31}$$

$$\boldsymbol{Q}_{2j,\text{sub}} = [-\boldsymbol{C}_s^n D\boldsymbol{\omega}_{is}^s] \tag{6-32}$$

首先分析 $\boldsymbol{Q}_{1j,\text{sub}}$，由于在火箭炮射前标定的过程中只存在角运动，所以式（6－31）在进行两次角运动后可变为

$$\boldsymbol{Q}_{1j,\text{sub}(2)} = \begin{bmatrix} \boldsymbol{I}_{3\times 3} & -\boldsymbol{C}_s^n & \boldsymbol{O}_{3\times 3} \\ [\boldsymbol{f}^n] & \boldsymbol{O}_{3\times 3} & \boldsymbol{C}_s^n D\boldsymbol{f}^s \\ \boldsymbol{I}_{3\times 3} & -\boldsymbol{C}_{s2}^n & \boldsymbol{O}_{3\times 3} \\ [\boldsymbol{f}^n] & \boldsymbol{O}_{3\times 3} & \boldsymbol{C}_{s2}^n D\boldsymbol{f}^{s2} \end{bmatrix} \tag{6-33}$$

式中，$\boldsymbol{C}_s^n$ 为进行第一次角运动所得的矩阵；$\boldsymbol{C}_{s2}^n$ 为进行第二次角运动后所得的矩阵。对式（6－33）进行初等变换如下：

$$\boldsymbol{Q}_{1j,\text{sub}(2)} = \begin{bmatrix} \boldsymbol{I}_{3\times 3} & \boldsymbol{O}_{3\times 3} & \boldsymbol{O}_{3\times 3} \\ \boldsymbol{O}_{3\times 3} & [\boldsymbol{f}^n]\boldsymbol{C}_s^n & \boldsymbol{C}_s^n D\boldsymbol{f}^s \\ \boldsymbol{O}_{3\times 3} & \boldsymbol{O}_{3\times 3} & -(\boldsymbol{C}_s^n - \boldsymbol{C}_{s2}^n) D\boldsymbol{f}^s \\ \boldsymbol{O}_{3\times 3} & \boldsymbol{O}_{3\times 3} & \boldsymbol{O}_{3\times 3} \end{bmatrix} \tag{6-34}$$

因为没有线运动，所以 $D\boldsymbol{f}^s$ 不变。

通过观察 $\boldsymbol{Q}_{1j,\text{sub}(2)}$ 可知，如果要使其满秩，即 $\text{rank}(\boldsymbol{Q}_{1j,\text{sub}(2)})=9$，则 $\boldsymbol{C}_s^n$ 和 $\boldsymbol{C}_{s2}^n$ 不能为沿同一旋转轴的单轴转动，否则 $\text{rank}(\boldsymbol{C}_s^n - \boldsymbol{C}_{s2}^n)=2$，$\text{rank}(-(\boldsymbol{C}_s^n - \boldsymbol{C}_{s2}^n)\boldsymbol{f}^n) \leqslant 2$，最终 $\text{rank}(\boldsymbol{Q}_{1j,\text{sub}(2)}) \leqslant 8$，不满秩。

故只要同时进行两轴的角运动，就可使加速度计刻度系数误差完全可观测。

接下来分析 $\boldsymbol{Q}_{2j,\mathrm{sub}}$：

$$\boldsymbol{Q}_{2j,\mathrm{sub}} = -\boldsymbol{C}_s^n \begin{bmatrix} \omega_{isx}^s & 0 & 0 \\ 0 & \omega_{isy}^s & 0 \\ 0 & 0 & \omega_{isz}^s \end{bmatrix} \tag{6-35}$$

由式（6－35）可看出，只要在三个方向上均有角速度输入，则 $\boldsymbol{Q}_{2j,\mathrm{sub}}$ 满秩。

综上，当三个方向都有角运动时，惯性器件六个刻度系数误差可观测，并且长时间的单轴转动只能激励单个陀螺刻度系数误差。在设计机动方式过程中，最好将三个方向角运动同时进行，虽然对可观测性无影响，但是可以加快误差参数的收敛速度，提高标定效率。

3. 仿真试验

为了验证上述方法所得结论的正确性，这里将在以下三种机动方式下进行仿真对比。

（1）只有俯仰和横滚运动。

（2）只有偏航和横滚运动。

（3）同时进行俯仰、偏航和横滚运动。

其中俯仰和偏航以正弦规律运动，频率均为 π/20，俯仰角幅度为 π/3，偏航角幅度为 π/2，横滚运动的角加速度为 2°/s²，匀速旋转时角速度为 6°/s。

将式（6－20）离散化以满足卡尔曼滤波要求，以“速度＋姿态”为匹配方式，并设置滤波参数：初始纬度为 30°，经度为 180°，加速度计刻度系数误差为 $10^{-3}/(P/g)$，陀螺刻度系数误差为 $10^{-3}/(P/(''))$，状态变量 X 的初值为 0，杆臂 r 取［2 3 2］m。

建立状态空间模型，初始方差为

$$\boldsymbol{P}_0 = 10\mathrm{diag}\{(2\ \mathrm{m/s})^2,(2\ \mathrm{m/s})^2,(2\ \mathrm{m/s})^2,(1^\circ)^2,(1^\circ)^2,(1^\circ)^2,\\ (10^{-3}g)^2,(10^{-3}g)^2,(10^{-3}g)^2,(10^{-3}g)^2,(10^{-3}g)^2,(10^{-3}g)^2\}$$

系统噪声协方差为

$$\boldsymbol{Q} = \mathrm{diag}\{(5\cdot 10^{-5}g)^2,(5\cdot 10^{-5}g)^2,(5\cdot 10^{-5}g)^2,\\ (0.05^\circ)^2,(0.05^\circ)^2,(0.05^\circ)^2,0,0,0,0,0,0\}$$

$$\boldsymbol{R} = \mathrm{diag}\{(0.01\ \mathrm{m/s})^2,(0.01\ \mathrm{m/s})^2,(0.01\ \mathrm{m/s})^2,(0.01^\circ)^2,\\ (0.01^\circ)^2,(0.01^\circ)^2\}$$

图 6－6、图 6－7、图 6－8 分别为在以上三种机动方式下 6 个刻度系数误差的可观测度仿真结果，具体数值如表 6－2 所示。

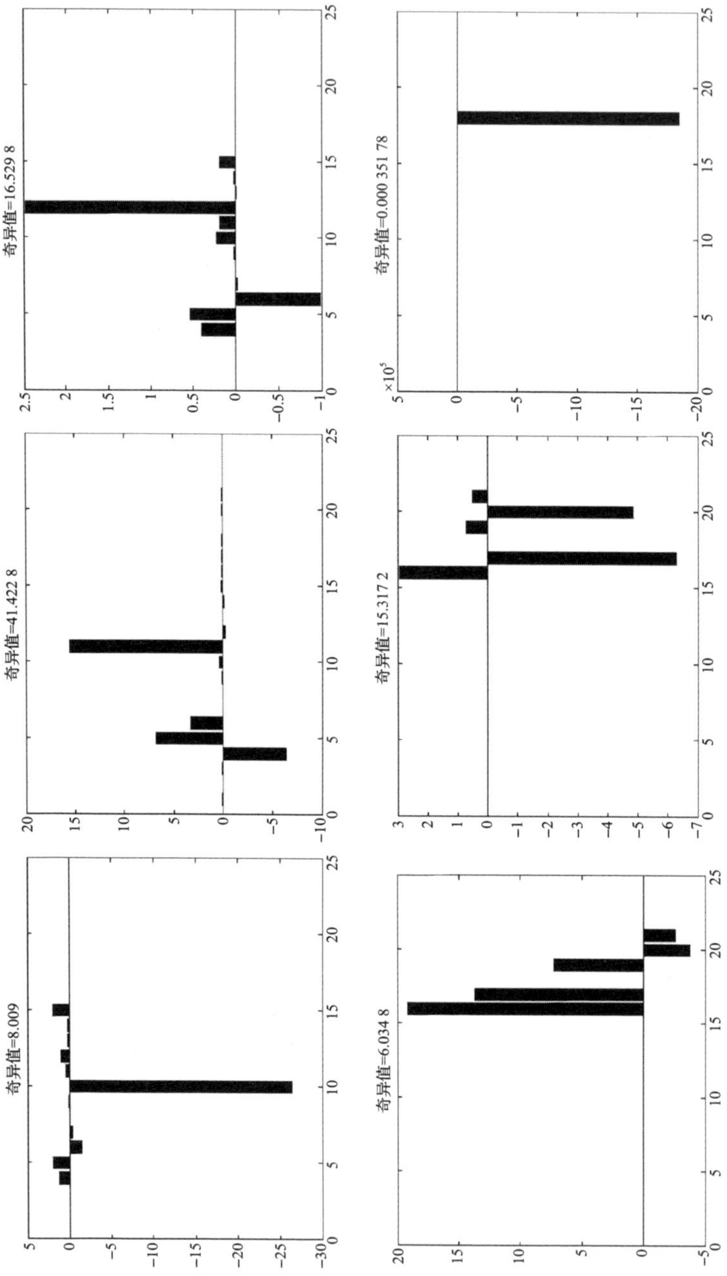

图 6-6 第一种机动方式下的参数可观测度

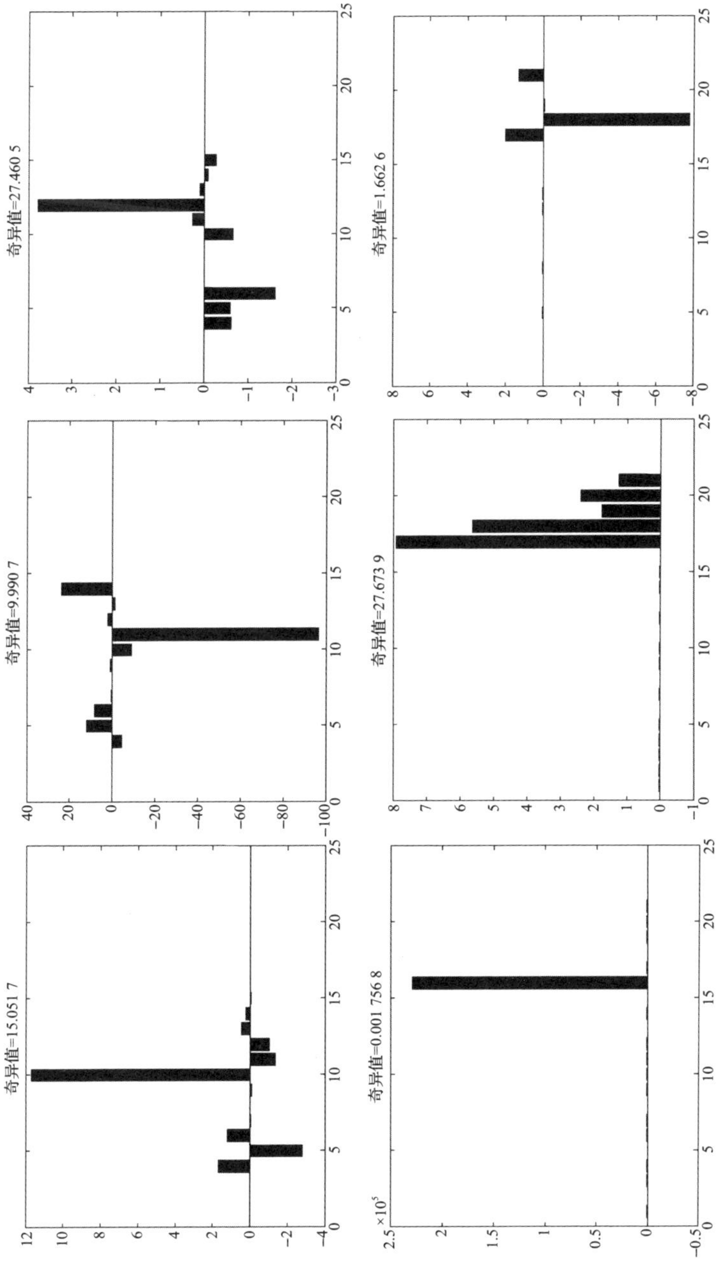

图 6-7　第二种机动方式下的参数可观测度

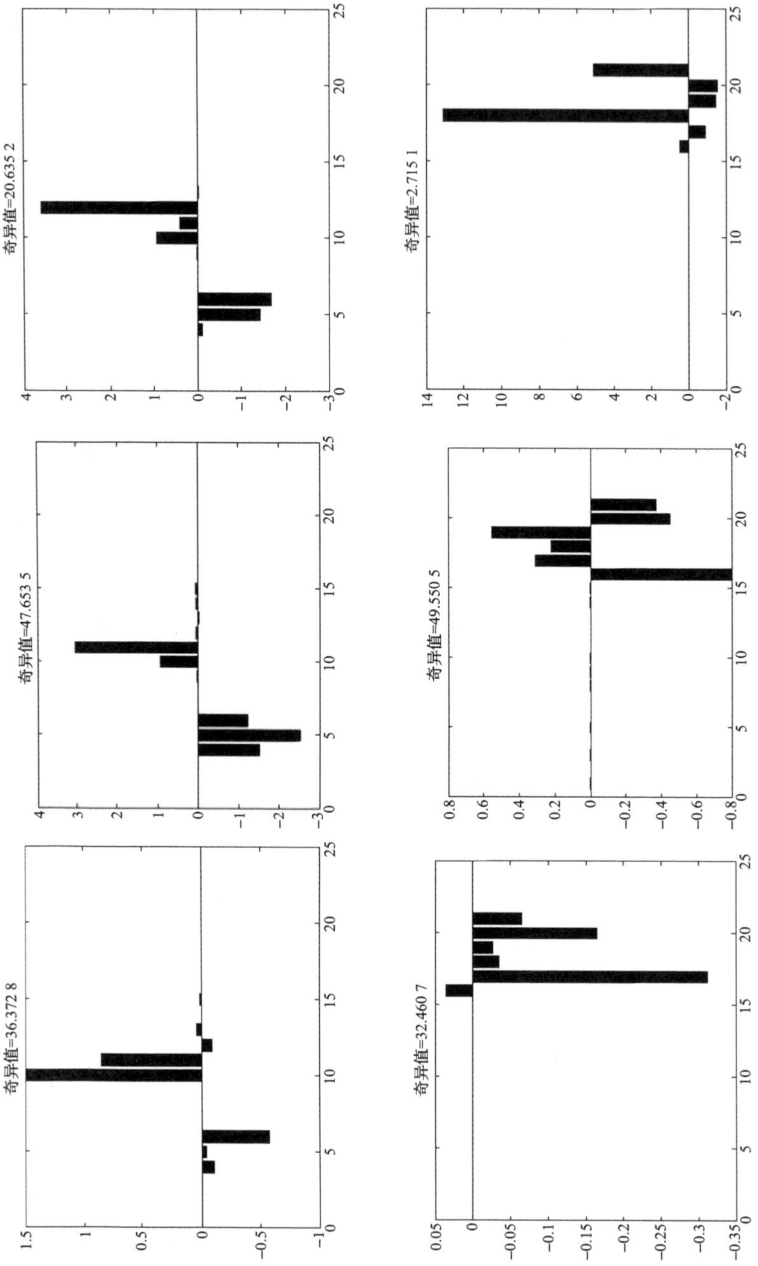

图 6－8　第三种机动方式下的参数可观测度

表 6－2　可观测度 1

参数	可观测度		
	俯仰＋横滚	偏航＋横滚	俯仰＋偏航＋横滚
X 轴加速度计刻度系数误差	8. 009	15. 051 7	36. 372 8
Y 轴加速度计刻度系数误差	41. 422 8	9. 990 7	47. 653 5
Z 轴加速度计刻度系数误差	16. 529 8	27. 460 5	20. 635 2
X 轴陀螺刻度系数误差	6. 034 8	1.7568×10^{-3}	49. 550 5
Y 轴陀螺刻度系数误差	15. 317 2	27. 673 9	32. 460 7
Z 轴陀螺刻度系数误差	3.5178×10^{-4}	1. 662 6	2. 715 1

从图 6－6、图 6－7、图 6－8 和表 6－2 中可看出，在进行俯仰加横滚运动时，δK_{gz} 可观测度低；在进行偏航加横滚运动时，δK_{gx} 可观测度低；当三个方向都有角速度输入时，6 个误差参数都可观，而且部分参数的可观测度有不同程度的增大。

图 6－9、图 6－10 和图 6－11 分别为三种机动方式下的 6 个刻度系数误差标定结果。仿真结果表明，在加入横滚运动后，在只有俯仰和偏航运动的条件下，仍然可以标定出陀螺和加速度计的刻度系数。

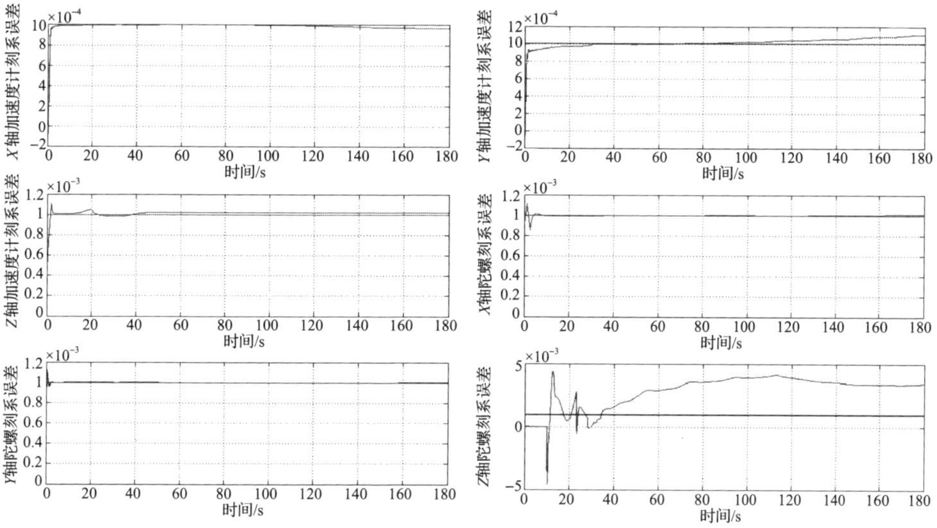

图 6－9　俯仰加横滚时加速度计（P/g）和陀螺（$P/('')$）刻度系数误差

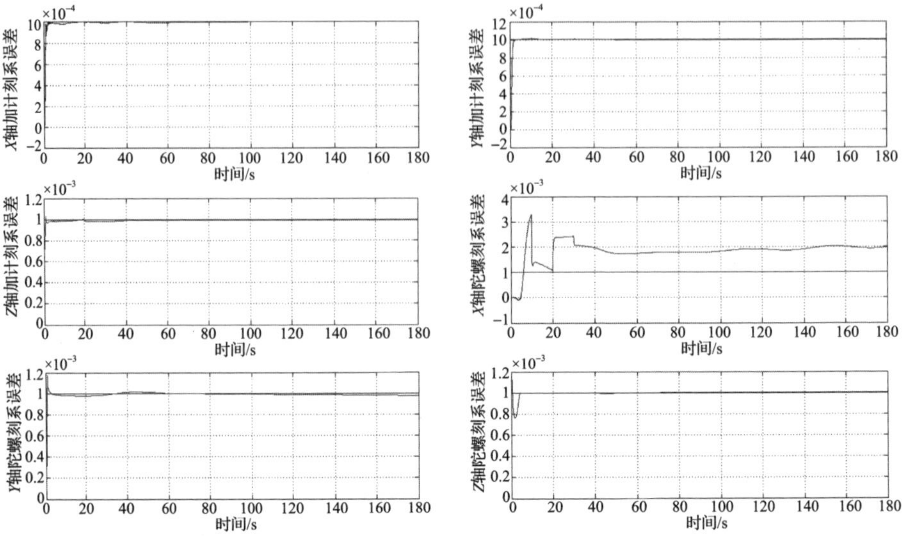

图 6-10 偏航加横滚时加速度计（P/g）和陀螺（$P/('')$）刻度系数误差

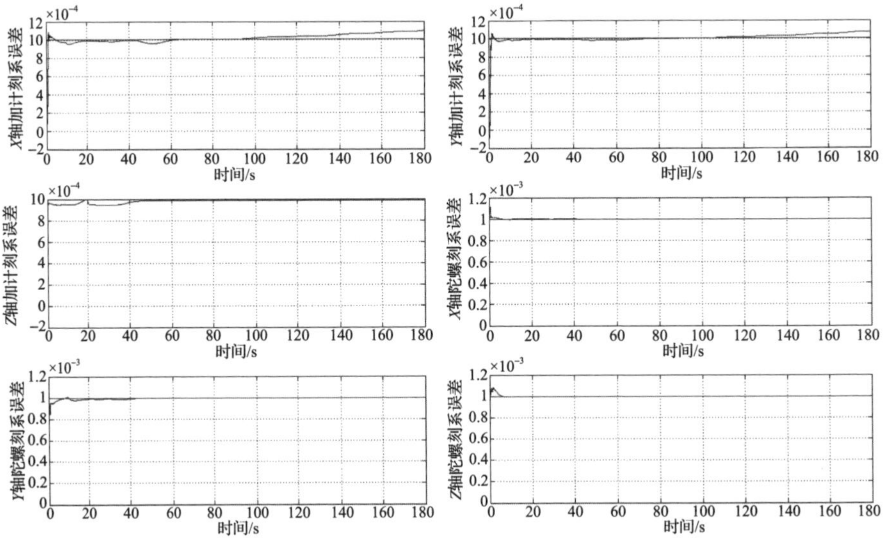

图 6-11 偏航加俯仰加横滚时加速度计（P/g）和陀螺（$P/('')$）刻度系数误差

6.2.3　角运动参数的选择

为了设计出更加优化的机动方式，本小节将对各个方向角运动的具体规律进行研究，并通过仿真对比的方法，分别得出三个方向上相对较优的角运动规律，为提出具体的角运动参数打下基础。

1. 惯组横滚规律对在线标定的影响

所研究的弹载惯导系统，从静止到匀速旋转要经过短暂的加速过程。利用菲涅尔积分理论分析后认为，在惯导旋转时，当转轴在加速过程中转过的角度约为 0.2π 时，误差参数的分离效果最为理想。故设定如下机动参数，并进行仿真对比。

按俯仰和偏航运动为匀速，俯仰角速度为 π/30，偏航角速度为 π/20，时间为 180 s；弹丸分别按照以下三种规律旋转：

（1）匀速旋转角速度为 5°/s，加速转过的角度为 5°，角加速度为 $2.5°/s^2$。

（2）匀速旋转角速度为 6°/s，加速转过的角度为 36°，角加速度为 $0.5°/s^2$。

（3）匀速旋转角速度为 12°/s，加速转过的角度为 36°，角加速度为 $2°/s^2$。

图 6－12、图 6－13 和图 6－14 分别为三种转动规律下 6 个刻度系数误差的仿真结果。

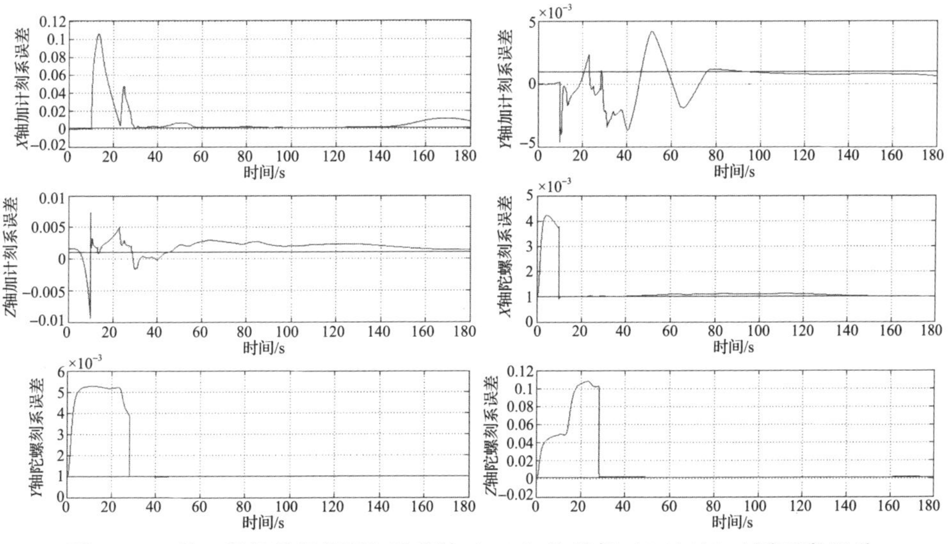

图 6－12　第一种旋转规律下加速度计（P/g）和陀螺（$P/('')$）刻度系数误差

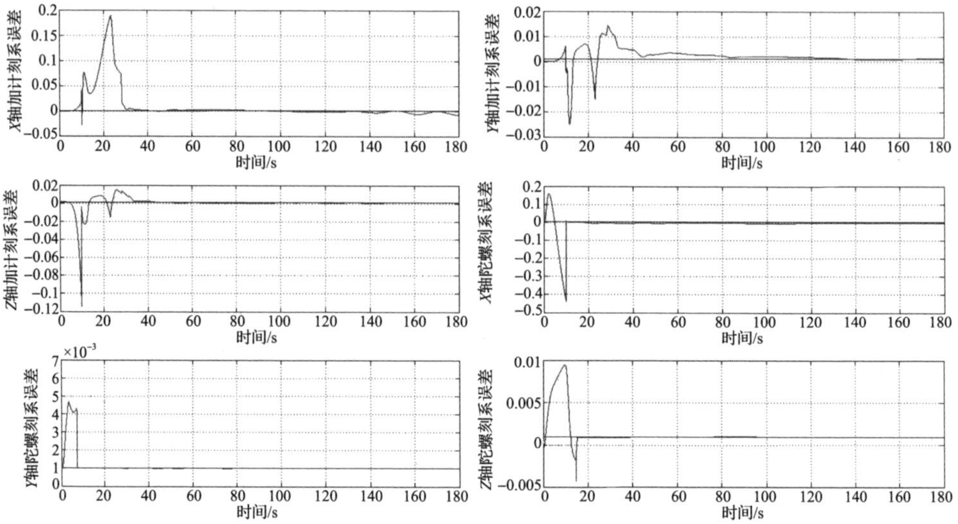

图 6-13 第二种旋转规律下加速度计（P/g）和陀螺（P/(")）刻度系数误差

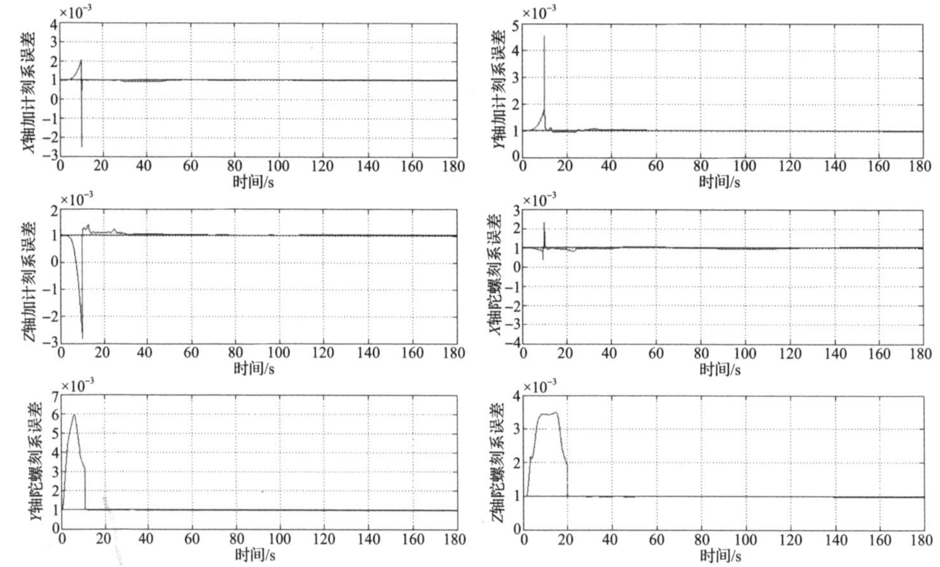

图 6-14　第三种旋转规律下加速度计（P/g）和陀螺（P/(")）刻度系数误差

第一种和第二种规律下，匀速转动的角速度很接近，与第三种差别较大；后两种规律加速转过的角度相同，与第一种相差较大。由图 6-12 ~ 图 6-14 以及表 6-3、表 6-4 可看出，在第一种旋转规律下误差参数的收敛时间偏长，并且标定精度差，最大达到 30%，而在后两种规律下的标定结果相差不大。由仿真结果可知，误差标定的结果好坏与陀螺加速转过的角度有很大关系，而与匀速转动时的角速度相关程度较小。

表 6-3 收敛时间

参数	收敛时间/s		
	一	二	三
X 轴加计刻度系数误差	30	30	10
Y 轴加计刻度系数误差	80	40	10
Z 轴加计刻度系数误差	50	30	10
X 轴陀螺刻度系数误差	10	10	10
Y 轴陀螺刻度系数误差	30	30	15
Z 轴陀螺刻度系数误差	30	30	20

表 6-4 收敛精度

参数	收敛精度		
	一	二	三
X 轴加计刻度系数误差	30.81%	16.68%	13.96%
Y 轴加计刻度系数误差	21.78%	24.63%	14.28%
Z 轴加计刻度系数误差	15.31%	3.71%	12.05%
X 轴陀螺刻度系数误差	13.12%	11.67%	1.26%
Y 轴陀螺刻度系数误差	5.08%	4.97%	3.34%
Z 轴陀螺刻度系数误差	0.14%	5.18%	2.16%

在实际的惯导系统中，转速过大会降低惯性器件的可靠性。为保证系统在长时间的工作中有较高的可靠性，旋转角速度的选取不宜过大，综合考虑各项指标，选取第二种规律，即匀速旋转角速度为6°/s，作为最优机动方式中的旋转角速度。

2. 摇架摆动规律对在线标定的影响

在进行弹载子惯导在线标定的过程中，机动方式的选择尤为重要，而摇架的摆动频率是机动方式中重要的参数。取惯组横滚角速度为6°/s，将摇架改为正弦运动，同时赋以俯仰和偏航不同的摆动频率，得出仿真结果，如表6-5所示。

表6-5　刻度系数误差标定精度1

频率	X轴加计刻度系数误差	Y轴加计刻度系数误差	Z轴加计刻度系数误差	X轴陀螺刻度系数误差	Y轴陀螺刻度系数误差	Z轴陀螺刻度系数误差
π/40	18.75%	13.54%	14.58%	9.30%	5.04%	7.43%
π/35	14.13%	12.39%	12.83%	6.68%	4.49%	8.13%
π/30	12.39%	14.21%	12.37%	3.34%	2.39%	3.45%
π/25	13.06%	13.27%	11.79%	1.06%	3.12%	2.31%
π/20	13.90%	12.36%	12.89%	0.98%	3.52%	2.35%
π/15	20.80%	14.56%	27.57%	1.21%	2.48%	1.73%
π/10	41.38%	15.05%	45.63%	0.93%	1.32%	3.72%
π/5	50.24%	15.69%	73.91%	1.13%	1.26%	2.36%

通过表6-5可以看出，随着摇架摆动频率的增大，*X*轴和*Z*轴加速度计刻度系数误差标定精度急剧下降，*Y*轴加速度计刻度系数误差标定精度小幅降低。三个方向的陀螺刻度系数误差的标定精度都有不同程度的提高，但是随着频率的增大，精度提高的幅度逐渐减小，甚至略有降低，所以由所有误差参数的标定情况综合考虑，选择π/20为最终摇摆频率。

3. 摇架摆动幅度对在线标定的影响

在机动方式的设计过程中，摇架的摆动幅度也起着很重要的作用，将对不同俯仰和偏航幅度下的仿真结果进行对比。取惯组横滚角速度为6°/s，摇架俯仰和偏航频率为π/20，仿真结果如表6-6所示。

通过表6-6可以看出，随着摇架摆动幅度的增大，大部分误差参数的标定精度均有所提高，只有*Y*轴陀螺刻度系数误差对幅度的敏感程度较低。所以摇架进行机动时的幅度应尽量大一些，考虑到实际情况，选择π/3为俯仰幅度，π/2为偏航幅度。

表 6-6　刻度系数误差标定精度 2

幅度	X 轴加计刻度系数误差	Y 轴加计刻度系数误差	Z 轴加计刻度系数误差	X 轴陀螺刻度系数误差	Y 轴陀螺刻度系数误差	Z 轴陀螺刻度系数误差
π/36	18.34%	20.53%	28.36%	11.28%	4.37%	3.01%
π/18	18.02%	19.47%	25.75%	9.06%	3.56%	2.92%
π/9	17.31%	17.54%	20.13%	6.70%	3.89%	2.58%
π/6	16.73%	17.69%	16.59%	3.24%	3.30%	2.62%
π/3	14.82%	16.85%	12.30%	1.25%	3.48%	2.42%

6.2.4　主子惯导精确标定方法

在简易标定方法中，主要针对射前只有角运动的情况，考虑陀螺和加速度计的刻度系数误差，这种方法的标定结果对提高弹载惯导精度是有益的。但如果能同时标定出加速度计零偏和陀螺常值漂移，无疑将进一步提高弹载惯导精度。

为此，本小节针对射前进行阵地转移的情况，充分利用线运动，设计出一种能标定出陀螺刻度系数和常值漂移，以及加速度计刻度系数和零偏的机动路径。

1. 精确标定误差模型

以速度加姿态为观测量，构建如下的系统方程：

$$\begin{aligned} \boldsymbol{X} &= \boldsymbol{AX} + \boldsymbol{W} \\ \boldsymbol{Z} &= \boldsymbol{HX} + \boldsymbol{V} \end{aligned} \tag{6-36}$$

式中，W、V；$\boldsymbol{X} = [\delta V^n \quad \phi^n \quad \mu^b \quad \delta k_a \quad \nabla^b \quad \delta k_g \quad \varepsilon^b]^{\mathrm{T}}$；$\boldsymbol{Z} = [\delta V^n \quad \phi^n]^{\mathrm{T}}$；$\mu^b$ 为子惯导相对主惯导的安装误差角。其他参数设置为

$$\boldsymbol{A} = \begin{bmatrix} \boldsymbol{A}_1 & \boldsymbol{A}_2 & \boldsymbol{O}_{3\times3} & \boldsymbol{A}_3 & \boldsymbol{O}_{3\times6} \\ \boldsymbol{A}_4 & \boldsymbol{A}_5 & \boldsymbol{O}_{3\times3} & \boldsymbol{O}_{3\times6} & \boldsymbol{A}_6 \end{bmatrix} \tag{6-37}$$

$$\boldsymbol{A}_1 = \begin{bmatrix} \dfrac{V_n \tan L - V_u}{R_n} & 2wie\sin L + \dfrac{V_e \tan L}{R_n} & -\left(2wie\cos L + \dfrac{V_e}{R_n}\right) \\ -2\left(wie\sin L + \dfrac{V_e \tan L}{R_n}\right) & \dfrac{-V_u}{R_m} & \dfrac{-V_n}{R_m} \\ -2\left(wie\cos L + \dfrac{V_e}{R_n}\right) & \dfrac{2V_n}{R_m} & 0 \end{bmatrix} \tag{6-38}$$

$$
\boldsymbol{A}_2=\begin{bmatrix} 0 & -f_u & f_n \\ f_u & 0 & -f_e \\ -f_n & f_e & 0 \end{bmatrix} \tag{6-39}
$$

$$
\boldsymbol{A}_3=\begin{bmatrix} C_{11}f^x & C_{12}f^y & C_{13}f^z & C_{11} & C_{12} & C_{13} \\ C_{21}f^x & C_{22}f^y & C_{23}f^z & C_{21} & C_{22} & C_{23} \\ C_{31}f^x & C_{32}f^y & C_{33}f^z & C_{31} & C_{32} & C_{33} \end{bmatrix} \tag{6-40}
$$

$$
\boldsymbol{A}_4=\begin{bmatrix} 0 & \dfrac{-1}{R_m} & 0 \\ \dfrac{1}{R_n} & 0 & 0 \\ \dfrac{1}{R_n} & 0 & 0 \end{bmatrix} \tag{6-41}
$$

$$
\boldsymbol{A}_5=\begin{bmatrix} 0 & wie\sin L+\dfrac{V_e\tan L}{R_n} & -\left(wie\cos L+\dfrac{V_e}{R_n}\right) \\ -\left(wie\sin L+\dfrac{V_e\tan L}{R_n}\right) & 0 & \dfrac{-V_n}{R_m} \\ wie\cos L+\dfrac{V_e}{R_n} & \dfrac{V_n}{R_m} & 0 \end{bmatrix} \tag{6-42}
$$

$$
\boldsymbol{A}_6=\begin{bmatrix} -C_{11}\boldsymbol{\omega}_{is}^x & -C_{12}\boldsymbol{\omega}_{is}^y & -C_{13}\boldsymbol{\omega}_{is}^z & -C_{11} & -C_{12} & -C_{13} \\ -C_{21}\boldsymbol{\omega}_{is}^x & -C_{22}\boldsymbol{\omega}_{is}^y & -C_{23}\boldsymbol{\omega}_{is}^z & -C_{21} & -C_{22} & -C_{23} \\ -C_{31}\boldsymbol{\omega}_{is}^x & -C_{32}\boldsymbol{\omega}_{is}^y & -C_{33}\boldsymbol{\omega}_{is}^z & -C_{31} & -C_{32} & -C_{33} \end{bmatrix} \tag{6-43}
$$

$$
\boldsymbol{H}=\begin{bmatrix} & -C_{11} & -C_{12} & -C_{13} & \\ \boldsymbol{I}_{6\times 6} & -C_{21} & -C_{22} & -C_{23} & \boldsymbol{O}_{6\times 15} \\ & -C_{31} & -C_{32} & -C_{33} & \end{bmatrix} \tag{6-44}
$$

2. 机动方式设计方法

由于次要因素对可观测影响不大，忽略地球自转等因素，系统矩阵变为

$$
\boldsymbol{A}=\begin{bmatrix} \boldsymbol{O}_{3\times 3} & [\boldsymbol{f}^n] & \boldsymbol{O}_{3\times 3} & \boldsymbol{C}_b^n D\boldsymbol{f}^{\mathrm{b}} & \boldsymbol{C}_b^n & \boldsymbol{O}_{3\times 3} & \boldsymbol{O}_{3\times 3} \\ \boldsymbol{O}_{3\times 3} & \boldsymbol{O}_{3\times 3} & \boldsymbol{O}_{3\times 3} & \boldsymbol{O}_{3\times 3} & \boldsymbol{O}_{3\times 3} & -\boldsymbol{C}_b^n D\boldsymbol{\omega}_{ib}^b & -\boldsymbol{C}_b^n \\ \boldsymbol{O}_{15\times 3} & \boldsymbol{O}_{15\times 3} & \boldsymbol{O}_{15\times 3} & \boldsymbol{O}_{15\times 3} & \boldsymbol{O}_{15\times 3} & \boldsymbol{O}_{15\times 3} & \boldsymbol{O}_{15\times 3} \end{bmatrix} \tag{6-45}
$$

其中，$Df^s = \begin{bmatrix} f_x^s & 0 & 0 \\ 0 & f_y^s & 0 \\ 0 & 0 & f_z^s \end{bmatrix}$，$D\boldsymbol{\omega}_{is}^s = \begin{bmatrix} \omega_{isx}^s & 0 & 0 \\ 0 & \omega_{isy}^s & 0 \\ 0 & 0 & \omega_{isz}^s \end{bmatrix}$。$[\boldsymbol{f}^n]$ 为 $\boldsymbol{f}^n$ 的反对称矩阵；μ 为子惯导相对主惯导的安装误差角。

量测矩阵为

$$\boldsymbol{H} = \begin{bmatrix} \boldsymbol{I}_{3\times3} & \boldsymbol{O}_{3\times3} & \boldsymbol{O}_{3\times3} & \boldsymbol{O}_{3\times3} & \boldsymbol{O}_{3\times3} & \boldsymbol{O}_{3\times3} & \boldsymbol{O}_{3\times3} \\ \boldsymbol{O}_{3\times3} & \boldsymbol{I}_{3\times3} & -\boldsymbol{C}_b^n & \boldsymbol{O}_{3\times3} & \boldsymbol{O}_{3\times3} & \boldsymbol{O}_{3\times3} & \boldsymbol{O}_{3\times3} \end{bmatrix} \tag{6-46}$$

逆向运用 PWCS 理论对系统进行分析，可观测性矩阵为

$$\boldsymbol{Q}_j = \begin{bmatrix} \boldsymbol{H}_j \\ \boldsymbol{H}_j\boldsymbol{A}_j \\ \boldsymbol{H}_j\boldsymbol{A}_j^2 \\ \vdots \\ \boldsymbol{H}_j\boldsymbol{A}_j^{20} \end{bmatrix} = \begin{bmatrix} \boldsymbol{I}_{3\times3} & \boldsymbol{O}_{3\times3} & \boldsymbol{O}_{3\times3} & \boldsymbol{O}_{3\times3} & \boldsymbol{O}_{3\times3} & \boldsymbol{O}_{3\times3} & \boldsymbol{O}_{3\times3} \\ \boldsymbol{O}_{3\times3} & \boldsymbol{I}_{3\times3} & -\boldsymbol{C}_s^n & \boldsymbol{O}_{3\times3} & \boldsymbol{O}_{3\times3} & \boldsymbol{O}_{3\times3} & \boldsymbol{O}_{3\times3} \\ \boldsymbol{O}_{3\times3} & [\boldsymbol{f}^n] & \boldsymbol{O}_{3\times3} & \boldsymbol{C}_s^n D\boldsymbol{f}^s & \boldsymbol{C}_s^n & \boldsymbol{O}_{3\times3} & \boldsymbol{O}_{3\times3} \\ \boldsymbol{O}_{3\times3} & \boldsymbol{O}_{3\times3} & \boldsymbol{O}_{3\times3} & \boldsymbol{O}_{3\times3} & \boldsymbol{O}_{3\times3} & -\boldsymbol{C}_s^n D\boldsymbol{\omega}_{is}^s & -\boldsymbol{C}_s^n \\ \boldsymbol{O}_{3\times3} & \boldsymbol{O}_{3\times3} & \boldsymbol{O}_{3\times3} & \boldsymbol{O}_{3\times3} & \boldsymbol{O}_{3\times3} & [\boldsymbol{f}^n](-\boldsymbol{C}_s^n D\boldsymbol{\omega}_{is}^s) & [\boldsymbol{f}^n](-\boldsymbol{C}_s^n) \\ \boldsymbol{O}_{111\times3} & \boldsymbol{O}_{111\times3} & \boldsymbol{O}_{111\times3} & \boldsymbol{O}_{111\times3} & \boldsymbol{O}_{111\times3} & \boldsymbol{O}_{111\times3} & \boldsymbol{O}_{111\times3} \end{bmatrix} \tag{6-47}$$

由式（6-47）知，系统的可观测性由以下子矩阵决定：

$$\boldsymbol{Q}_{j,\mathrm{sub}} = \begin{bmatrix} \boldsymbol{I}_{3\times3} & -\boldsymbol{C}_s^n & \boldsymbol{O}_{3\times3} & \boldsymbol{O}_{3\times3} & \boldsymbol{O}_{3\times3} & \boldsymbol{O}_{3\times3} \\ [\boldsymbol{f}^n] & \boldsymbol{O}_{3\times3} & \boldsymbol{C}_s^n D\boldsymbol{f}^s & \boldsymbol{C}_s^n & \boldsymbol{O}_{3\times3} & \boldsymbol{O}_{3\times3} \\ \boldsymbol{O}_{3\times3} & \boldsymbol{O}_{3\times3} & \boldsymbol{O}_{3\times3} & \boldsymbol{O}_{3\times3} & -\boldsymbol{C}_s^n D\boldsymbol{\omega}_{is}^s & -\boldsymbol{C}_s^n \end{bmatrix} \tag{6-48}$$

为了得出 $\boldsymbol{Q}_{j,\mathrm{sub}}$ 列满秩的条件，将可观测矩阵 $\boldsymbol{Q}_{j,\mathrm{sub}}$ 分为三部分进行分析，$\boldsymbol{Q}_{j,\mathrm{sub}} = [\boldsymbol{Q}_{1j,\mathrm{sub}} \quad \boldsymbol{Q}_{2j,\mathrm{sub}} \quad \boldsymbol{Q}_{3j,\mathrm{sub}}]$，只要每个子矩阵列满秩，则 $\boldsymbol{Q}_{j,\mathrm{sub}}$ 完全可观测。分析过程如下：

$$\boldsymbol{Q}_{1j,\mathrm{sub}} = \begin{bmatrix} \boldsymbol{I}_{3\times3} & -\boldsymbol{C}_s^n \\ [\boldsymbol{f}^n] & \boldsymbol{O}_{3\times3} \\ \boldsymbol{O}_{3\times3} & \boldsymbol{O}_{3\times3} \end{bmatrix} \tag{6-49}$$

$$\boldsymbol{Q}_{2j,\mathrm{sub}} = \begin{bmatrix} \boldsymbol{O}_{3\times3} & \boldsymbol{O}_{3\times3} \\ \boldsymbol{C}_s^n D\boldsymbol{f}^s & \boldsymbol{C}_s^n \\ \boldsymbol{O}_{3\times3} & \boldsymbol{O}_{3\times3} \end{bmatrix} \tag{6-50}$$

$$\boldsymbol{Q}_{3j,\text{sub}} = \begin{bmatrix} \boldsymbol{O}_{3\times3} & \boldsymbol{O}_{3\times3} \\ \boldsymbol{O}_{3\times3} & \boldsymbol{O}_{3\times3} \\ -\boldsymbol{C}_s^n D\boldsymbol{\omega}_{is}^s & -\boldsymbol{C}_s^n \end{bmatrix} \tag{6-51}$$

首先，分析 $\boldsymbol{Q}_{1j,\text{sub}}$，由于在火箭炮射前准备阶段没有线运动，只能进行角运动，所以机动过后第一块子矩阵变为

$$\boldsymbol{Q}_{1j,\text{sub}(2)} = \begin{bmatrix} \boldsymbol{I}_{3\times3} & -\boldsymbol{C}_s^n \\ [\boldsymbol{f}^n] & \boldsymbol{O}_{3\times3} \\ \boldsymbol{O}_{3\times3} & \boldsymbol{C}_s^n - \boldsymbol{C}_{s2}^n \end{bmatrix} \tag{6-52}$$

弹丸相对于惯性系的旋转速度始终不变，所以 $\boldsymbol{C}_s^m = \boldsymbol{C}_{s2}^{m2}$。另外，只要 $\boldsymbol{Q}1_{j,\text{sub}(2)}\boldsymbol{X} = \boldsymbol{0}$ 只存在零解，则 $\boldsymbol{Q}1_{j,\text{sub}(2)}$ 列满秩，令 $\boldsymbol{X} = [x_1 \quad x_2]^{\text{T}}$，即

$$\begin{cases} \boldsymbol{x}_1 - \boldsymbol{C}_s^n \boldsymbol{x}_2 = \boldsymbol{0} \\ [\boldsymbol{f}^n]\boldsymbol{x}_1 = \boldsymbol{0} \\ (\boldsymbol{C}_s^n - \boldsymbol{C}_{s2}^n)\boldsymbol{x}_2 = \boldsymbol{0} \end{cases} \tag{6-53}$$

假设 $\boldsymbol{x}_2 = \boldsymbol{0}$，则 $\boldsymbol{x}_1$ 必然为 $\boldsymbol{0}$；如果 $\boldsymbol{x}_2 \neq \boldsymbol{0}$，则由（$\boldsymbol{C}_s^n - \boldsymbol{C}_{s2}^n$）$\boldsymbol{x}_2 = \boldsymbol{0}$ 知载体转动轴的方向必然与 $\boldsymbol{x}_2$ 的矢量方向相同；因为 $[\boldsymbol{f}^n]\boldsymbol{x}_1 = \boldsymbol{0}$ 将式（6－53）中的第一个方差代入得 $[\boldsymbol{f}^n]\boldsymbol{C}_s^n\boldsymbol{x}_2 = \boldsymbol{0}$，只有 $\boldsymbol{f}^n$ 的矢量方向和 $\boldsymbol{x}_2$ 的矢量方向在导航系的投影相同时，假设成立。

在上述假设成立时，第一块子矩阵列不满秩。故当载体转动轴方向与当前比力方向不同时，该矩阵就列满秩。

下面分析 $\boldsymbol{Q}_{2j,\text{sub}}$，同样由于只能进行角运动，在机动过后第二块子矩阵变为

$$\boldsymbol{Q}_{2j,\text{sub}(2)} = \begin{bmatrix} D\boldsymbol{f}^s & \boldsymbol{I}_{3\times3} \\ D\boldsymbol{f}_1^s - D\boldsymbol{f}^s & \boldsymbol{O}_{3\times3} \end{bmatrix} \tag{6-54}$$

可直观看出，如果对角阵［$D\boldsymbol{f}_1^s - D\boldsymbol{f}^s$］满秩，则矩阵 $\boldsymbol{Q}_{2j,\text{sub}}$ 满秩。在机动过程中，如果加速度计在三个方向上同时有速度信号输入，则第二块子矩阵 $\boldsymbol{Q}_{2j,\text{sub}}$ 满秩。

第三块子矩阵 $\boldsymbol{Q}_{3j,\text{sub}}$，在结构上和 $\boldsymbol{Q}_{2j,\text{sub}}$ 一致，用同样的方法可知如果陀螺在三个方向上同时能感应到角速度输入，则第三块子矩阵 $\boldsymbol{Q}_{3j,\text{sub}}$ 满秩。

综上所述，在以速度和姿态匹配值为观测量的条件下，设计机动路径时，只要满足以下原则，惯性器件的 12 个误差参数（零偏、常值漂移和刻度系数误差）完全可观测。

（1）在机动方式中必须有角运动和线运动，而且惯性器件在三个方向上

都有速度和加速度输入。

（2）在载体运行过程中，必须存在转动轴的方向和量测到比力的方向不同的时段。

6.2.5　仿真试验

仿真试验分两种情况：无横滚运动和有横滚运动。

1. 无惯组横滚时的机动方式仿真

在传统的弹载子惯导在线标定过程中，只有两自由度的角运动。为充分激励误差参数，按照上述机动方式设计原则，设置如下机动路径。

（1）静止 10 s。

（2）以变角速度通过一座半径为 70 m 的拱桥（对应圆心角为 60°）。

（3）摇架调整到水平姿态后，转过 360°。

（4）载体做变加速运动。

（5）载体做变加速圆周运动。

在进行（4）和（5）时，摇架按正弦规律做俯仰和偏航运动。偏航角频率为 π/25，幅度为 π/2，摇架的俯仰角频率为 π/25，幅度为 π/18，变加速运动的时间为 40 s，变速圆周运动的角加速度为 $0.1°/s^2$，时间为 80 s。

拱桥是为了给天向加速度计提供激励，再加上水平方向上的加速运动以及摇架的摆动，就可以满足 6.2.4 小节所提的可观测原则。

从图 6－15 和图 6－16 可以看出，12 个误差参数均能收敛，说明所设计机动方式可以有效地激励误差参数。但是每个参数收敛的时间各有不同，说明各个参数的可观测度不同。为了定量分析各参数的收敛性，接下来利用奇异值分析的方法给出各个误差参数对应的奇异值（图 6－17）。

从可观测度结果来看，各参数都可观测，各状态变量对应的可观测度都大于 0.9，从而说明了所设计机动方式可以有效地激励出各个误差参数。

2. 有惯组横滚时的机动方式仿真

轴向旋转运动对提高误差参数可观测度有很大作用，而在机动方式中没有弹丸横滚运动，所以只能通过一系列其他的机动方式来增大对误差参数的激励，以提高参数的可观测度。例如，利用通过拱桥来激励天向加速度计，利用变加速圆周运动来激励东向加速度计等，并且北向陀螺始终没有角速度输入，造成机动方式复杂，使得战场环境下不易实现。本节对机动方式进行改进，在机动过程中加入惯组横滚运动。所设计机动方式如下。

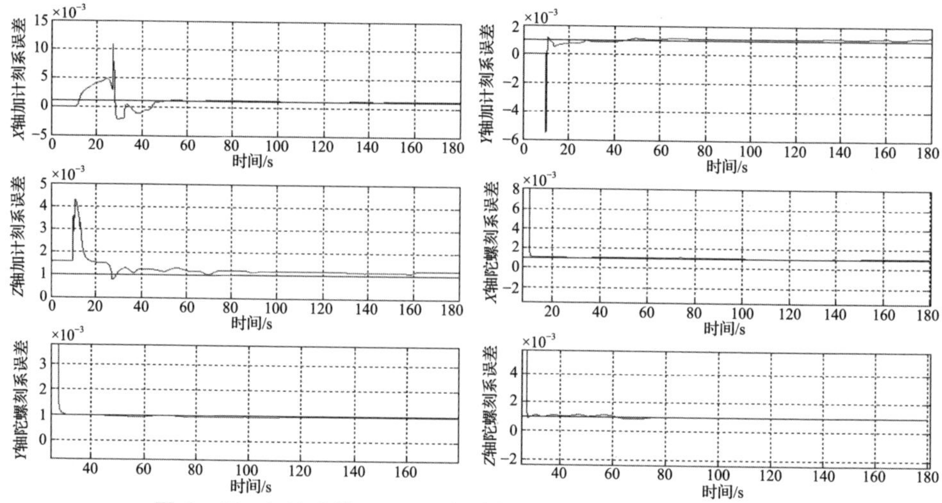

图 6－15　加速度计（*P*/*g*）和陀螺（*P*/(")）刻度系数误差 1

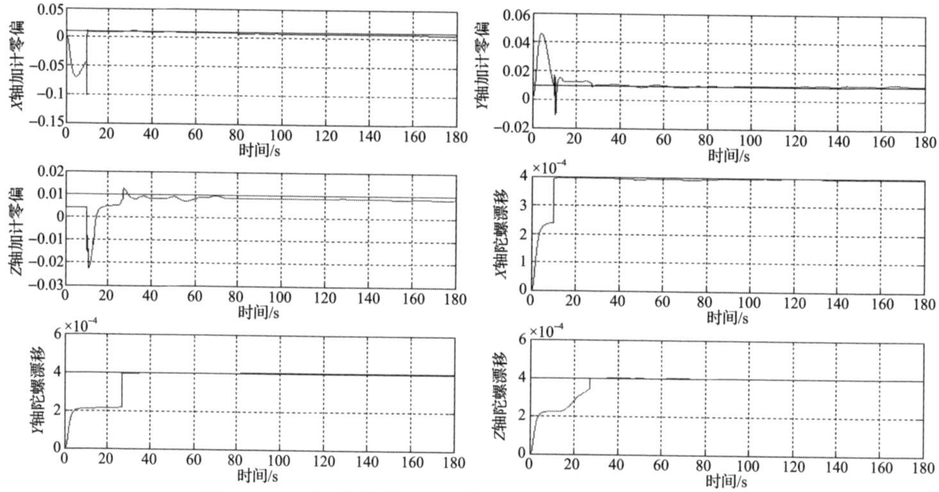

图 6－16　加计零偏（m/s^2）和陀螺漂移（rad/s）1

（1）静止 10 s。

（2）加速后保持匀速，直线行驶 20 s。

（3）匀速圆周运动。

（4）重复（2）和（3）。

（5）在火箭炮重复上述机动方式过程中，摇架以正弦规律进行偏航和俯仰运动的同时加入横滚运动。

其中，俯仰角频率为 π/25，幅度为 π/18，偏航角频率为 π/25，幅度为 π/2，弹丸的加速度为 $2°/s^2$，匀速旋转角速度为 6°/s。

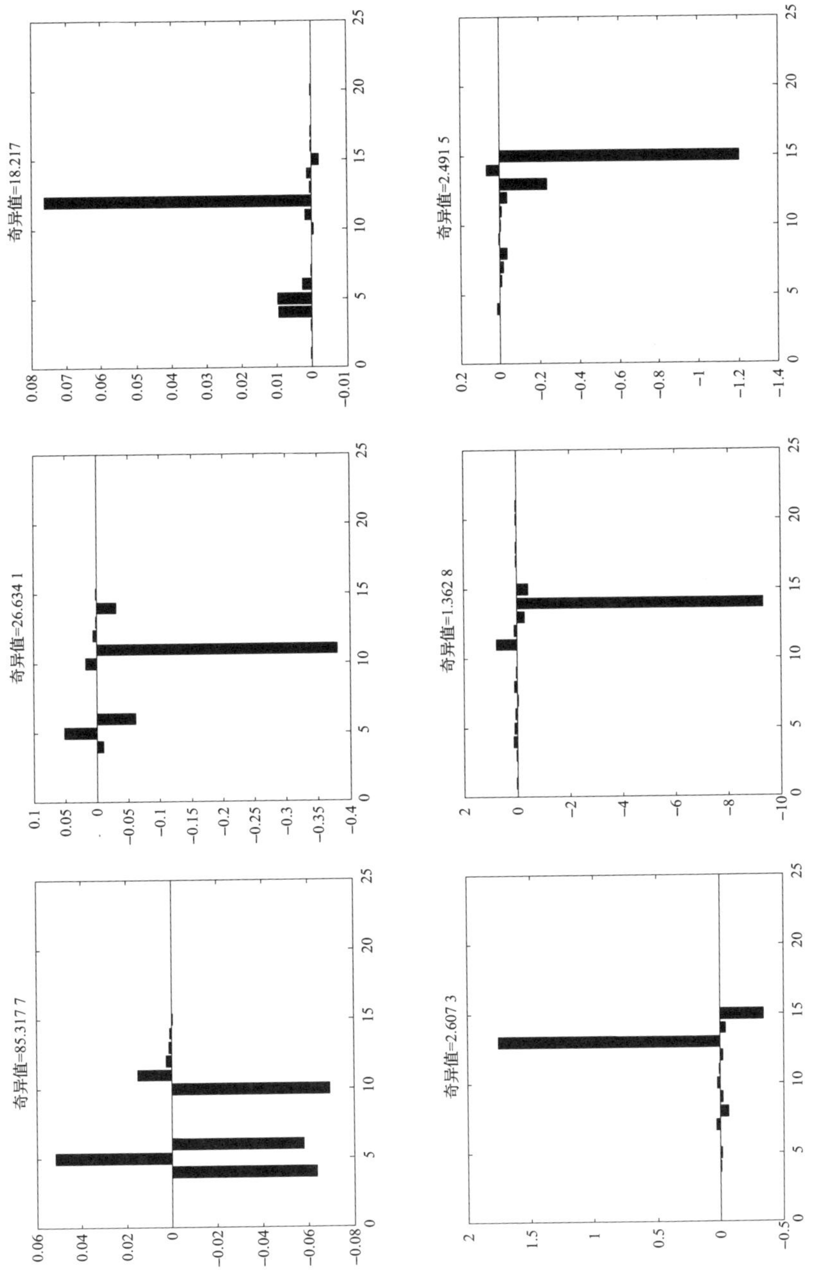

图 6-17　各参数可观测度仿真结果 1

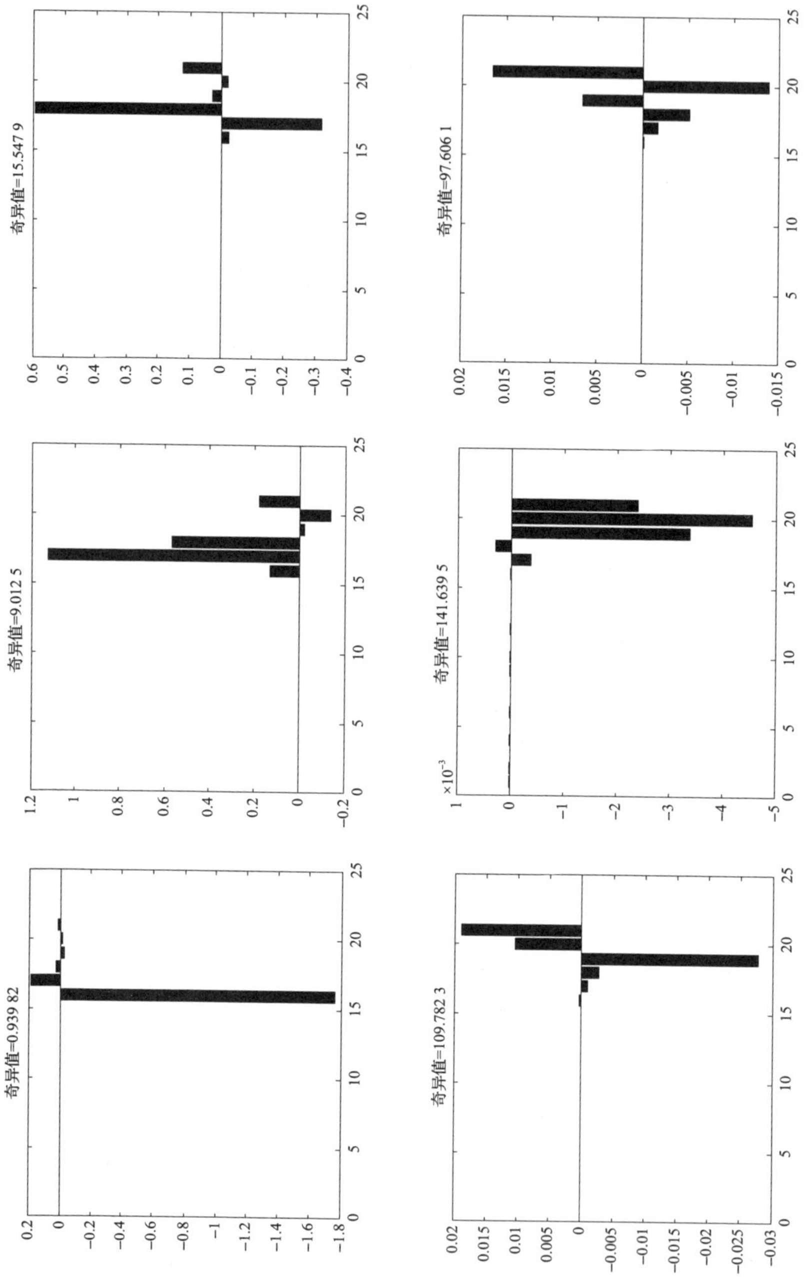

图 6-17　各参数可观测度仿真结果 1(续)

在惯组横滚的条件下做（2）（3）运动，可使三个轴都有加速度变化，同时加上俯仰和偏航，可使三个轴都有角速度变化，满足6.2.4小节中的可观测性原则（1）。在持续角运动的同时进行线运动，可使载体转动轴与比力方向不同，满足可观测性原则（2），所以该机动方式满足6.2.4小节所提出的可观测性原则。

有惯组横滚时的各参数和仿真结果如图6－18～图6－20及表6－7所示。

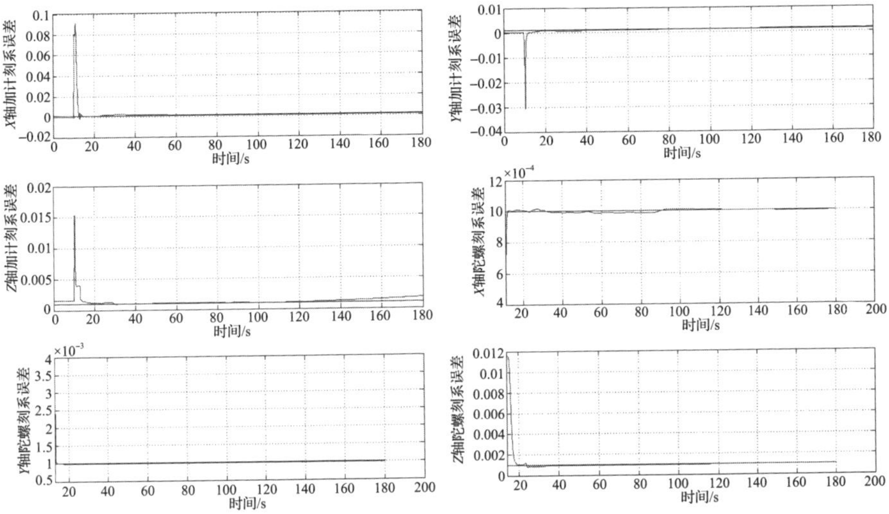

图6－18　加速度计（*P/g*）和陀螺（*P/*（"））刻度系数误差2

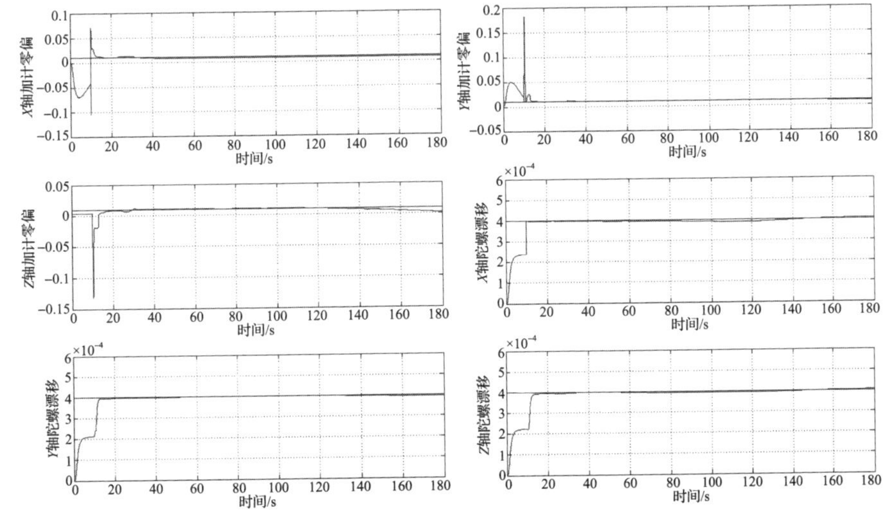

图6－19　加计零偏（m/s^2）和陀螺漂移（rad/s）2

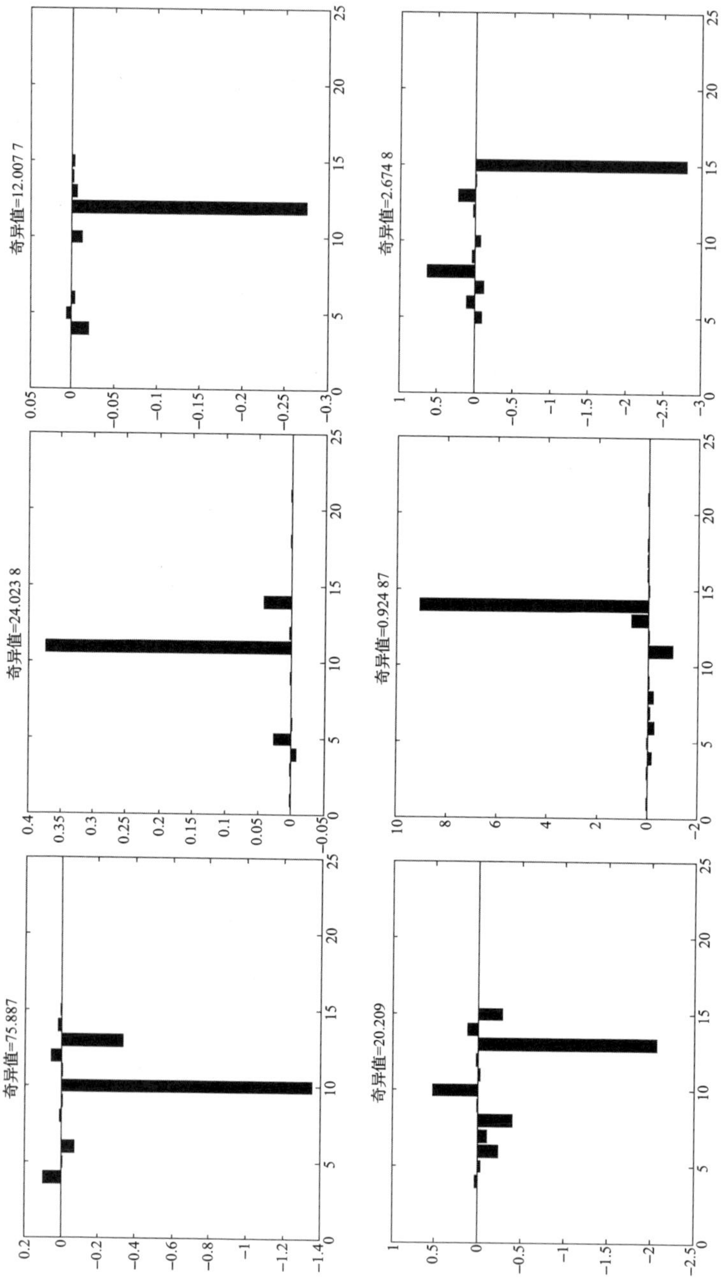

图 6-20 各参数可观测度仿真结果 2

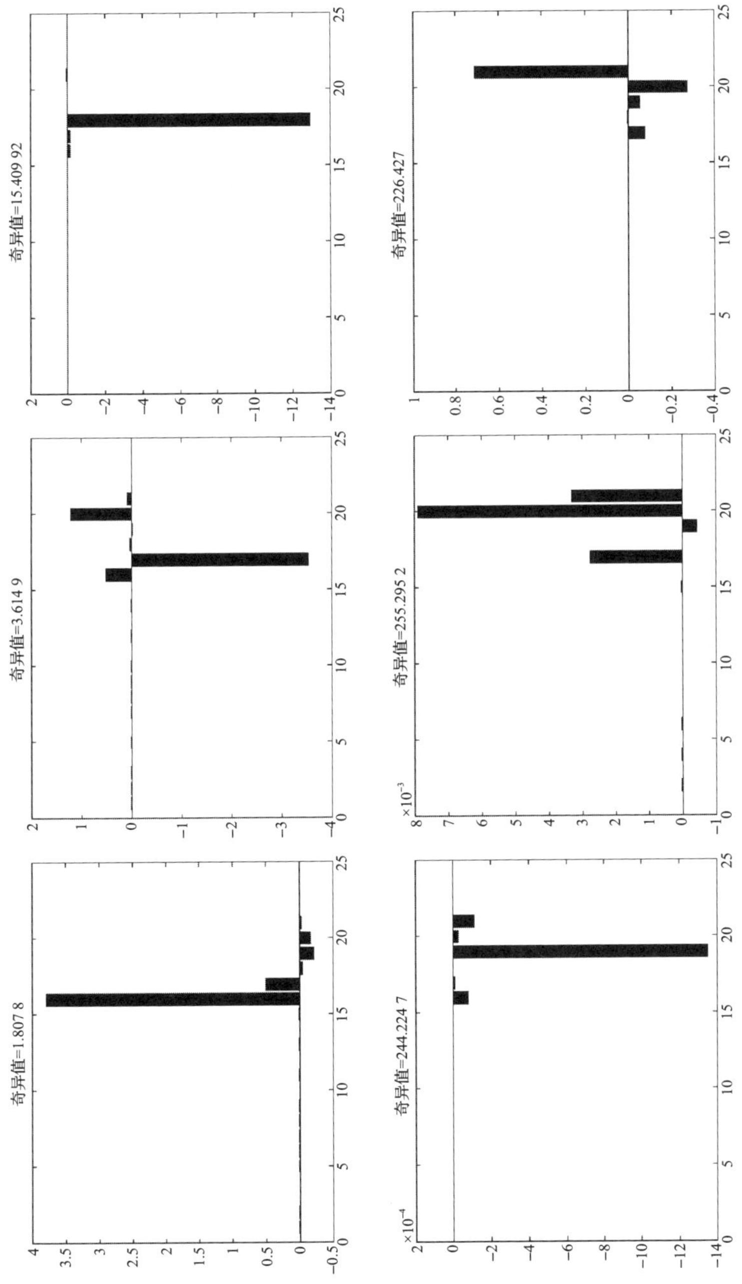

图 6-20　各参数可观测度仿真结果 2(续)

表 6-7 可观测度 2

参数	线运动和两自由度角运动	线运动和三自由度角运动
X 轴加速度计刻度系数误差	85. 317 7	75. 887 3
Y 轴加速度计刻度系数误差	26. 634 1	24. 228
Z 轴加速度计刻度系数误差	18. 217 3	12. 007 7
X 轴陀螺刻度系数误差	2. 607 3	20. 209 1
Y 轴陀螺刻度系数误差	1. 362 8	0. 924 9
Z 轴陀螺刻度系数误差	2. 491 5	2. 674 8
X 轴加速度计零偏	0. 939 8	1. 807 8
Y 轴加速度计零偏	9. 012 5	3. 614 9
Z 轴加速度计零偏	15. 547 9	15. 409 9
X 轴陀螺常值漂移	109. 782 3	244. 224 7
Y 轴陀螺常值漂移	141. 639 5	255. 295 2
Z 轴陀螺常值漂移	97. 661	226. 427 8

对比仿真结果可看出，两种机动方式对误差的激励作用相当。但是，加入横滚后对机动要求较低，匀速直线行驶在任何情况下都可以实现，车辆在转弯时可认为进行匀速圆周运动，平常和战场环境下都很容易实现。相比无横滚中的机动方式简单了很多，从而说明了在标定过程中加入惯组的横滚运动，可以在很大程度上简化标定机动方式，利于在线标定的工程实现。

参考文献

[1] 章燕申. 高精度导航系统［M］. 北京：中国宇航出版社，2005.

[2]《惯性技术手册》编辑委员会. 惯性技术手册［M］. 北京：宇航出版社，1995.

[3] 杨波，彭培林，王跃钢，等. 里程计辅助捷联惯导运动基座对准方法［J］. 中国惯性技术学报，2013，21（3）：298－301.

[4] 严恭敏. 车载自主定位定向系统研究［D］. 西安：西北工业大学，2006.

[5] LEVINSON E，HORST J T. The next generation marine inertial navigator is here now［C］//IEEE Position Location and Navigation Symposium，1994.

[6] 秦永元. 惯性导航［M］. 2版. 北京：科学出版社，2014.

[7] ZHOU Zhanxin，GAO Yanan，CHEN Jiabin. Unscented Kalman filter for SINS alignment［J］. Journal of systems engineering and electronics，2017，18（2）：327－333.

[8] 严恭敏. 惯性仪器测试与数据分析［M］. 北京：国防工业出版社，2012.

[9] 谢波，秦永元，万彦辉. 惯性定位系统阻尼零速修正方法［J］. 火力与指挥控制，2011，36（9）：186－189.

[10] 方靖，顾启泰，丁天怀. 车载惯性导航的动态零速修正技术［J］. 中国惯性技术学报，2008，16（3）：265－268.

[11] 付强文，秦永元，李四海，等. 车辆运动学约束辅助的惯性导航算法［J］. 中国惯性技术学报，2012，20（6）：640－643.

[12] 高钟毓. 惯性导航系统技术［M］. 北京：清华大学出版社，2012.

[13] SHARAF R，NOURELDIN A，OSMAN A，et al. Online INS/GPS integration with a radial basis function neural network［J］. IEEE aerospace and electronic systems magazine，2015，20（3）：8－14.

[14] ZHANG T，XU X. A new method of seamless land navigation for GPS/INS integrated system［J］. Measurement，2012，45（4）：691－701.

[15] CHIANG K，EL－SHEIMY N. INS/GPS integration using neural networks for land vehicle navigation applications［C］//15th International Technical Meeting of the Satellite Division of the Institute of Navigation，2002.

[16] 刘晓庆. 捷联式惯导系统误差标定方法研究［D］. 哈尔滨：哈尔滨工程大学，2008.

[17] 程向红，万德钧，仲巡. 捷联惯导系统的可观测性和可观测度研究［J］. 东南大学学报，1997，27（6）：6－11.

[18] 杨晓霞，黄一. 外场标定条件下捷联惯导系统误差状态可观测性分析［J］. 中国惯性技术学报，2008，16（6）：657－664.

[19] 孔星炜，郭关凤，董景新．捷联惯导快速传递对准的可观测性与机动方案［J］．清华大学学报，2010，50（2）：232－236.
[20] 郭隆华，王新龙．不同机动方式对机载武器系统传递对准性能影响研究［［J］．弹箭与制导学报，2006，26（1）：1－4.
[21] 祝燕华．导弹射前惯测组件误差在线标定方案研究［J］．系统工程与电子技术，2007，29（4）：618－622.
[22] 彭靖，郑惠敏，王成．机载导弹惯导系统传递对准机动方式研究［J］．现代防御技术，2009，37（4）：24－29.
[23] 袁保仑，饶谷音．光学陀螺旋转惯导系统原理探讨［J］．国防科技大学学报，2006，28（6）：76－80.
[24] 杨建业，蔚国强，江立新．捷联惯性导航系统旋转调制技术研究［J］．光电与控制，2009，16（12）：30－33.
[25] 钟斌，陈广学，查峰．基于 PWCS 理论的单轴旋转惯导系统初始对准的可观测性分析［J］．海军工程大学学报，2012，24（6）：11－15.
[26] 孙伟，孙枫．调制型光纤捷联系统系泊状态标校方法［J］．系统工程与电子技术，2010，32（12）：2652－2659.
[27] 黄凤荣，侯斌，孙伟强．双轴旋转式 SINS 自主标定技术［J］．中国惯性技术学报，2012，20（2）：146－151.
[28] 周元，邓志红，王博．旋转式惯导系统光纤陀螺在线自标定方法［J］．哈尔滨工程大学学报，2013，34（7）：866－872.
[29] 陆志东，王晓斌．系统级双轴旋转调制捷联惯导误差分析及标校［J］．中国惯性技术学报，2010，18（2）：135－141.
[30] 孙枫，孙伟．基于双轴转位机构的光纤陀螺标定方法［J］．控制与决策，2011，18（3）：346－350.
[31] BUCY R S，SENNE K D. Digital synthesis of nonlinear filter［J］．Automatica，1971，7（3）：287－289.
[32] WAN E A，VAN DER MERWE R. The unscented Kalman filter for nonlinear estimation［C］//The IEEE 2000 Adaptive Systems for Signal Processing，Communications，and Control Symposium，2000.
[33] 夏家和，秦永元，游金川．摇摆状态下基于非线性误差模型的惯导对准研究［J］．宇航学报，2010，31（2）：410－415.
[34] 周本川，程向红，陆源．弹载捷联惯导系统的在线标定方法［J］．弹箭与制导学报，2011，3（1）：1－4.
[35] 岳晓奎，袁建平．H_{∞}滤波算法及其在 GPS/SINS 组合导航系统中的应用［J］．航空学报，2001，22（4）：366－368.
[36] CARVALHO H，DEL MORAL P. Optimal nonlinear filtering in GPS/INS integration［J］．IEEE transactions on aerospace and electronic systems，1996，33（3）：835－850.

[37] SCHON T, GUSTAFSSON F, NORDLUND P J. Marginalized particle filters for mixed linear/nonlinear state - space models [J]. IEEE transactions on signal processing, 2005, 53 (7): 2279 - 2289.
[38] DMITRIYEV S P, STEPANOV O A, SHEPEL S V. Nonlinear filtering methods application in INS alignment [J]. IEEE transactions on aerospace and electronic systems, 1997, 33 (1): 260 - 272.
[39] MAHONY R, HAMEL T, TRUMPF J, et al. Nonlinear observers on SO (3) for complementary and compatible measurements: a theoretical study [C]//IEEE Conference on Decision and Control, Shanghai, China, 2009.
[40] 秦永元. 惯性导航 [M]. 北京: 科学出版社, 2006.
[41] 高伟. 捷联惯性导航系统初始对准技术 [M]. 北京: 国防工业出版社, 2014.
[42] 彭蓉, 严恭敏, 秦永元. 箭载捷联惯导系统水平自对准的两种实用方法 [J]. 中国惯性技术学报, 2009, 17 (4): 428 - 435.
[43] 肖烜, 王清哲, 程远, 等. 捷联惯导系统/里程计高精度紧组合导航算法 [J]. 兵工学报, 2012, 33 (4): 395 - 400.
[44] 付强文. 车载定位定向系统关键技术研究 [D]. 西安: 西北工业大学, 2014.
[45] 全振中. 基于主惯导信息的捷联惯导在线标定方法研究 [D]. 石家庄: 军械工程学院, 2012.
[46] 王志伟, 石志勇. 捷联惯导在线标定时间延迟补偿方法中同步误差对标定精度的影响分析 [J]. 火力与指挥控制, 2014, 39 (9): 24 - 30.
[47] 孙罡. 低成本微小型无人机惯性组合导航技术研究 [D]. 南京: 南京理工大学, 2014.

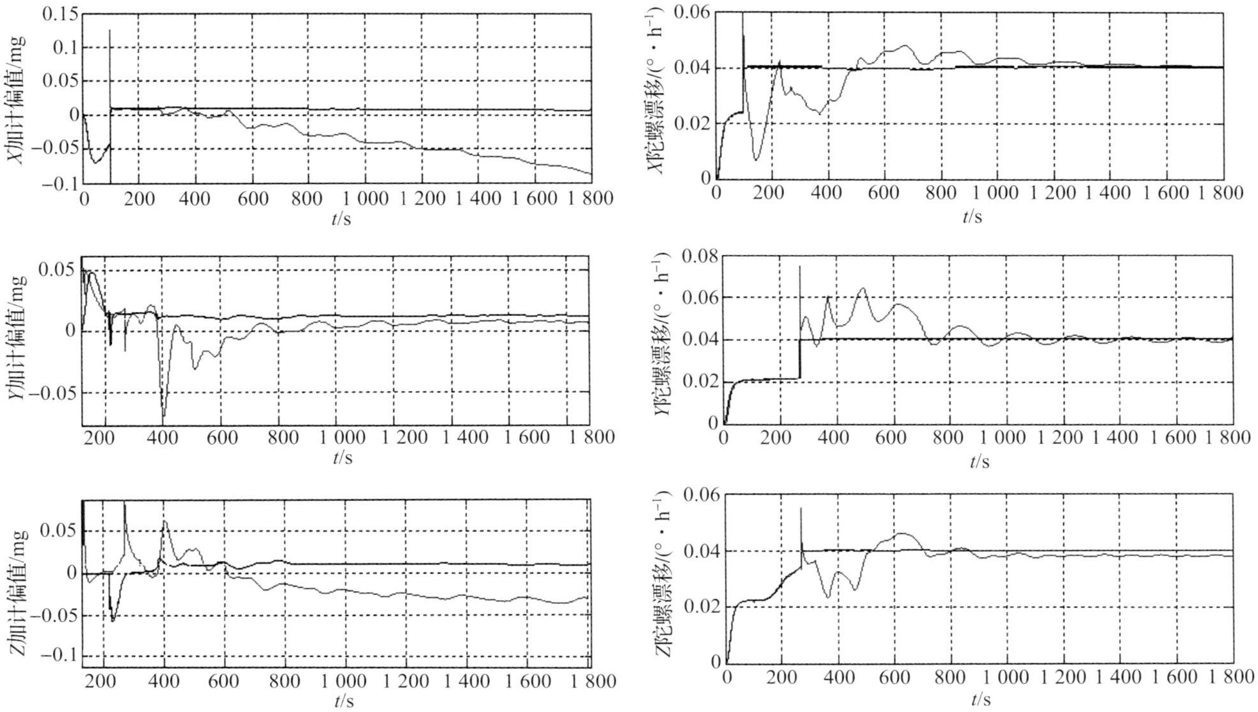

图 4-7　时间延迟对误差估计的影响

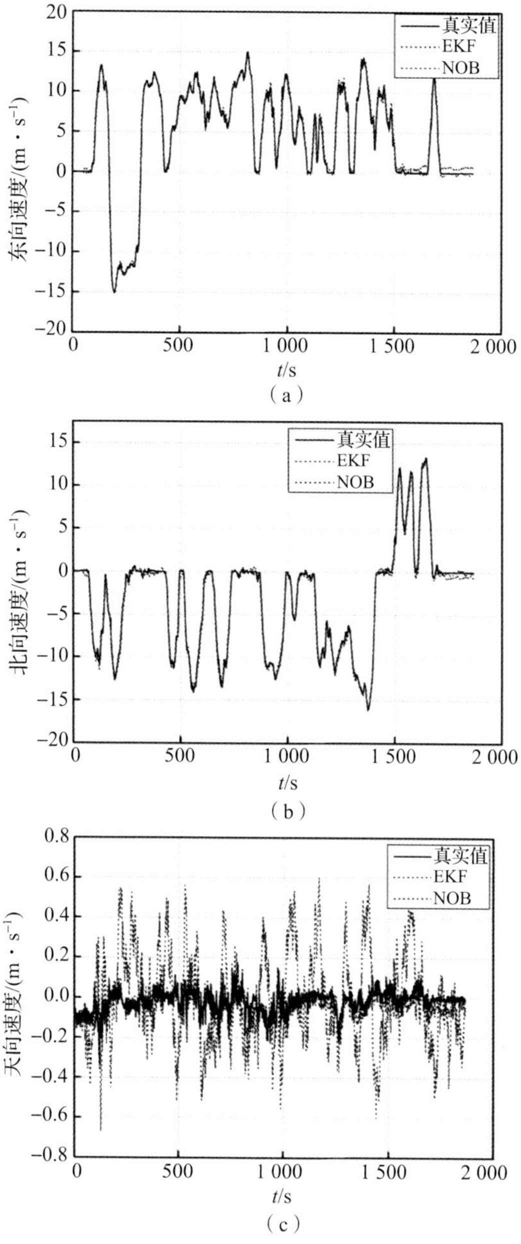

图 4-12　速度对比曲线

（a）东向速度对比；（b）北向速度对比；（c）天向速度对比

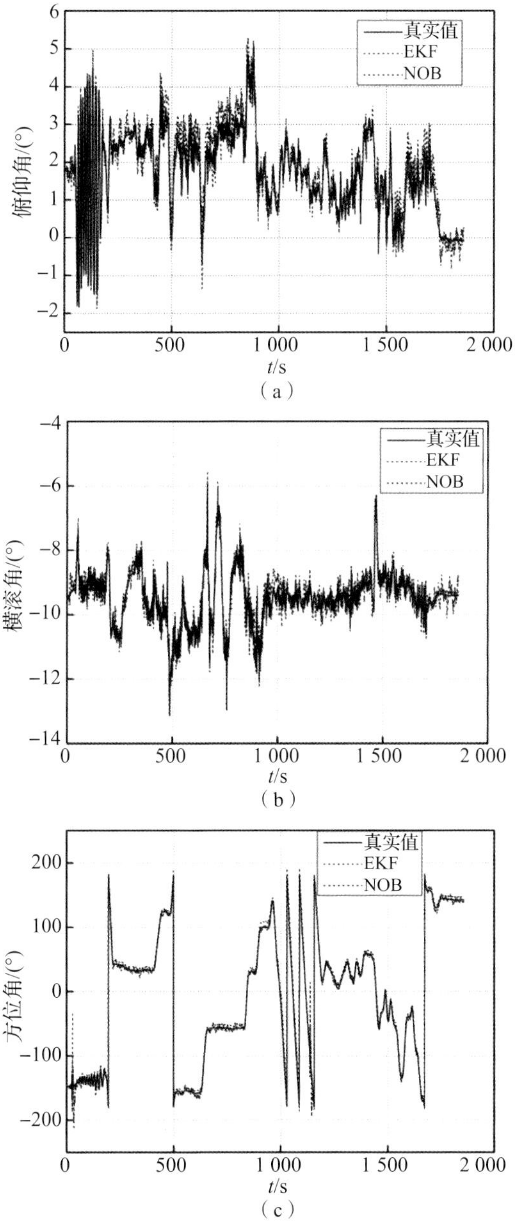

图 4-13　姿态对比曲线

(a) 俯仰角对比；(b) 横滚角对比；(c) 方位角对比

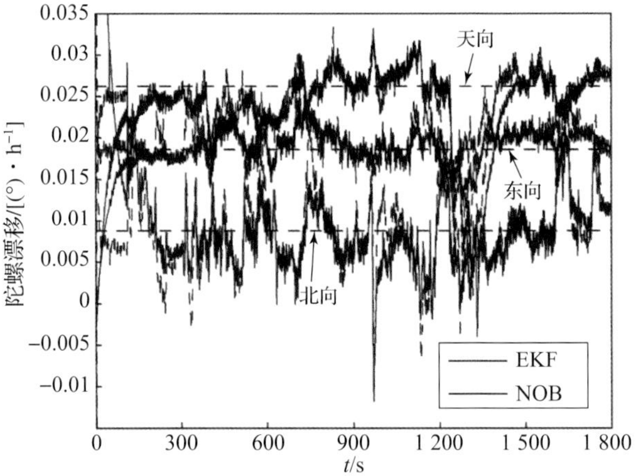

图 4－14　陀螺常值漂移对比结果

投稿邮箱：xueshu@bitpress.com.cn
咨询电话：（010）68911947　68911085

地面车辆
组合导航技术

INTEGRATED NAVIGATION TECHNOLOGY OF GROUND VEHICLES

ISBN 978-7-5682-9685-4

9 787568 296854 >

策划编辑：孙　澍
执行编辑：靳　媛
封面设计：宝蕾元 ARong

定价：76.00元